Hannoversches Wendland

Führer zu archäologischen Denkmälern in Deutschland

Herausgegeben vom
Nordwestdeutschen und dem West- und Süddeutschen
Verband für Altertumsforschung

Band 13

Konrad Theiss Verlag Stuttgart

Hannoversches Wendland

Bearbeitet von Berndt Wachter

Mit Unterstützung der Archäologischen Denkmalpflege
im Institut für Denkmalpflege, Niedersächsisches
Landesverwaltungsamt, Außenstelle Lüneburg und Beiträgen von:
M. Bernatzky-Goetze · K. Breest · B.-R. Goetze · O. Harck ·
H.-Chr. Höfle · F. Laux · A. Lucke · W. Meibeyer ·
H. Sponagel · W.-D. Steinmetz · W. Thieme · S. Veil ·
B. Wachter

Konrad Theiss Verlag Stuttgart

CIP-Kurztitelaufnahme der Deutschen Bibliothek

Hannoversches Wendland / bearb. von Berndt
Wachter. Mit Beitr. von M. Bernatzky-Goetze
... – Stuttgart: Theiss, 1986.
  (Führer zu archäologischen Denkmälern in
  Deutschland; Bd. 13)
  ISBN 3-8062-0478-0

NE: Wachter, Berndt [Bearb.]; Bernatzky-
Goetze, Monika [Mitverf.]; GT

Umschlag: Michael Kasack

Umschlagbild: Oerenburg, Gem. Klein Breese.
Freilegung von Hölzern und Flechtwerk der Uferbefestigung im Graben des slawischen Burgwalles des 8./9. Jahrhunderts.

© Konrad Theiss Verlag GmbH, Stuttgart 1986
Alle Rechte vorbehalten
ISBN 3-8062-0478-0
Satz und Druck: Gulde-Druck GmbH, Tübingen
Printed in Germany

Dem Andenken

an die Wegbereiter archäologischer Heimatforschung
im Hannoverschen Wendland

Walther Honig
1898–1972
Leiter des Heimatmuseums Hitzacker

Alfred Pudelko
1899–1981
Leiter des Höhbeckmuseums Vietze

Gerhard Voelkel
1898–1985
Leiter des Wendländischen Heimatmuseums Lüchow

Inhalt

Vorwort

Die archäologische Erforschung des Hannoverschen Wendlands beginnt mit einer frühen Phase am Ende des 17. Jahrhunderts, die in erste systematische Zusammenstellungen von urgeschichtlichen Objekten seit der Mitte des 19. Jahrhunderts mündet. Seit der Jahrhundertwende finden erste wissenschaftliche Ausgrabungen statt und mit den zwanziger Jahren beginnt die fast ununterbrochene Tradition einer ehrenamtlichen archäologischen Denkmalpflege im Landkreis Lüchow-Dannenberg.

Am Anfang steht G. F. Mithoff, Propst in Lüchow, der am 17. Mai 1691 an G. W. Leibniz in Hannover über Gefäßfunde bei Prezelle berichtet. J. G. Keyßler, Freund und Archivar der Grafen von Bernstorff in Gartow, beschrieb etwas später weitere Funde aus Gartow, die »in des Amtsmanns Garten unter einer alten Eiche gefunden«, und verwahrte sie in seiner Raritätensammlung. Um 1700 ließ A. G. von Bernstorff seinen Gartower Besitz von hannoverschen Ing.-Offizieren vermessen. Auf den Karten waren erstmals frühgeschichtliche Denkmäler vermerkt, so der Rundwall im Elbholz und die Burg Meetschow. 1775 verzeichnen die Karten der kurhannoverschen Landesaufnahme die »Vietzer Schanze«, »die Burg bei Meetschow«, die »Schanze« (Schwedenschanze), »die Landwehr« vor Schnackenburg u. a. 1843/46 legte G. O. Carl Frhr. von Estorff eine »Archäologische Charte« vor, die den Westteil des Landkreises bis zur Jeetzel ohne den Norden umfaßte und Steindenkmäler, Urnenfriedhöfe, Landwehren und Burgen mit einiger Genauigkeit enthielt. 1841 veröffentlichte J. K. Wächter seine »Statistik der im Königreiche Hannover vorhandenen heidnischen Denkmäler« mit Angaben über das Wendland und ebenso die von J. H. Müller und J. Reimers herausgegebenen »Vor- und frühgeschichtlichen Alterthümer der Provinz Hannover«. Diese Dokumentationsarbeit wurde später in Publikationsreihen fortgesetzt.

9

Die ersten bedeutenden Ausgrabungen führte Ch. Hostmann aus Celle 1871 auf dem für die ältere Römische Kaiserzeit namengebenden Urnenfriedhof von Darzau durch, leider ohne Aufzeichnung geschlossener Fundkomplexe, einen Mangel, den G. Körner 1957 mit einer Nachgrabung auszugleichen suchte. Schon frühzeitig begannen auch die Auseinandersetzungen über den Standort des »Castellum Hobuoki«. 1885 wird in den »Verhandlungen der Berliner Gesellschaft für Anthropologie, Ethnologie und Urgeschichte« von Funden auf dem Höhbeck berichtet. Namen bedeutender Archäologen sind mit diesem Platz verknüpft: A. Götze, C. Schuchhardt, R. Koldewey und E. Sprockhoff. Von R. Koldewey ist ein bezeichnender Kartengruß überliefert: »Vom Höhbeck. Wie im Keramaikos liegen / Hier die Sachen ebenso: / Pötte, Knochen, Scherben fliegen / Aus dem Schutte lebensfroh! 23. Aug. 1920, Talmühle bei Gartow/Elbe.«

Angeregt durch diese ersten Grabungen fanden sich Laien, meist Lehrer aus der Umgebung, die nun eifrig sammelten und Fundberichte bereitstellten. Zu nennen sind hier E. Behne, W. Mencke, O. Weide und um Lüchow sammelte K. Mente. Für das Kreisgebiet begann nach dem Ersten Weltkrieg der Lüchower Architekt K. Kofahl als Bodendenkmalpfleger eine für die archäologische Forschung segensreiche Tätigkeit. Diese Arbeit wurde nach dem letzten Weltkrieg von G. Voelkel fortgesetzt, unterstützt von A. Pudelko im Höhbeck-Gebiet und W. Honig im Norden des Kreises. Besonders G. Voelkel und A. Pudelko ergänzten die intensive archäologisch-denkmalpflegerische Tätigkeit durch eigene Forschungsberichte, die vielfach durch benachbarte Forschungsinstitute angeregt waren.

Kurz nach 1945 führte E. Sprockhoff eine systematische Geländeaufnahme um Schnega durch. Später nahm er im Zusammenwirken mit G. Körner, Lüneburg, die Grabungen auf dem Höhbeck-Kastell und auf benachbarten Burgen wieder auf. Vom Landesamt für archäologische Denkmalpflege in Hannover wurden eine Reihe von Ausgrabungen durchgeführt: J. Deichmüller grub in Billerbeck (später O. Harck), K. L. Voss in Pevestorf, Hitzacker und Növenthien (von H. W. Peters fortgesetzt). Von Göttingen aus

10

begann H. Jankuhn ein Forschungsvorhaben »Germanen, Slawen und Deutsche im Hannoverschen Wendland«, das mit den Ausgrabungen in Rebenstorf (mit T. Capelle), in Meetschow (H. Steuer) und in Hitzacker-Weinberg (B. Wachter) auch bodenkundliche, botanische und tierkundliche Untersuchungen einbezog. Das Forschungsprogramm wurde mit umfangreichen Ausgrabungen in Oerenburg (1982/83) und Lüchow (1985/86) fortgesetzt. Die archäologischen Aktivitäten, ergänzt von einer Reihe von eifrigen und umsichtigen Sammlern, fanden ihren Niederschlag in einer Vielzahl von breitgefächerten Publikationen, wie es die nachfolgenden Beiträge und Objektbeschreibungen ausweisen.

Den Beschreibungen archäologischer Objekte im Hannoverschen Wendland ist eine Karte vorangestellt; die dort eingetragenen Ziffern entsprechen der Reihenfolge der Objektbeschreibungen. Als weitere Orientierungshilfe ist ein Ortsregister angefügt, das jedoch nur diejenigen Orte enthält, die im Landkreis Lüchow-Dannenberg liegen.

Dank gebührt den Autoren, die sich der schwierigen Aufgabe einer allzu knappen Darstellungsweise gestellt und unterzogen haben. Für die Unterstützung bei der Bearbeitung dieses archäologischen Führers gilt unser Dank den Mitgliedern der Lüneburger Außenstelle des Instituts für Denkmalpflege, Frau Köst und den Herren Sättler und von Dein. Die archäologische Denkmalpflege im Landkreis Lüchow-Dannenberg konnte jederzeit der umsichtigen Mitarbeit von Frau Burmester und der Herren Niehus und Voss sicher sein. Dank gebührt auch dem Konrad Theiss Verlag.

J. Assendorp   B. Wachter

Die jüngere quartäre Geschichte

Das Gebiet des Landkreises Lüchow-Dannenberg wird oberflächennah fast ausschließlich aus quartären Ablagerungen aufgebaut. Die Oberflächenformen sind außerhalb der Talniederungen charakteristisch für die Altmoränenlandschaft, in der die Abtragung seit der letzten Inlandeisbedeckung (Warthe-Stadium der Saale-Kaltzeit) erheblich länger angedauert hat als im Jungmoränengebiet nordöstlich der Elbe (Weichsel-Kaltzeit). Der größte Teil der an der Oberfläche anstehenden pleistozänen Sedimente ist in der Saale-Kaltzeit entstanden. Die Altmoränenlandschaft wird hauptsächlich aus Schmelzwassersanden, Grundmoränen und Beckentonen aufgebaut. Die holozänen Ablagerungen sind im allgemeinen auf die Täler und Talniederungen beschränkt. Sie bestehen aus Flußsanden, Torfen, Dünen und untergeordnet Flugsanden.
Die wichtigsten morphologischen Elemente bilden im Westen saalezeitliche Endmoränenwälle, die am Rand des Elbetales bei Tießau (»Die Klötzie«) beginnen und meist mehrfach hintereinander gestaffelt nach Süden bis in den Raum zwischen Bodenteich und Bergen/Dumme zu verfolgen sind. Im Osten ist die Elbe-Jeetzel-Niederung mit den saalezeitlichen Durchragungen bei Langendorf und dem Höhbeck bei Gorleben das bestimmende Element. Das stark bewaldete Hügelland im Nordwesten bezeichnet man als »Göhrde« und den weichselzeitlich entstandenen Niederungsbereich im Südosten als »Gartower Tannen«. Der gesamte Süden und Südosten des Landkreises wird trotz seiner morphologischen Vielgestaltigkeit aus kulturhistorischen Gründen unter der Bezeichnung »Lüchower Wendland« zusammengefaßt.
Die eiszeitlichen Ablagerungen der Altmoränenlandschaft tauchen

nach Nordosten ab und werden von den Sedimenten der weichsel-
zeitlichen und holozänen Elbe-Niederung bedeckt. Im Süden geschieht dieses Abtauchen allmählich, im Bereich zwischen Hitzakker und Neu-Darchau am Rande des Elbtales in Form eines Steilab-
falls von z. T. über 40 m infolge fluviatiler Erosion seit der ausgehenden Saale-Kaltzeit.
Die geologische Übersichtskarte der Bundesrepublik Deutschland
1 : 200000 Blatt Hamburg-Ost Nr. CC 3126 ist die detaillierteste
Unterlage über den gesamten Kreisbereich. Für dieses Kartenwerk
wurde im Maßstab 1 : 25000 geologisch kartiert.

Saale-Kaltzeit

Die Saale-Kaltzeit wird in das Drenthe- und Warthe-Stadium un-
terteilt. Im Drenthe-Stadium drang das skandinavische Inlandeis
zum zweitenmal bis nach Norddeutschland vor und erreichte die
Mittelgebirge. Die Ablagerungen des ersten drenthestadialen Eis-
vorstoßes (Drenthe 1) sind im Kreisgebiet von denen des Jüngeren
Drenthe (Drenthe 2) und des Warthe-Stadiums bedeckt, so daß ihre
Kenntnis hauptsächlich auf Bohrungen beruht.
Vor der anrückenden Gletscherfront sind durch die sommerlichen
Schmelzwässer in den tiefen Landschaftsteilen kiesige Sande abge-
lagert worden. Die Mächtigkeit beträgt im allgemeinen nur wenige
Meter bis etwa 20 m, kann aber lokal auf über 30 m anschwellen.
Bei der anschließenden Überfahrung durch die Gletscher sind die
Sande von einer Grundmoräne (Drenthe 1 oder Drenthe-Haupt-
moräne) überlagert worden. Sie besteht aus sandig-tonigem
Schluff mit wechselnden Kies- und Geschiebeanteilen. Als Ge-
schiebelehm (kalkfrei) ist sie braun bis dunkelbraun, als Geschiebe-
mergel (kalkhaltig) grau gefärbt. Der Geschiebeinhalt wird nach
Zählungen von K.-D. Meyer (1973, 1976, 1982) von süd- und
mittelschwedischen Gesteinen bestimmt. Außerdem sind stets
Feuersteinknollen oder -bruchstücke und im Geschiebemergel
auch »Schreibkreidegeschiebe« aus der Oberkreide enthalten. Die
Mächtigkeit der Drenthe-Hauptmoräne schwankt im allgemeinen

14

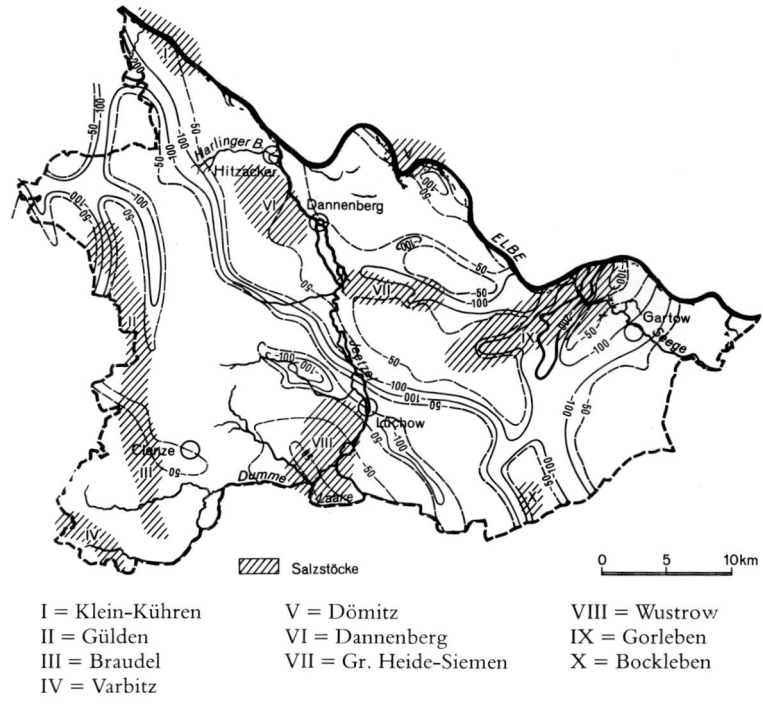

I = Klein-Kühren	V = Dömitz	VIII = Wustrow
II = Gülden	VI = Dannenberg	IX = Gorleben
III = Braudel	VII = Gr. Heide-Siemen	X = Bockleben
IV = Varbitz		

Abb. 1   Das Kreisgebiet wird durch sechs Salzstöcke beeinflußt, von denen fünf mit der Oberfläche ihres Gipshutes weniger als 400 m unter Gelände hinaufreichen. Es sind dies die Salzstöcke Klein-Kühren, Dannenberg, Groß Heide-Siemen, Wustrow und Gorleben (Jaritz 1973). Ursache der Salzstockbildung sind die fast 1000 m mächtigen Salzablagerungen während der Perm-Zeit des Erdaltertums. Erdfälle, die durch Ablaugung im Bereich des Gipshutes von Salzstöcken entstehen, sind nur aus dem Gebiet über dem Salzstock Dannenberg bekannt. Mit Hilfe der Isolinien der Quartärbasis werden Rinnen dargestellt, die unter dem Inlandeis der Elster-Kaltzeit durch Schmelzwässer ausgespült wurden.

um 6 m, kann aber auf über 10 m anschwellen. Das Inlandeis dieses Vorstoßes verschwand aus Norddeutschland, ohne daß eine neue Warmzeit eingeleitet wurde. In den nun die Oberfläche bildenden Grundmoränen läßt sich an mehreren Stellen in Niedersachsen ein Strukturboden (Polygonboden) nachweisen, der nur auf einem kaltzeitlichen Permafrostuntergrund entstanden sein kann. Zu ei-

15

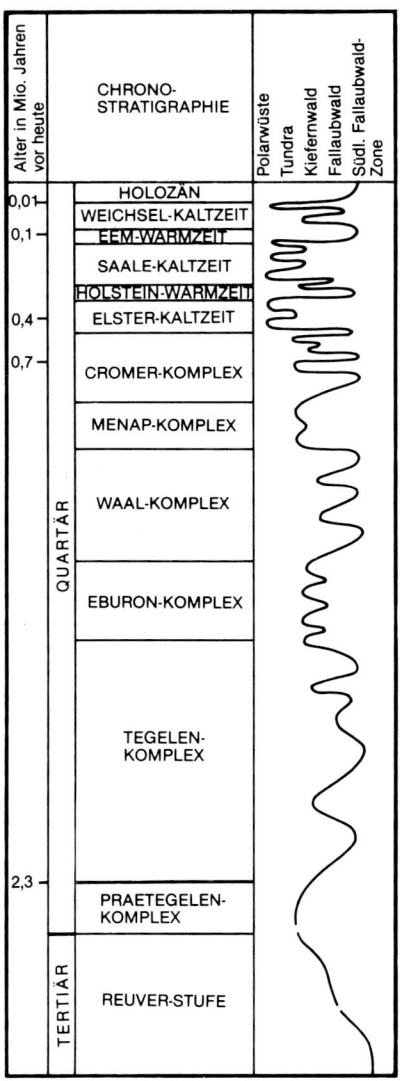

Abb. 2 Stratigraphische Grundgliederung und Klimakurve des Quartärs in Norddeutschland aus Wolstedt & Duphorn 1974, etwas verändert. Trotz starker Klimaschwankungen im älteren Quartär kommt es zur Vergletscherung Norddeutschlands erst in der Elster-Kaltzeit.

16

ner echten Bodenbildung mit Stoffverlagerungen und biologischer Aktivität ist es nicht gekommen.

Im Jüngeren Drenthe-Stadium werden große Teile Norddeutschlands erneut vom Inlandeis überfahren. Wieder werden an der Front des vorrückenden Eises Schmelzwassersande geschüttet, die mit stark schwankenden Mächtigkeiten (5 m–30 m) das Kreisgebiet überziehen. Die anschließende Überfahrung der Sande durch das Eis dokumentiert eine darüberliegende Grundmoräne (Jüngere Drenthe-Moräne). Vom Geschiebeinhalt her unterscheidet sie sich nicht von der Haupt-Drenthe-Moräne, was die süd- und mittelschwedischen Gesteine anbetrifft, der Anteil an Feuerstein, Kreidematerial und auch an silurischen Kalken ist jedoch deutlich größer. Nachdem die Gletscher bis an die Weser-Aller-Linie vorgestoßen waren, kam es, wahrscheinlich unterbrochen von wenigstens einer kurzen Reaktivierung der Eismassen, zum Abbau des Inlandeises. Es verschwand am Ende des Drenthe-Stadiums aus Norddeutschland wieder, ohne daß eine Warmzeit (Interstadial oder Interglazial) eingeleitet wurde. Wahrscheinlich herrschte ein dem Zeitraum zwischen den beiden Drenthe-Vereisungen vergleichbares Klima mit Permafrost und ohne Bodenbildung.

Im Warthe-Stadium überfuhren die skandinavischen Gletscher ein letztes Mal das Kreisgebiet und drangen bis an die Harburger Berge und den Wilseder Berg vor. Die Schmelzwassersande und die Grundmoräne dieses Eisvorstoßes sind auf der Geologischen Übersichtskarte 1 : 200 000 auf deutlich weniger Flächen ausgewiesen als die der Drenthe-Ablagerungen. Dies dürfte zwei Ursachen haben:

1. Die Warthe-Ablagerungen waren bei ihrer Ablagerung zum großen Teil so geringmächtig, daß durch die Erosion bereits große Flächen beseitigt worden sind.

2. Durch den Mangel an Spezialkartierungen sind vor allem kleinere Flächen mit Warthe-Material noch nicht erkannt und ausgewiesen worden.

Die Warthe-Grundmoräne unterscheidet sich durch ihren wesentlich höheren Tongehalt und durch die rotbraune Färbung von den Drenthe-Moränen. Im Geschiebeinhalt können bis zu 50 Prozent paläozoische Kalke und bis zu 25 Prozent Dolomite vorkommen. Der Feuersteingehalt ist sehr niedrig und liegt meist unter 1% (Meyer 1976). Das Geschiebespektrum charakterisiert einen von Schweden und Finnland über das Baltikum verlaufenden Eisstrom. Es muß also eine Verlagerung der Eisströme nach Südosten gegeben haben, so daß, anders als im Drenthe-Stadium, von den Gletschern kaum noch Kreidegebiete berührt wurden. Statt dessen sind das südliche Finnland, der südöstliche Ostseeraum und das Baltikum mit großen Arealen paläozoischer Kalke und Dolomite überfahren worden.

Der Verlauf der Endmoränenwälle wurde bereits in der Übersicht beschrieben und in Abb. 3 dargestellt. Da Spezialkartierungen noch nicht zur Verfügung stehen, ist die Altersstellung der Endmoränen nicht genau geklärt. Wahrscheinlich ist der größte Teil drenthestadial entstanden. Die neueren Spezialkartierungen des Niedersächsischen Landesamtes für Bodenforschung im Raum südlich von Hamburg haben ergeben, daß der Einfluß der Warthe-Gletscher auf die Gestaltung der Landschaft wesentlich geringer war als bisher angenommen (Ehlers 1975, 1978; Höfle 1982; K.-D. Meyer 1982). Die stärkste formende Kraft ging dort vom Haupt-Drenthe-Vorstoß aus. Vor allem während der Ausbreitungsphase des Inlandeises kam es am kurzfristig stagnierenden oder oszillierenden Eisrand zur Bildung von Satzendmoränen (Anhäufung von Schmelzwasserablagerungen) oder Stauchendmoränen (Zusammenstauchung und Aufschuppung des Untergrundes).

Die Geschichte der unteren Elbe beginnt spätestens mit dem Abschmelzen des warthezeitlichen Eises. Das weiträumige Becken, welches vom Holstein-Meer bereits für die Transgression nach Südosten genutzt wurde, war trotz dreimaliger Überfahrung durch die Saale-Gletscher immer noch in großen Teilen vorhanden. Südost-Nordwest streichende saalezeitliche Endmoränenwälle lenkten die Elbe diesem Niederungsbereich zu. In der Weichsel-Kaltzeit zum Urstromtal ausgeweitet, entwickelte sich das Elbtal zum bedeutendsten Flußtal Norddeutschlands.

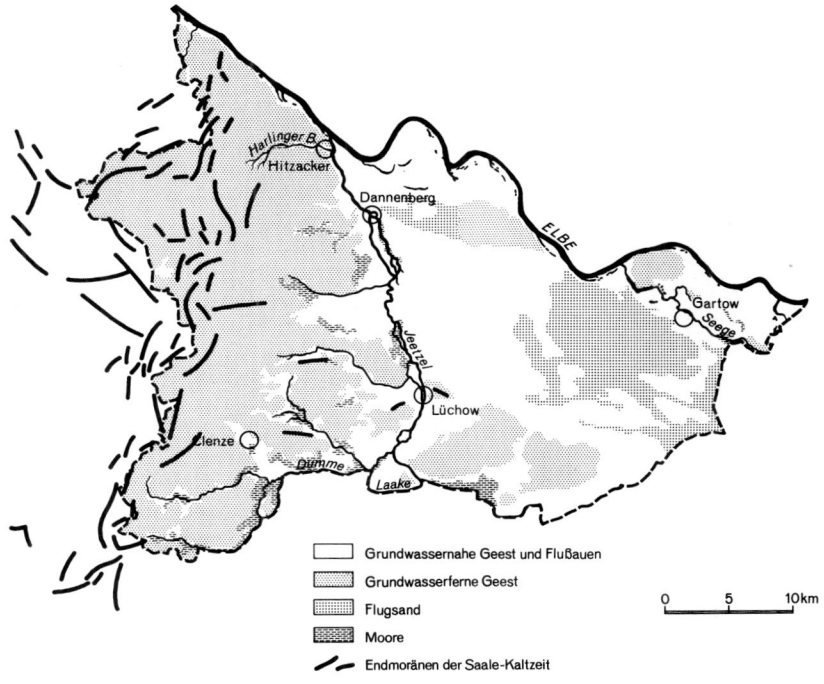

Abb. 3   Endmoränen der Saale-Kaltzeit.

Grundwassernahe Geest und Flußauen
Grundwasserferne Geest
Flugsand
Moore
Endmoränen der Saale-Kaltzeit

0   5   10km

Eem-Warmzeit

Die Transgression des Eem–Meeres erreicht bei weitem nicht die
Ausmaße wie in der Holstein-Warmzeit. Die Ablagerungen dieses
Meeres sind im küstennahen Bereich Niedersachsens und auch in
weiter Verbreitung im westlichen und östlichen Schleswig-Holstein nachweisbar. Wahrscheinlich ist das Meer auch weit in die
Elbeniederung vorgestoßen. Die weichselzeitliche Erosion hat genau wie an der Weser die marinen Ablagerungen jedoch so vollständig ausgeräumt, daß erst nordwestlich von Stade Reste davon
gefunden wurden (Höfle, Merkt & Müller 1985).

Zur Ablagerung eem-warmzeitlicher Sedimente kam es vor allem in den saalezeitlichen Schmelzwasserrinnen und in abflußlosen Hohlformen (Entstehung durch Toteis!). Torfe, Mudden, humose Sande und Schluffe sind um den Öring (südlich Lüchow) von Voss (1981) und im Bereich des Salzstockes Gorleben im Liegenden der Niederterrasse (Weichsel-Kaltzeit) von Duphorn (1983) erbohrt worden.

Weichsel-Kaltzeit

Zur Ausbreitung eines bis Norddeutschland reichenden Inlandeisschildes kam es erst im kältesten Abschnitt der Weichsel-Zeit (Hochglazial etwa 25 000 bis 15 000 vor heute). Vorher war der norddeutsche Raum wahrscheinlich über mehr als 60 000 Jahre weitgehend waldfrei. Nur in den sogenannten Interstadialzeiten kam es zu kurzfristigen Klimaverbesserungen und der Ausbildung anspruchsloser Wälder (Birke, Kiefer, Fichte, teilweise Lärche).
In dieser Zeit des Frühweichsel-Glazials wurde aufgrund der Vegetationsarmut überall dort, wo auch nur geringste Hangneigungen bestanden, durch Abspülung kräftig erodiert. Einen ständigen Dauerfrostboden dürfte es noch nicht gegeben haben, da Fließerden aus dieser Zeit nicht bekannt sind. Der Erosion steht die Ablagerung der Abtragungsprodukte (Sand, Schluff) in den Tälern und Niederungen gegenüber. Sie bauen dort den untersten Teil der sogenannten Niederterrasse auf. Erst im Hochglazial sanken die Temperaturen so stark, daß es zur Ausbildung eines Dauerfrostbodens kam. Das Inlandeis breitete sich diesmal maximal bis in Elbenähe aus. Da gleichzeitig der Meeresspiegel durch die festländische Bindung großer Eismassen um mehr als 120 m abgesenkt war, wurden große Teile der unteren Niederterrasse und wahrscheinlich auch der Eem-Ablagerungen durch Flußerosion ausgeräumt. Enorme Schmelzwassermassen und auch die gesamten vom Inlandeis nach Süden abgedrängten Flußwässer müssen während des Maximalstandes der Vergletscherung über die Elbe abgeflossen sein.

Der Elbelauf reichte durch den in dieser Zeit landfesten südlichen Nordseebereich bis zum »Kanal« zwischen England und Frankreich, weil die nördliche Nordsee durch Gletscher versperrt war.

Über dem Permafrostuntergrund gerieten die Böden bereits bei geringen Hangneigungen durch das sommerliche Auftauen ins Fließen und bewegten sich hangabwärts (Solifluktion oder Bodenfließen). Auf den Talböden wurden die so entstandenen Fließerden aufgearbeitet und das Feinmaterial (Sand, Schluff, Ton) abtransportiert und klassiert. Nach dem Höhepunkt der Vereisung begann mit dem Zurückweichen des Eisrandes und dem Wiederanstieg des Meeresspiegels die verstärkte Sedimentation von Flußsanden im Bereich der Niederterrasse. Am Ende der Weichsel-Kaltzeit erreichen die Sande in der Elbeniederung maximale Mächtigkeiten zwischen 15 und 30 m. In den kleineren Tälern und Talniederungen um Wustrow und Clenze liegen die Mächtigkeiten erheblich darunter, oft nur bei wenigen Metern. Nach einer kurzfristigen Erwärmung gegen Ende der Weichsel-Kaltzeit (Bölling – Alleröd – Interstadial) kam es in den Tälern des Altmoränengebietes zur Einschneidung und Ablagerung der Unteren Niederterrasse. Durch die Einsenkung der holozänen Aue hauptsächlich im Bereich dieses Terrassenkörpers sind von ihm nur noch Reste erhalten. Sie liegen mit ihrer Oberfläche etwa 1 m unter dem Niveau der Oberen Niederterrasse. Die Niederterrasse der Elbe läßt sich niveaumäßig nicht unterteilen.

Am Ende der Weichsel-Kaltzeit wurden in den tiefliegenden Bereichen der Niederterrasse die sogenannten Hochflutlehme abgelagert. Es handelt sich dabei um sandige Schluffe, die im allgemeinen nicht mächtiger als 0,6 bis 0,8 m werden. Größere Flächen dieser Flußablagerungen kommen südlich von Lüchow und westlich von Bockleben vor.

Die weitgehende Vegetationslosigkeit und die Nähe des Eisrandes sind die Ursachen für einen hohen Anteil des Windes an der Erosion und Akkumulation von Feinmaterial während der Weichsel-Kaltzeit. Aus den pleistozänen Sedimenten wurden vor allem Feinsand und Schluff ausgeweht und an anderer Stelle wieder abgelagert. Große Flächen mit Flugsandbedeckung gibt es auf der Elbe-

Niederterrasse bei Gorleben und Dannenberg, kleinere um Wustrow und Lüchow. Die Mächtigkeit des Flugsandes liegt maximal zwischen 1,5 und 2,0 m. Westlich von Dannenberg befinden sich die einzigen beiden Sandlößgebiete des Kreises. Nach den Korngrößen handelt es sich um einen feinsandigen Schluff, der Mächtigkeiten zwischen 0,6 und 1,0 m aufweist.

Holozän

In der Nacheiszeit breitete sich allmählich eine anspruchsvollere Vegetation über Norddeutschland aus und beendete die flächenhafte Bodenerosion. Der Klimaverbesserung entsprechend kam es zunächst zur Ausbreitung der Birke, dann der Kiefer und Hasel und etwa ab 6000 Jahre v. Chr. zur Entstehung von Eichenmischwäldern.

Im Altholozän beginnt auch die Einsenkung der Flußauen in die Niederterrasse und ihre Auffüllung mit humosen Sanden und Schluffen (Auelehm). Ein verstärktes großflächiges Moorwachstum setzt etwa zur gleichen Zeit ein. Reste von ehemals wesentlich größeren Niedermooren befinden sich am Westrand der Elbe-Niederterrasse zwischen Lüchow und Dannenberg und in der Jeetzel-Dumme-Niederung südlich von Wustrow. Im Verlauf des Holozän kommt es zur teilweisen Vermoorung von Talauen wie z. B. der Dumme und des Schnegaer-Mühlengrabens im Süden des Landkreises.

Auf den weiten vegetationsarmen Böden der Elbe-Niederterrasse wurden vom Altholozän bis in die Neuzeit Dünen aufgeweht. Erst die Aufforstung seit Ende des vorigen Jahrhunderts hat diese Windaktivitäten beendet. Die größten Dünenareale liegen bei Trebel, Lomitz und zwischen Gorleben und Gartow in den »Gartower Tannen«.

Literatur:
K. Duphorn (1983), Zur Geologie und Geomorphologie des Naturparks Elbufer-Drawehn. Abh. naturwiss. Ver. Hamburg, N.F. 25, 9–40 – J. Ehlers (1975), Neue Untersuchungen zur Entstehung der Harburger Berge. Hamburger Jb. 7–49 – Ders.

(1978), Die quartäre Morphogenese der Harburger Berge und ihrer Umgebung. Mitt. Geograph. Ges. Hamburg 68 – H. Höfle (1982), Geologische Karte von Niedersachsen 1 : 25 000 Blatt Hollenstedt Nr. 2624 mit Erläuterungen – H. Höfle, J. Merkt u. H. Müller (1985), Die Ausbreitung des Eem-Meeres in Nordwestdeutschland. Eiszeitalter und Gegenwart 35, 49–59 – W. Jaritz (1973), Die Entstehung der Salzstrukturen Nordwestdeutschlands. Geol. Jb. A10 – H. Kuster u. K.-D. Meyer (1979), Glaziäre Rinnen im mittleren und nordöstlichen Niedersachsen. Eiszeitalter und Gegenwart, 29, 135–156 – K.-D. Meyer (1973), Geologischer Exkursionsführer Hamburg und Umgebung (Lauenburger Ton, Stratigraphie der Saale-Eiszeit, Interglaziale). Der Geschiebesammler, 7, 3–4; 107–114 – Ders. (1976), Studies on ground moraines in the northwest part of the German Federal Republic. In: Till – its Genesis and Diagenesis, Panel Discussion, Zeszyty Naukowe Uniwersytetu Im. Adama Mickiewicza w Poznanu, Geografia 217–221 – Ders. (1982), Geologische Karte Niedersachsen 1 : 25 000. Erläuterungen Blatt 2524 Buxtehude – Ders. (1983), Zur Anlage der Urstromtäler in Niedersachsen. Zeitschr. f. Geomorph. N. F., 27, 2; 147–160 – H.-H. Voss (1981), Zur Geologie des Öring. In: W. Dürre (Hrsg.), Alt- und mittelpaläolithische Funde in Norddeutschland. Veröff. urgesch. Samml. Landesmus. Hannover 26, 9–28 – P. Woldstedt u. K. Duphorn (1974), Norddeutschland und angrenzende Gebiete im Eiszeitalter. 3. Aufl.

Hans-Christoph Höfle

23

Die Böden

Der Boden ist das Verwitterungsprodukt der obersten Erdkruste. Seine Entwicklung ist abhängig von dem geologischen Ausgangsmaterial, den Wasserverhältnissen, dem Relief, dem Klima, der Zeitdauer der Bodenentwicklung, der Vegetation, der Tierwelt und von der Tätigkeit des Menschen.

Hinsichtlich einiger dieser bodenbildenden Faktoren nimmt das Gebiet des Landkreises gegenüber dem westlichen Niedersachsen eine Sonderstellung ein. So weist z. B. dieser Raum kontinentale Klimazüge auf. Erdgeschichtlich war dieses Gebiet etwa 10000 Jahre länger vom Eis bedeckt, so daß die Böden zu Beginn des Holozäns (etwa 8000 Jahre v. Chr.) als Rohböden vorgelegen haben dürften. Siedlungsgeschichtliche Funde zeigen, daß der Mensch schon sehr früh in diesem Gebiet seßhaft wurde und Einfluß auf die Bodenentwicklung nahm. Nachhaltige Bodenveränderungen sind allerdings erst mit dem Deichbau, den Rodungen und den Entwässerungsmaßnahmen eingetreten.

Die im Landkreis Lüchow-Dannenberg vorkommenden Böden und ihre Verbreitung haben eine enge Beziehung zu den verschiedenen Landschaften (Abb. 4) und sollen daher in Anlehnung an diese im folgenden erläutert werden.

Die Böden der verschiedenen Landschaften

Das *Westliche Hügelland* wird von quartären Ablagerungen aufgebaut, die z. T. als Stau- oder Endmoränenketten der Warthe-Vereisung auftreten und eine Höhe bis 142 m NN erreichen. Hier haben sich aus vorwiegend sandigen Substraten Podsol-Braunerden und Podsole, auf den tiefer gelegenen Flächen aus Geschiebedecksand über fluviatilem Sand Podsol-Braunerden und Braunerden entwik-

24

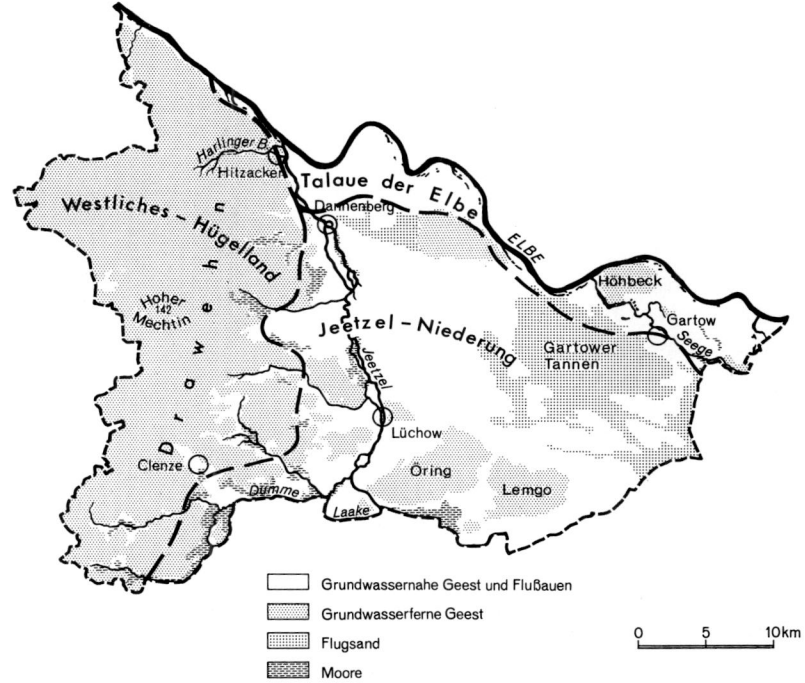

Grundwassernahe Geest und Flußauen

Grundwasserferne Geest

Flugsand

Moore

0 5 10 km

Abb. 4 Naturräumliche Gliederung (vereinfachte Darstellung).

kelt. Braunerden besitzen einen durch Verwitterung von Silikaten braun gefärbten Bv-Horizont, der meist bis zu einer Tiefe von 40 bis 80 cm reicht und dann allmählich in den helleren, noch nicht von der Verwitterung erfaßten C-Horizont übergeht. Unter Nadelwald zeigen die Braunerden eine beginnende Podsolierung, die sich an einer Bleichung in den obersten Zentimetern des Bodenprofils bemerkbar macht. Die Podsolierung ist ein bodengenetischer Teilprozeß, bei dem durch Humus und Eisenausfällung und gleichzeitiger Verlagerung ein schwarz- bis dunkelrostfarbener Bsh-Horizont entsteht. Je nach Verfestigungsgrad dieses Horizontes sprechen wir von einem Podsol mit Orterde oder Ortstein. Die Nutzung dieser trockenen und nährstoffarmen Standorte ist hauptsächlich Nadelwald. Bei Ackernutzung ist aufgrund der geringen Wasserspeicherfähigkeit dieser Böden eine Beregnung erforderlich.

Im Raum Neu Tramm, Waddeweitz und Bergen gelangt die Grundmoräne an die Oberfläche und wird nur von geringmächtigen Geschiebedecksanden aus schwachlehmigem Sand überlagert. Neben Braunerden haben sich hier Parabraunerden und bei dichtem Untergrund Pseudogley-Parabraunerden und Pseudogleye entwickelt. Das Profil der Parabraunerden ist gekennzeichnet durch einen an Ton verarmten helleren Oberboden (Al-Horizont) aus lehmigem Sand, unter dem ab etwa 40 bis 60 cm Tiefe ein rötlich brauner Tonanreicherungshorizont aus stark lehmigem Sand bis sandigem Lehm folgt. Pseudogleye charakterisieren einen wechselfeuchten, staunassen Standort. Das Bodenprofil ist rostfleckig und hellgrau marmoriert und besitzt einen wasserstauenden Horizont (Sd-Horizont), der meist in einer Tiefe von 40 bis 80 cm beginnt. Die sonst mehr negativen Eigenschaften des Pseudogleys können in dem besonders niederschlagsarmen Gebiet des Landkreises allerdings eine günstige Wirkung haben, da sie die Versickerung der Niederschläge weitgehend verhindern und damit die Wasserversorgung der Pflanzen verbessern. Insgesamt gesehen werden die mehr bindigen Böden der Grundmoräne wegen ihrer relativ sicheren Ertragslage landwirtschaftlich genutzt. Örtlich wurde die ab einer Tiefe von etwa 1,7 m kalkhaltige Grundmoräne für die Kalkung der Böden abgebaut. Relikte dieser Abgrabungen sind die heute noch vorhandenen – inzwischen meist mit Wasser gefüllten – Mergelkuhlen.

Die *Jeetzel-Niederung* ist eine grundwassernahe, vorwiegend ebene Geest, die im Norden durch die Langendorfer Geestinsel und im Süden durch die Moränen des Örings und Lemgows begrenzt wird. Im Osten geht sie allmählich in die grundwasserfernen Dünenfelder der Gartower Tannen über. Mit Ausnahme der Moränen im Norden und Süden treten nur Flugsande über weichseleiszeitlichen fluviatilen Sanden und Kiesen auf. Bei meist mittleren Grundwassertiefständen von 60 bis 130 cm unter Geländeoberfläche sind die Gleye wegen des Grundwasseranschlusses gute Grünlandstandorte. Durch Entwässerungsmaßnahmen sind häufig die Grundwasserstände abgesenkt, so daß auf diesen Standorten zwar noch die Horizontmerkmale eines Gleys, nicht aber seine Eigenschaften vorhanden sind. Diese Flächen und auch die Gley-Podsole sind mittlere Ackerstandorte, da sie bei mittleren Grundwassertiefständen von 1,4 bis 1,6 m noch eine relativ gute Wasserversorgung der Pflanzen aus dem Grundwasser garantieren. In einigen Niederungen, so z. B. im Raum Prezelle, ist es zur Bildung von Raseneisenstein gekommen. Dieser wurde zur Verhüttung oder auch als Baustoff abgebaut. Auch heute findet man noch im Zuge des Grünlandumbruchs Flächen mit Raseneisenstein, der schon von weitem durch seine Farbe ins Auge fällt. Niedermoore treten nur im Bereich der Gewässer, in Altarmen und Senken auf. Großflächig sind sie durch Kultivierungsmaßnahmen abgebaut oder sehr stark verändert. Ihre Torfe sind meist 40 bis 80 cm mächtig und stark zersetzt. Hochmoore kommen nur sehr kleinflächig, wie z. B. im Maujan, vor, da im Landkreis die Voraussetzungen für eine Hochmoorbildung, hohe Niederschläge bei geringer Verdunstung, nicht gegeben sind.

Die Böden der grundwasserfernen Dünensande im Bereich der Gartower Tannen sind ausschließlich Podsole und Podsol-Ranker. Letzterer befindet sich noch im Primärstadium der Bodenentwicklung, und man findet ihn vorwiegend auf jungen Ausblasungsflächen und Flugsanddecken. Neben diesen Bodengesellschaften der Jeetzel-Niederung ist noch der Esch zu erwähnen, obwohl er von seiner Verbreitung her nur einen geringen Flächenanteil besitzt. Im Rahmen einer Spezialkartierung wurde dieser tiefhumose Boden an mehreren Stellen zwischen den Ortschaften Lüchow, Prezelle und Gorleben gefunden. Seine Entstehung geht auf die Plaggendüngung zurück, die Anfang dieses Jahrhunderts noch üblich war. Wald- und Heideplaggen wurden als Einstreu für das Vieh benutzt und anschließend als Dünger auf die ortsnahen Felder gebracht. So kam es über Generationen zu einer ständigen Aufhöhung mit humosem Bodenmaterial. Gegenüber den ursprünglichen Böden – meist Podsolen – haben diese historischen Ackerstandorte heute eine bessere Wasserbindung und Nährstoffnachlieferung. Die Böden der nördlichen und südlichen Moränen sind mit den Moränen des westlichen Hügellandes vergleichbar.

In der *Talaue der Elbe* liegen unterschiedlich mächtige, meist bindige holozäne Auensedimente über fluviatilen Sanden der Niederterrasse. Nur der Höhbeck ragt als drentheeiszeitliches Relikt aus der sonst fast tischebenen Landschaft. Die gesamte Talaue ist von Rinnen und Senken durchzogen, in denen örtlich Niedermoore entstanden. Je nach Relief kommen Auenböden, Gleye und Gley-Pseudogleye vor. Die typischen Auenböden mit ihrem braunen, gut durchlüfteten M-Horizont sowie auch die Auenranker sind auf den meist sandigen Uferwällen und den etwas höher gelegeneren tonigeren Talstufen anzutreffen. Mit einigen Ausnahmen werden diese Flächen wegen der Überflutungsgefahr vorwiegend als Grünland benutzt. Den größten Flächenanteil haben, bedingt durch die hohen Grundwasserstände, die Gleye und Gley-Pseudogleye. Verbreitet findet man in ihrem Profil fossile Oberböden, sog. Dwöge, die von ehemaligen Landoberflächen zeugen. Im Gegensatz zu den Gleyen der Jeetzel-Niederung besitzen die Gleye der Talaue große Grundwasserschwankungsamplituden aufgrund der Wasserführung der Elbe. Obwohl Überflutungen nur noch im Deichvorland möglich sind, kommt es bei Elbhochwasser durch sog. Qualmwasser (Druckwasser) zu Überschwemmungen tieferer Flächen und Mulden. Bei sinkendem Elbwasser verhindern oft tonige Schichten innerhalb der Auensedimente die Versickerung des Qualmwassers. Die Flächen werden erst allmählich wieder trocken, so daß sie meist nur extensiv genutzt werden können, andererseits aber aus diesem Grund einen besonderen ökologischen Wert besitzen. Neben den Grundwasserständen bestimmen die Tongehalte der Böden die Nutzungsmöglichkeit. Böden mit Tongehalten > 45 Prozent, wie z. B. die Gley-Pseudogleye, haben eine geringe Wasserleitfähigkeit. Sie sind daher nur bedingt dränfähig und absolute Grünlandstandorte.

Der Höhbeck hat wegen seines komplizierten eistektonischen Falten- und Schollenaufbaus einen sehr engräumigen Wechsel verschiedenster Bodentypen wie z. B.: Ranker, Braunerde, Para-

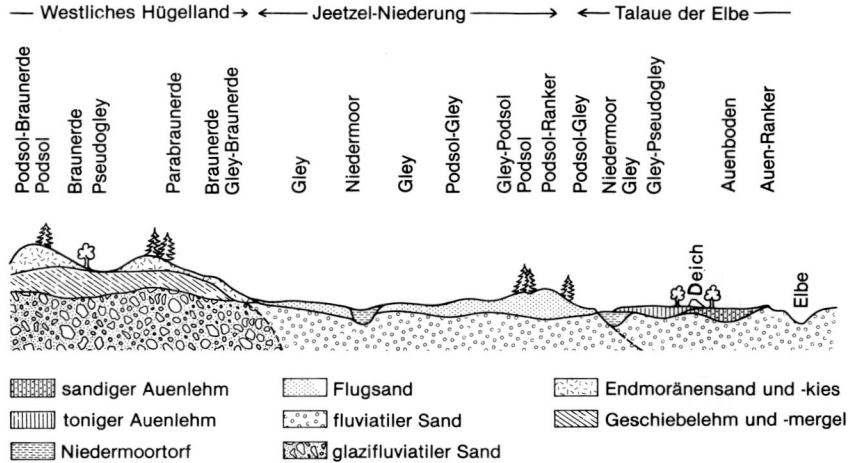

— Westliches Hügelland → ← —— Jeetzel-Niederung ———— → ← — Talaue der Elbe ——

Podsol-Braunerde
Podsol
Braunerde
Pseudogley
Parabraunerde
Braunerde
Gley-Braunerde
Gley
Niedermoor
Gley
Podsol-Gley
Gley-Podsol
Podsol
Podsol-Ranker
Podsol-Gley
Niedermoor
Gley
Gley-Pseudogley
Auenboden
Auen-Ranker

Deich
Elbe

sandiger Auenlehm   Flugsand   Endmoränensand und -kies
toniger Auenlehm   fluviatiler Sand   Geschiebelehm und -mergel
Niedermoortorf   glazifluviatiler Sand

Abb. 5 Böden der Landschaften (unmaßstäblich, schematisch).

braunerde, Pseudogley und Kolluvien, die je nach Relief landwirtschaftlich oder forstwirtschaftlich genutzt werden.
Einen zusammenfassenden Überblick der vorkommenden Böden und Bodengesellschaften in den verschiedenen Landschaften des Kreises Lüchow-Dannenberg zeigt die Abb. 5.

Literatur:
K. Duphorn, Kartierbericht Gorleben (Erläuterungen zu den geologischen Karten). Kiel 1980, Archiv NLfB Hannover – B. Heinemann, Die Böden im Raum Nienburg – Hannover – Hildesheim. Sonderdruck aus Führer zu Vor- und Frühgeschichtlichen Denkmälern 48. 1981 – E. Preising, Die Landschaft des Wendlandes und ihre Besonderheiten. Das Hannoversche Wendland. Beiträge zur Beschreibung des Landkreises Lüchow-Dannenberg. 1971 – H. Sponagel u. O. Strebel, Boden- und nutzungsspezifische Jahreswerte der Grundwasserneubildung im Raum Lüchow-Gartow-Schnackenburg. Archiv NLfB Hannover. 1981 – Walter, K.: Die Flußgliederung von Elbe und Seege bei Gartow (Kreis Lüchow-Dannenberg). Abhandlungen und Verhandlungen des Naturwissenschaftlichen Vereins in Hamburg, 1977

Herbert Sponagel

Die Alt- und Mittelsteinzeit

In diesem kurzen Beitrag soll ein Überblick über die alt- und mittelsteinzeitlichen Funde im Ldkr. Lüchow-Dannenberg gegeben werden. Es handelt sich im wesentlichen um das Ergebnis von Geländebegehungen durch Hobbyarchäologen, die in zäher Kleinarbeit Kiesgruben und Äcker nach Werkzeugen und Abfällen aus Feuerstein abgesucht haben. Stellvertretend für die Arbeitsgemeinschaft, die das Mittelpaläolithikum des Öring untersucht, seien hier H. Leunig, Celle, und W. Dürre, Munster, genannt (7). Die Mittelsteinzeitforschung verdankt K. Breest, Berlin, seit 1979 die Kenntnis von über 100 neuen Fundplätzen (4–6).

Die meisten Funde wurden an der Oberfläche aufgelesen oder zufällig einzeln bei Erdarbeiten geborgen. Daher gibt es kaum Möglichkeiten für eine zeitliche Einstufung beispielsweise mit Hilfe der geologischen Schichten. Ferner ist immer damit zu rechnen, daß an der Oberfläche Siedlungsreste aus verschiedenen Kulturen gemischt auftreten können. Die Schwierigkeit besteht darin, die Hinterlassenschaften einzelner Jagdplätze voneinander zu trennen. Trotz dieser Einschränkungen ist es aber möglich, die Funde des Kreisgebietes zeitlich und kulturell einzuordnen. Denn aus den Nachbargebieten sind unvermischte und datierte Inventare aus Ausgrabungen bekannt, die einen ungefähren zeitlichen und kulturellen Rahmen abgeben, in welchem unsere Funde verglichen werden können.

Älteste Spuren des Menschen aus der vorletzten Eiszeit
(etwa 300 000–130 000 Jahre v. Chr.)

In Fortsetzung der niederen Geest westlich der Jeetzel schließen sich nach Osten die Geestinseln des Öring und Lemgows an, die sich bis

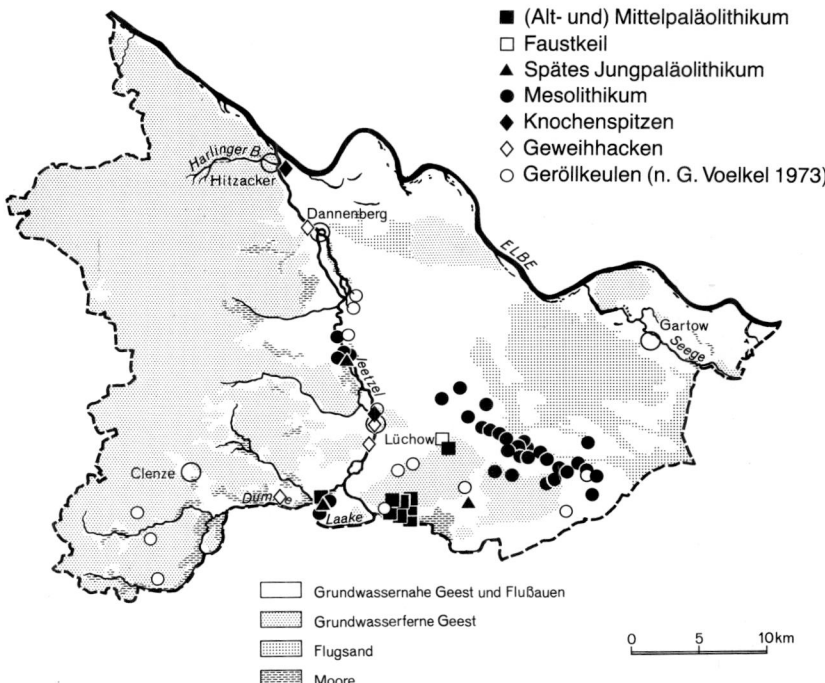

■ (Alt- und) Mittelpaläolithikum
□ Faustkeil
▲ Spätes Jungpaläolithikum
● Mesolithikum
◆ Knochenspitzen
◇ Geweihhacken
○ Geröllkeulen (n. G. Voelkel 1973)

Grundwassernahe Geest und Flußauen
Grundwasserferne Geest
Flugsand
Moore

0   5   10km

Abb. 6 Verbreitung der paläolithischen und mesolithischen Fundplätze (offene Signaturen: Einzelfunde).

zu 20 m über die umliegenden Niederungen ergeben. Sie bestehen vor allem aus Schmelzwasserablagerungen, die von den Gletschern der Elster- und Saale-Eiszeit aufgeschüttet worden sind. Seit 1961 konnten in zehn Kiesgruben des Öring bei Lübbow und Woltersdorf über 10000 vom Menschen bearbeitete Feuersteine geborgen werden: das umfangreichste Inventar mittelpaläolithischer Funde in Nordwestdeutschland (7). In seltenen Fällen glückte es, die Artefakte noch in den Kieswänden steckend zu entdecken. Die Untersuchung der Gesteinszusammensetzung von Kiesproben, die an diesen Stellen entnommen wurden, konnte zeigen, daß die Artefakte zusammen mit Sanden und Kiesen während der beiden ersten Gletschervorstöße der vorletzten Saale-Eiszeit hier abgela-

31

gert worden sind. Aus den darunter- und darüberliegenden Ablagerungen der drittletzten Elster-Eiszeit bzw. ausgehenden Saale-Eiszeit sind keine Funde bekannt geworden. Demnach können die Öring-Artefakte frühestens in der Warmzeit (Holstein) zwischen Elster- und Saale-Eiszeit hergestellt worden sein.

Die Kanten und Grate der aus Feuerstein geschlagenen Artefakte sind nicht scharfkantig und frisch wie bei der Herstellung, sondern durch den Transport zusammen mit Kies und Sand mehr oder weniger stark beschädigt. Sie sind also nicht auf dem Öring hergestellt, sondern nur hier abgelagert worden. Die Lager- oder Werkplätze, aus denen sie ursprünglich stammen, sind unbekannt. Vielleicht lagen sie auf Terrassen der Urelbe, die von den Schmelzwässern der frühsaalezeitlichen Gletscher ausgespült und im heutigen Öring abgelagert wurden.

Unter den Funden (Abb. 7) sind Abschläge und Klingen am zahlreichsten, die nach dem Abschlagen vom Kern nicht weiter bearbeitet worden sind. Viele wurden in einfacher Technik mit großem Schlagwinkel abgespalten. Diese einfachen Abschläge werden auch als Clacton-Abschläge bezeichnet. Andere sog. Zielabschläge wurden erst nach sorgfältiger Präparation des Kerns abgetrennt und zeichnen sich durch einen fast regelmäßigen runden bis länglichen Umriß aus. Auf diese Weise konnten auch gezielt Klingen erzeugt werden. Kernstücke, die der Herstellung von Abschlägen dienten, machen etwa 5% des Fundmaterials aus. Neben unregelmäßigen Kernen, von denen Clacton-Abschläge gewonnen wurden, kommen auch kugelige, barren- und diskusförmige Kerne vor, die eine Präparation für Zielabschläge aufweisen. Sie entsprechen teilweise dem klassischen Schema von sog. Levallois-Kernen mit flacher präparierter Unterseite und aufgewölbter Abbaufläche.

Trotz zahlreicher durch den Transport im Kies verursachter Kantenbeschädigungen lassen sich an einigen Abschlägen Spuren weiterer Bearbeitung erkennen, die nach dem Abtrennen vom Kern erfolgte. Es kommen einfache Schaber mit gerade bis konvex retuschierter Arbeitskante, Breit- und Spitzschaber und spitzenartig zugearbeitete Abschläge vor. Beidflächig, annähernd symmetrisch bearbeitete Kernstücke sind außerordentlich selten

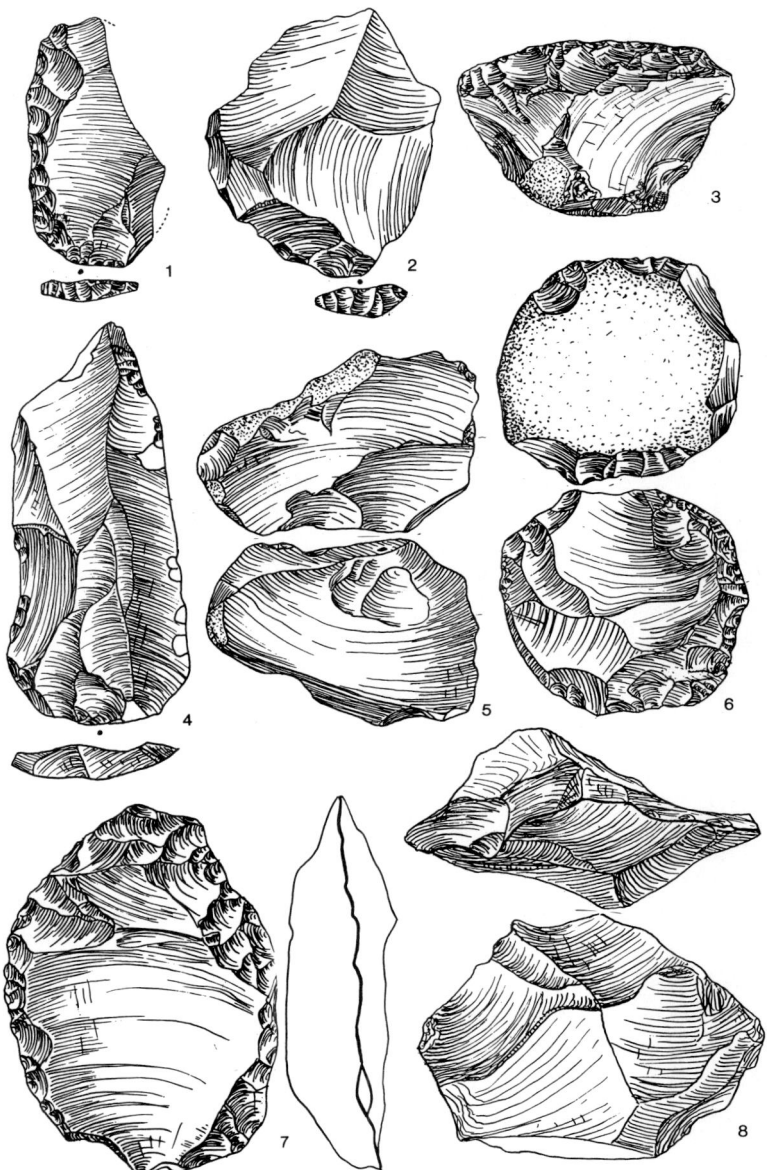

Abb. 7 Alt(?)- und mittelpaläolithische Funde aus Schmelzwassersanden des Öring (n. W. Dürre 1981). 1,3 Schaber, 2,4 Zielabschläge, 5 »Clacton«-Abschlag, 6/7 präparierte Kerne, 8 einfacher Abschlagkern. M 1:2.

(Abb. 8.1) und entsprechen mehr oder weniger der klassischen Form des Faustkeils.

Der gesamte Fundkomplex vom Öring läßt sich gut mit dem ebenfalls frühsaalezeitlich eingestuften Fundplatz Markkleeberg bei Leipzig (1) vergleichen, wo ebenfalls Abschläge und Kerne überwiegen und Faustkeile und andere Werkzeugformen selten sind. Markkleeberg wird in die faustkeilführende Formengruppe des (Mittel-)Acheuléen gestellt.

Neben diesem durch präparierte Kerne und Zielabschläge gekennzeichneten Fundmaterial wurde ein älterer Teilkomplex mit stärkerer Glanzpatina und intensiveren Abrollungsspuren ausgegliedert (7), der formenkundlich in die Nähe von Clactonien-Fundstellen gestellt wird. Sie sind vor allem aus England bekannt und datieren dort in die vorletzte Holstein-Warmzeit. Andererseits treten die für das Clactonien typischen einfachen unpräparierten Kerne und Abschläge beispielsweise auch im Markkleeberger Acheuléen-Inventar auf, so daß ihre Aussonderung im Öring-Material recht hypothetisch erscheint.

Ein Faustkeil vom Beginn der letzten Eiszeit (etwa 110 000–50 000 Jahre v. Chr.)

Jünger als die Artefakte aus Schmelzwasserablagerungen ist möglicherweise ein Faustkeil (Abb. 8.2), der 1963 in einer Sandgrube in 1 m Tiefe am Nordrand des Öring bei Woltersdorf gefunden worden ist (19). Starker Windschliff im Spitzenbereich und zahlreiche feine Frostrisse zeigen, daß er längere Zeit an der Oberfläche unter eiszeitlichen Bedingungen gelegen hat. Den geologischen Beobachtungen zufolge wurde er nicht von Schichten der vorletzten Eiszeit überlagert und könnte insofern jünger sein. Allerdings ist nicht auszuschließen, daß saalezeitliche Deckschichten abgetragen worden sind oder der Faustteil aus älteren Schichten umgelagert wurde. Seine Herzform, seine sorgfältige Flächenbearbeitung, welche die Basis einschließt und sein flacher Längsschnitt unterscheiden ihn von Faustkeilen des Jungacheuléen z. B. der Typensta-

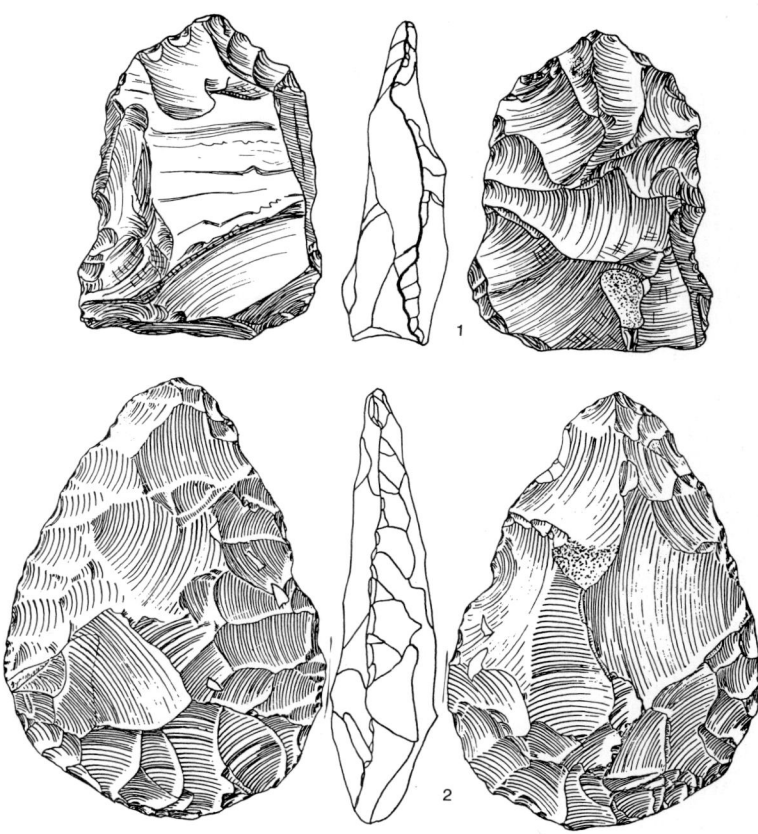

Abb. 8 Mittelpaläolithische Funde vom Öring. 1 faustkeilartiges Artefakt aus Schmelzwassersanden (n. W. Dürre 1981), 2 Faustkeil von Woltersdorf (n. G. Bosinski 1967). M 1:2.

tion Salzgitter-Lebenstedt (3). Gemeinsam mit gleichfalls windgeschliffenen Faustkeilen von Oberflächenfundplätzen in Südniedersachsen (Dankelshausen) und den nördlichen Niederlanden könnte das Woltersdorfer Exemplar in eine weichselzeitliche Formengruppe mit Faustkeilen gehören, die jedoch nach wie vor stratigraphisch nicht zweifelsfrei nachgewiesen ist (16).

Lagerplätze vom Ende der letzten Eiszeit
(etwa 13 000–10 000 Jahre v. Chr.)

Zwischen dem möglicherweise frühweichselzeitlichen Woltersdorfer Faustkeil und den drei späteiszeitlichen Fundplätzen fehlen im Kreisgebiet Hinweise auf die Anwesenheit des Menschen. Es scheint, als ob zumindest im kältesten Abschnitt der letzten Eiszeit (25 000–15 000 Jahre v. Chr.) das gletschernahe Nordwestdeutschland keine Voraussetzungen für das Leben des Menschen geboten hätte.

Der älteste späteiszeitliche Fundplatz, Schweskau 540/8, kann in die Zeit zwischen 13 000–12 000 Jahre v. Chr. gestellt werden, als im Zuge beginnender Klimaverbesserung eine lichte Bewaldung mit Birken einsetzte (Bölling-Interstadial). Der am Nordrande der Landgrabenniederung gelegene Oberflächenfundplatz hat auf einer Fläche von etwa 10 × 10 m bisher über 1500 Feuersteinartefakte geliefert, die vom Pflug aus 30 cm Tiefe an die Ackeroberfläche gerissen worden sind. Werkzeuge, d. h. retuschierte Formen (Abb. 9.1–14), sind selten und machen nur 1% aller Funde aus. Kennzeichnend sind Kerbspitzen, wahrscheinlich Bewehrungen von Pfeilen, und Zinken, die vermutlich bei der Rengeweihbearbeitung eine Rolle spielten. Beide Formen sind typisch für die Hamburger Kultur, die im nordeuropäischen Flachland von den Niederlanden bis nach Polen verbreitet war. Fundplätze mit erhaltener Jagdfauna aus Schleswig-Holstein zeigen, daß das Rentier die Hauptjagdbeute bildete. Die außerordentlich große Menge von Abschlag- und Kernmaterial belegt die Herstellung der sehr qualitätvollen Klingen vor Ort. Dem im Vergleich mit anderen Hamburger Fundplätzen sehr geringen Werkzeuganteil nach zu urteilen, könnte Schweskau ein Platz gewesen sein, an dem vorrangig Klingen als Grundformen für die Werkzeuge produziert wurden.

Abb. 9 Spätjungpaläolithische Funde der Hamburger Kultur von Schweskau 504/ ▷
7. 1–3 Kerbspitzen, 4 Federmesser, 5 Endretusche, 6 Stichelkratzer, 7–11 Zinken, 12 Stichel, 13/14 Klingen. Spätpaläolithische Funde der Federmesser-Gruppen von Grabow 2932/16: 15–20 Federmesser, 21–23,28–31 Kratzer, 24–27,32,33,35 Stichel, 34 Stichelkratzer, 36 Klingenkern. M 1:2.

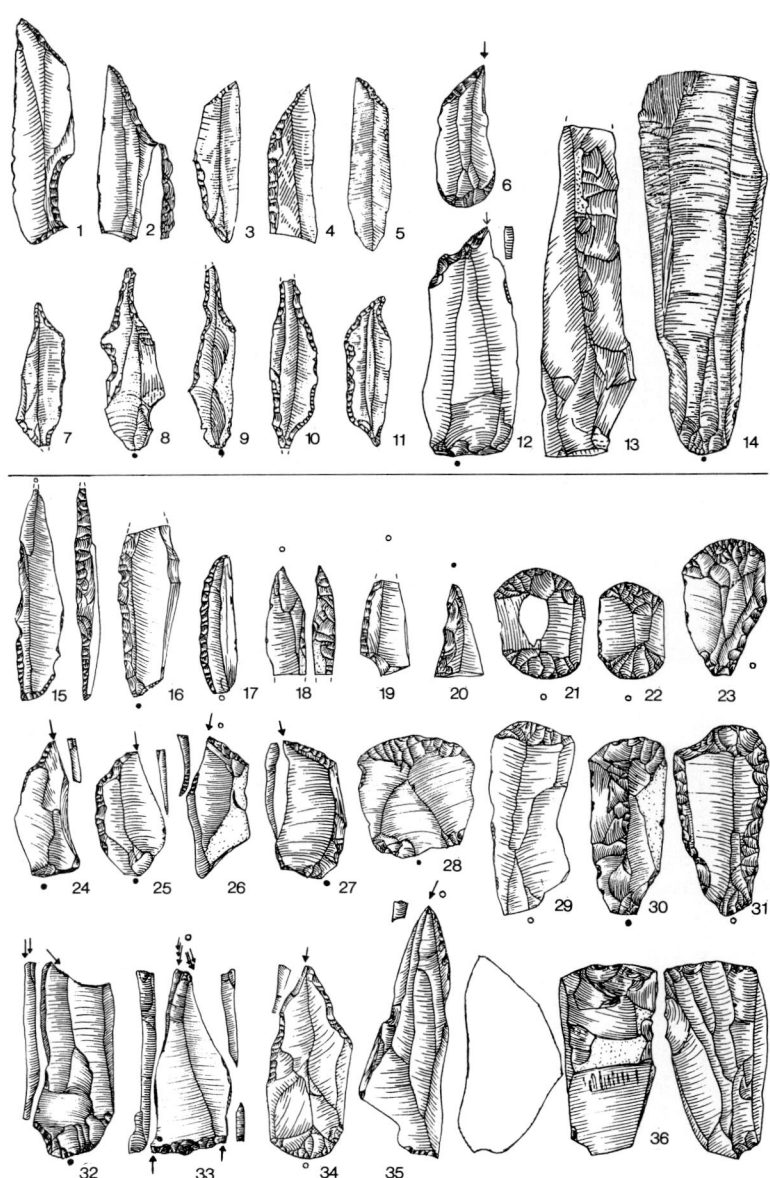

37

Zwischen etwa 11800–11000 Jahre v. Chr. läßt sich eine weitere Phase spürbarer Klimabesserung feststellen, in der sich Birken-Kiefern-Wälder in unserem Gebiet ausbreiteten und die arktische Tierwelt von einer borealen, von Süden einwandernden Waldfauna abgelöst wurde. Der Elch war in dieser Zeit ein wichtiges Jagdtier in Norddeutschland. In die erste ausgesprochene Waldphase der Späteiszeit, das Alleröd-Interstadial, lassen sich zwei Fundplätze im Kreisgebiet stellen. Zum einen ein älterer Teilkomplex vom hauptsächlich mittelsteinzeitlichen Fundplatz Wustrow an der Jeetzel mit charakteristischen Rückenspitzen (15), zum anderen der erst 1985 entdeckte, wahrscheinlich unvermischte Oberflächenfundplatz Grabow 504/7, der hier stellvertretend vorgestellt sei. Er liegt auf einer schwachen sandigen Bodenerhebung am westlichen Ufer der Alten Jeetzel. Die mit etwa 20% sehr zahlreichen Werkzeuge (Abb. 9.15–36) zeigen an, daß hier anders als wohl in Schweskau Siedlungsaktivitäten im Vordergrund standen. Zeittypisch sind die auch als Federmesser bezeichneten Rückenspitzen, vermutlich größtenteils Geschoßspitzen, die eine Einordnung des Inventars in die sog. Federmessergruppen des Alleröd-Interstadials erlauben. Sehr zahlreich sind ferner Stichel, hauptsächlich mit Endretusche. Kratzer, darunter auch Klingen- und Doppelkratzer, sind weniger häufig. Die Klingen zeigen eine für ein Federmesser-Inventar recht gute Technik. Da das Fundplatzgelände ausgedehnt ist, könnte es sich um Reste mehrerer Siedlungsaufenthalte handeln.

Aus der abschließenden Kaltphase der letzten Eiszeit um 11000–10000 Jahre v. h., in der der Baumbewuchs deutlich zurückging und das Rentier und andere arktische Tierarten wieder in unser Gebiet kamen, liegen im behandelten Gebiet bisher keine Siedlungsspuren vor. Es dürfte nur eine Frage der Zeit sein, bis diese Lücke geschlossen wird und Lagerplätze der sog. Stielspitzen-Gruppen nachgewiesen werden, die in den Nachbargebieten recht zahlreich sind (18).

Jäger, Fischer und Sammler des nacheiszeitlichen Waldes
(etwa 10000–5000 Jahre v. Chr.)

Mit dem Ende der letzten Eiszeit um 10000 Jahre v. Chr. setzten tiefgreifende Umweltänderungen ein, die Lebensweise und Kultur des Menschen stark beeinflußten. Nacheinander wanderten zunächst Birke, Kiefer und Hasel, später Eichenmischwald mit Ulme, Linde und Erle in das norddeutsche Flachland ein. Gleichzeitig rückte die standortgebundene Waldfauna mit Hirsch, Reh, Wildschwein, Ur usf. ein und ersetzte die in kühlere Biotope abgewanderten Herdentiere der Steppe und Tundra. Zusammen mit diesen Veränderungen in der Natur stellen wir einen Wandel im archäologischen Kulturbild fest. Dabei ist noch ungeklärt, inwieweit ein Bevölkerungswechsel oder eine Anpassung der einheimischen späteiszeitlichen Bevölkerung an die neuen Lebensbedingungen stattgefunden hat. Die mesolithischen Jäger, Sammler und Fischer verfügen über neuartig zusammengesetzte Jagdwaffen: Die Spitzen von Pfeilen und Speeren wurden mit wenigen Zentimeter großen, daher Mikrolithen genannten, meist geometrisch geformten Einsätzen aus Feuerstein bewehrt, die sich auf fast allen Siedlungsplätzen finden. Neu im Werkzeuginventar waren im norddeutsch-skandinavischen Raum Beile, die aus Feuerstein geschlagen und bei der Holzbearbeitung eingesetzt wurden. Die Menschen lebten in Kleingruppen auf leicht erhöhtem sandigen Untergrund in Gewässernähe. Von den seltenen Siedlungsplätzen mit erhaltenen Tierknochen wissen wir, daß es Jagdplätze gegeben hat. Hauptfleischlieferanten waren Hirsch, Reh und Wildschwein. Auch Fische dürften eine große Rolle in der Ernährung gespielt haben; ebenso Sammelwirtschaft, wie verkohlte Haselnußschalen und spezielle Röstplätze bezeugen, auf denen zur Erntezeit im August/September die Vorräte für die nächsten Monate konserviert wurden (2).

Aus dem Kreisgebiet sind mittlerweile über 100 wahrscheinlich mesolithische Siedlungsplätze bekannt, die alle an den Rändern der Lucie- und Jeetzel-Niederungen, in einem Fall (Wustrow) auch an der Dumme-Landgraben-Niederung auf flachen sandigen Anhöhen liegen (Abb. 6).

Die umfangreicheren Inventare haben zwischen 600 und über 10 000 geschlagene Steinartefakte geliefert. Überall finden sich zahlreiche vom Feuer beschädigte Stücke (15–25%), die auf Herdstellen hindeuten. Unter den Werkzeugen überwiegen meist kleine kurze Kratzer, die vermutlich bei der Fellbearbeitung eine Rolle spielten. Außerdem kommen überall geschlagene Beile vor, die die Zugehörigkeit des Kreisgebietes zum sog. Nordischen Kreis der Mittelsteinzeit mit Kern- und Scheibenbeilen unterstreichen (14). Zu den üblichen Funden zählen ferner sog. Kerbreste, die als Abfallprodukte bei der Herstellung von Mikrolithen entstehen und die Herstellung oder Erneuerung von Jagdwaffen belegen.

Das Mesolithikum

Aus der Birken-Kiefern-Zeit zwischen 10 000–9000 Jahre v. Chr. sind bisher keine Siedlungsspuren im Kreisgebiet bekannt. Das frühe Mesolithikum ist allerdings allgemein recht selten belegt. Die meisten Fundplätze gehören nach den zeitempfindlichen Formen der Mikrolithen in einen älteren Abschnitt des Mesolithikums, der vegetationsgeschichtlich etwa der Ausbreitung der Hasel entspricht (etwa 9000–8000 Jahre v. Chr.). Ein sehr wichtiger Fundplatz liegt südlich von Wustrow unweit des Zusammenflusses von Dumme und Schwarzer Laake und wird seit Anfang des Jahrhunderts abgesammelt (13, 14). Weit über 10 000 Steinartefakte bezeugen die Anwesenheit des Menschen seit der Späteiszeit. Die meisten zeitlich klassifizierbaren Mikrolithen stammen jedoch aus dem älteren Mesolithikum und gehören zur sog. Duvensee-Gruppe. Der in der Nähe gefundene Einbaum ist wahrscheinlich jünger (12). Wichtig ist auch das ältermesolithische Fundinventar von Klein-Breese 581/2, das 1984–85 an einer Sandgrube am Nordrand der Lucie-Niederung ausgegraben werden konnte und wahrscheinlich unvermischt ist (Abb. 10.1–31). Holzkohleanreicherungen und Ansammlungen verkohlter Haselnußschalen geben einen Hinweis auf einen Lagerplatz zur Zeit der Haselnußreife. Mikrolithen und Kerbschlagreste überwiegen unter den Werkzeugen und

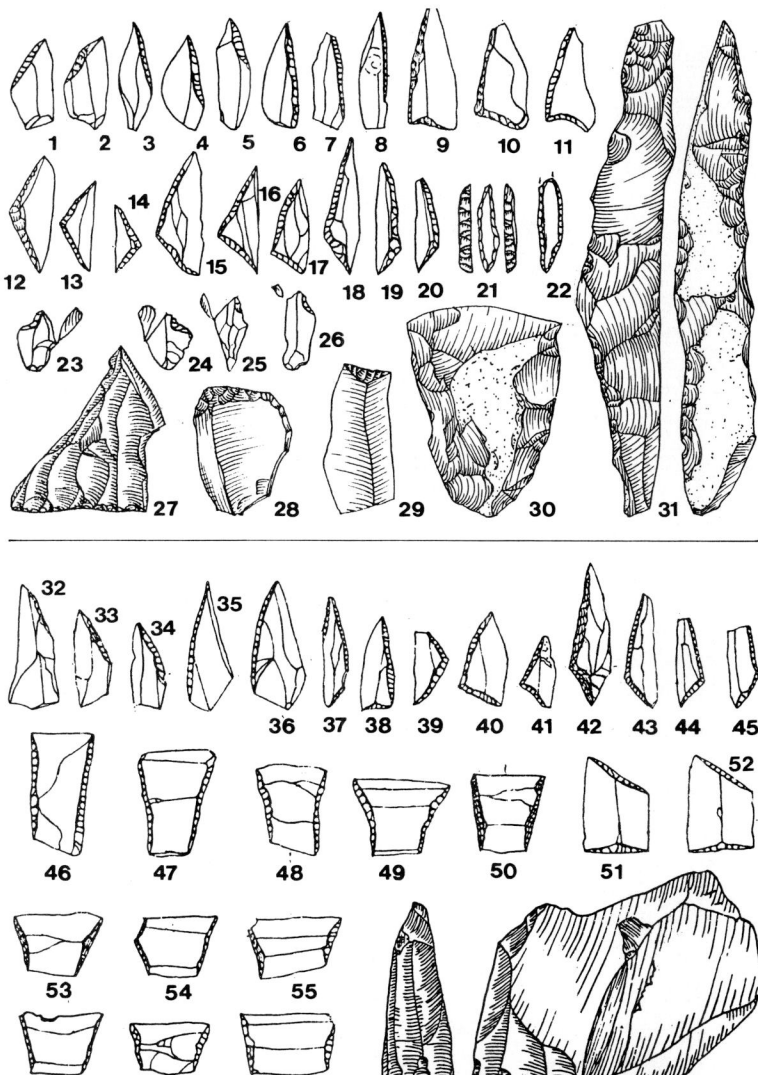

Abb. 10 Funde des älteren Mesolithikums aus Klein-Breese 581/2 (Grabung 1985). 1–8 einfache Spitzen, 9–11 Dreieckspitzen, 12/20 Dreiecke, 21/22 Kleinlanzetten, 23–26 Kerbreste, 27 Lamellenkern, 28 Kratzer, 29 Endretusche, 30 Scheibenbeil, 31 Dreikantgerät. Funde des jüngeren Mesolithikums aus Grabow 504/2. 32–37 einfache Spitzen, 38 Dreieckspitze, 39–45 Dreiecke, 46–50 Pfeilschneiden, 51/52 Trapezspitzen, 53–58 Vierecke, 59 Lamellenkern. M 2:3.

zeigen, daß hier Waffeneinsätze hergestellt und wohl auch in Speere und Pfeile eingesetzt worden sind. Die meisten einfachen Spitzen überwiegen mit über 50% vor den Dreiecken. Kennzeichnend sind Dreieckspitzen mit konkaver Basis. Unter den Dreiecken herrschen schmale Formen vor. Wichtig ist ferner ein Dreikantgerät. Diese Mikrolithformen stimmen recht gut mit dem Inventar des Wohnplatzes 6 von Duvensee (Schleswig-Holstein) überein, das auf etwa 9000 Jahre v. Chr. datiert wird (2). Auch im östlich angrenzenden Raum finden sich ähnliche, allerdings ins jüngere Mesolithikum gestellte Erscheinungen, in denen auch Kleinlanzetten wie in Klein Breese vorkommen (9).

Mehrere Fundplätze im Kreisgebiet lassen sich dem jüngeren Abschnitt der Mittelsteinzeit zuordnen, der in etwa der Eichenmischwaldzeit mit feuchterem, wärmerem Klima entspricht (8000–5000 Jahre v. Chr.). Die Durchschnittstemperaturen lagen sogar 2–3 % über unseren heutigen. Die in den angrenzenden Gebieten für diesen Abschnitt als typisch erkannten Inventare mit langschmalen Dreiecksformen unter den Waffeneinsätzen sind bisher selten. Stellvertretend für jüngermesolithische Inventare im Kreisgebiet sei hier Grabow 504/2 genannt (Abb. 10.32–59). Die einfachen Spitzen und Dreiecke unterscheiden sich kaum von ältermesolithischen Formen. Neu hingegen sind viereckig retuschierte Waffeneinsätze wie Trapeze, Trapezspitzen und sog. Pfeilschneiden, die im Unterschied zu Pfeilspitzen eine schneidende Bewehrung darstellten. Nicht nur im norddeutschen Flachland, sondern fast in allen Gegenden Europas tauchen diese viereckigen Einsätze um diese Zeit auf, wahrscheinlich im Gefolge einer neuartigen Waffentechnik. Nicht ganz auszuschließen ist jedoch, daß dieses jüngermesolithische Inventar ältere – die Dreiecksmikrolithen- und jüngere Beimengungen – Pfeilschneiden – enthält. Pfeilschneiden waren auch noch lange in der Jungsteinzeit in Gebrauch. Andererseits finden sich alle Grabower Mikrolithenformen zusammen in geschlossenen, ausgegrabenen Inventaren Schleswig-Holsteins wieder, die zur Oldesloer Gruppe gehören.

In der zweiten Hälfte der Eichenmischwaldzeit treten verstärkt an der Ostseeküste, aber auch im Binnenland Gruppen in Erschei-

nung, die wirtschaftlich den südlichen Ackerbau- und Viehzucht-
kulturen mit Keramik nahestanden und sich unter ihrem Einfluß
im mittelsteinzeitlichen Milieu entwickelt haben. Die Belege für
derartige Akkulturationserscheinungen und allgemein für die Beziehungen zwischen den jägerischen Waldbewohnern und den Ak-
kerbau treibenden Viehzüchtern sind jedoch noch zu selten, um
Aussagen über die Verhältnisse im norddeutschen Flachland des 5.
und 4. vorchristlichen Jahrtausends zu treffen.

Mesolithische Einzelfunde

Abgesehen von den mittelsteinzeitlichen Siedlungsresten sind im
Kreisgebiet zahlreiche Objekte meist zufällig bei Bauvorhaben einzeln gefunden worden, die nach ihrer Form sicher (Speerspitzen)
bis möglicherweise (Geweihhacken und Geröllkeulen) zur Ausrüstung der nacheiszeitlichen Jäger gehört haben (Abb. 6).
Eine der Speerspitzen wurde bei Hitzacker »aus der Elbe bei
der Niedrigwasserregulierung vom Wasserbauamt geborgen«
(Abb. 11.1). Sie ist vermutlich aus Geweih gearbeitet und hat durch
beidseitige Einkerbung herausgearbeitete kleine Widerhaken. Spitzen dieser Form sind in der ältermesolithischen Duvensee-Gruppe
im norddeutschen Flachland verbreitet und werden als Typ Pritzerbe bezeichnet.
Eine andere Speerspitze fand sich bei Anlage eines Fischteiches
nördlich von Lüchow an der Drawehner Jeetzel in 2,30 m Tiefe
(Abb. 11.2). Sie ist aus Knochen gefertigt mit 26 fein eingeschnittenen Kerben an einer Kante. Nach dem ältermesolithischen Fundplatz in Schleswig-Holstein werden diese feingekerbten Spitzen als
Typ Duvensee bezeichnet.
Aufgrund geschäftet gefundener Exemplare wissen wir, daß diese
Spitzen seitlich am Schaftende von Speeren festgebunden wurden.
Beide Funde weisen darauf hin, daß auch in der Talebene der Elbe
und der Jeetzel-Niederung zwischen Wustrow und Lüchow Jagd-
und Fischplätze liegen können, die allerdings unter der Auelehm-
und Niedermoorbedeckung nur schwer zu entdecken sind. Eine

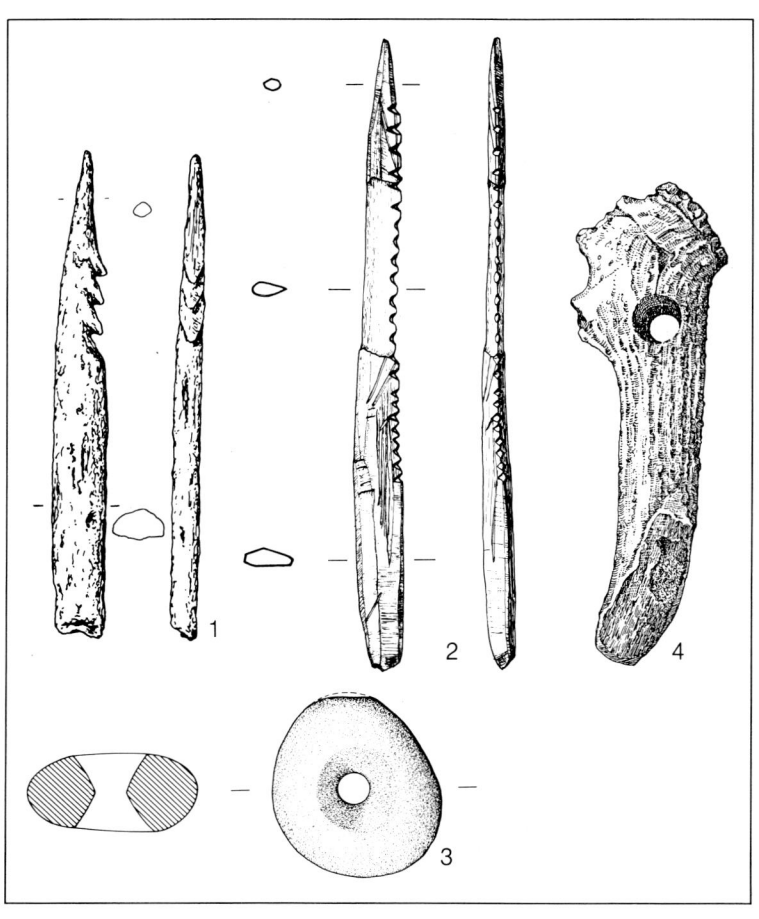

Abb. 11 Mesolithische Einzelfunde. 1 Spitze mit kleinen Widerhaken (Typ Pritzerbe) aus Hitzacker, 2 gekerbte Knochenspitze (Typ Duvensee) aus Lüchow, 3 Geröllkeule (mesolithisch?) aus Lübbow, 4 Hirschgeweihhacke (mesolithisch?) aus Lüggau (n. W. Honig 1959). M 1:2.

weitere Spitze soll ebenfalls aus Hitzacker stammen (11. Abb. 44), ist aber verschollen.

Außerdem wurden im Kreisgebiet mehrere Hacken aus Hirschgeweih gefunden, die mesolithisch sein können, aber auch noch in

44

späteren Zeiten hergestellt und verwendet wurden. Beispielhaft für Fundbedingungen und Typ sei hier eine schlanke Geweihhacke genannt, die 1959 beim Bau eines Schöpfwerkes nördlich von Lüggau 2 m tief unter Torf- und Sandschichten gefunden wurde (10). Sie ist aus der Basis eines schädelechten Hirschgeweihs gearbeitet; Aug- und Eissprosse wurden abgeschlagen, etwas oberhalb der Rose ein Loch gebohrt und der Geweihschaft quer zum Schaftloch angeschliffen (Abb. 11.4).

Möglicherweise mesolithisch sind ferner 13 Geröllkeulen, die oberflächig im Kreisgebiet gefunden wurden. Es sind natürlich geformte ovale bis runde Gerölle mit einem sanduhrförmigen Loch (Abb. 11.3). Im norddeutschen Raum stammen die einzigen sicher datierten Exemplare aus Jagdplätzen der älteren Mittelsteinzeit. Im Süden sind sie allerdings auch aus jungsteinzeitlichem Zusammenhang bekannt (17), so daß die zeitliche Stellung von Einzelfunden ungewiß ist. Auch über den Gebrauch dieser merkwürdigen Geräteform ist nichts Sicheres bekannt. Die Abnutzungsspuren sprechen für eine Verwendung als Schlaginstrument.

Die Verbreitung der Geröllkeulen unterscheidet sich nicht unwesentlich von der der mesolithischen Siedlungsplätze (Abb. 6). Auffällig ist eine Konzentration am Rande des Öring und im Südwesten des Kreises. Vielleicht kann hieraus ein Hinweis auf unterschiedliche Zeitstellung einiger Geröllkeulen abgeleitet werden.

Literatur:
(1) W. Baumann u. D. Mania, Die paläolithischen Neufunde von Mark Kleeberg bei Leipzig. Veröff. Landesmuseum Vorgesch. Dresden 16, 1983 – (2) K. Bokelmann, Eine neue borealzeitliche Fundstelle in Schleswig-Holstein. Kölner Jahrb. 15, 1975–77, 181–188 – (3) G. Bosinski, Die mittelpaläolithischen Funde im westlichen Mitteleuropa. Fundamenta A4. 1967 – (4) K. Breest, Neue Fundstellen aus dem südlichen und südöstlichen Jeetzelraum, Kreis Lüchow-Dannenberg. Hann. Wendland 8, 1980/81, 67–80 – (5) Ders., Fundstellen der mittleren Steinzeit an der Lucie, Ldkr. Lüchow-Dannenberg. Kunde 36, 1985, 59–83 – (6) Ders., Ein spätmesolithischer Siedlungsplatz im Übergang zum Altneolithikum bei Grabow, Ldkr. Lüchow-Dannenberg. Kunde 37, 1986 (im Druck) – (7) W. Dürre, Alt- und mittelpaläolithische Funde in Norddeutschland. Mit Beiträgen von H. Leunig, H. H. Voß und W. Gauger. Veröff. urgesch. Samml. Landesmus. Hannover 26. 1981 – (8) W. Gauger, Glanzpatinierung von Flint-Artefakten und Feuersteinen in rezenten Elbeschottern bei der Barförde, Gemeinde Hittbergen, Kr. Lüneburg, und in Drenthezeitlichen Flußschottern bei Lübbow, Kr. Lüchow-Dannenberg. Nachr. Nieder-

sachs. Urgesch. 48, 1979, 139–144 – (9) B. Gramsch, Das Mesolithikum im Flachland zwischen Elbe und Oder. Veröff. Mus. Ur- und Frühgesch. Potsdam 7, 1973 – (10) W. Honig, Eine mittelsteinzeitliche Hirschhornhacke von Lüggau, Kr. Lüchow-Dannenberg. Kunde N. F. 10, 1959, 195–197 – (1) K. H. Jacob-Friesen, Einführung in Niedersachsens Urgeschichte. 1. Teil: Steinzeit. Veröff. urgesch. Samml. Landesmus. Hannover 15. – (12) K. Kofahl, Ein Einbaum der Mittleren Steinzeit? Mannus 33, 1941, 111–115 – (13) W. Lampe, Ein frühsteinzeitlicher Siedlungsplatz bei Wustrow an der Jeetzel. Nachr. Bl. für Nieders. Vorgesch. N. F. 3, 1–23 In: Nds. Jahrbuch 3, 1926 – (14) H. Schwabedissen, Die mittlere Steinzeit im westlichen Nord-Deutschland 1944 – (15) Ders., Die Federmesser-Gruppen des nordwesteuropäischen Flachlandes. Zur Ausbreitung des Spät-Magdaléniens. 1954 – (16) D. Stapert, The hand-axe from Drouwen (Province of Drente, The Netherlands) and the Upper Acheulean. Palaeohistoria 21, 1979, 127–142 – (17) K. Tackenberg, Die Geröllkeulen Nordwestdeutschlands. Festschrift für L. F. Zotz, 1960, 507–537 – (18) W. Taute, Die Stielspitzen-Gruppen im nördlichen Mitteleuropa. Ein Beitrag zur Kenntnis der späten Altsteinzeit. Fundamenta A5. 1968 – (19) G. Voelkel, Ein Faustkeil aus der Gemarkung Woltersdorf, Kreis Lüchow-Dannenberg. In: Frühe Menschheit und Umwelt. Fundamenta A2, 1970, 156–157 – (20) Ders., Neue Siedlungs-, Grab- und Einzelfunde 1972/73 im Kreis Lüchow-Dannenberg. Hann. Wendland 4, 1973, 71–74

Stefan Veil unter Mitarbeit
von Klaus Breest

46

Jungsteinzeit – Die ersten Bauern

Der Beginn der Jungsteinzeit (Neolithikum) wird durch das erste Auftreten von Ackerbau und Viehhaltung gekennzeichnet. Die Kulturen des frühen Neolithikums haben aber nur das südliche Mittelgebirgsland besiedelt. Einzelfunde von typischen Felsgesteinäxten und -beilen dieser Ackerbauern im Wendland belegen aber erste Kontakte zu diesem Gebiet.

Für die Lüneburger Heide und die Altmark bringt erst das Mittelneolithikum den eigentlichen Beginn der bäuerlichen Wirtschaftsweise. Der Übergang scheint sich gegen Ende des 4. Jahrtausends v. Chr. durch die Einwanderung kleiner, bereits vollagrarischer Gruppen aus den altbesiedelten südlichen Lößgebieten vollzogen zu haben. Nur wenige Fundplätze aus dieser Kolonisationsphase sind bisher bekanntgeworden. Es handelt sich um eine Befestigungsanlage bei Walmstorf und einen Siedlungsplatz bei Wittenwater, beide im Uelzener Becken gelegen. Die hier gemachten Funde zeigen keinerlei kulturelle Verbindungen zu einheimischen Jägerkulturen, dagegen deutliche Beziehungen zur südwestdeutschen Michelsberger und zur mitteldeutschen Baalberger Kultur. Alle Anzeichen sprechen also für eine Einwanderung dieser frühen Bauern. Aus dem Wendland lassen sich bisher nur Einzelfunde von Streitäxten aus Felsgestein, sogenannte flache Hammeräxte, wie sie etwa mit zwei Exemplaren aus Bösel bekanntgeworden sind, für diesen kulturellen Zusammenhang anführen. Auch ein Teil der häufiger gefundenen anderen Felsgesteinbeil-Typen wird hierher gehören. Diese Fundstücke zeigen immerhin, daß Ausstrahlungen der neuen Bevölkerungsgruppen auch bis in unser Gebiet reichten. Etwa um 2700 v. Chr. kommt es zu einem grundlegenden Wandel in den einheimischen Bauernkulturen. Das Fundaufkommen ist nun wesentlich höher als in der voraufgegangenen Periode und beschränkt sich nicht mehr nur auf wenige Einzelpunkte.

Kennzeichnendes Merkmal im Fundgebiet ist das Auftreten der nach Art der Verzierung ihrer Tongefäße benannten Tiefstichkeramik (Abb. 3, 4.8–13). Ihre Entstehung ist auf südöstliche Stileinflüsse zurückzuführen, welche die Elbe entlang ausstrahlten und von den Bauern der Lüneburger Heide und der Altmark aufgenommen und ihrem eigenen Stilempfinden entsprechend umgewandelt wurden. Nach ihren Tongefäßformen und der Art ihrer Verzierung gehören die wendländischen Funde zur Lüneburger Gruppe der Tiefstichkeramik, welche sich ihrerseits mit der sehr eng verwandten Altmärkischen Gruppe der Tiefstichkeramik zusammenschließt. Beide gehören zur im norddeutsch-polnischen Flachland und Südskandinavien weit verbreiteten, nach einer typischen, im ganzen Gebiet vorkommenden Gefäßform benannten Trichterbecherkultur. Anhand der regelhaft auftretenden Kombination bestimmter Gefäßtypen innerhalb von Grab-, Hort- und Siedlungsfunden lassen sich innerhalb der Lüneburger Tiefstichkeramik mehrere zeitlich aufeinanderfolgende Gruppen unterscheiden.

Zu den beeindruckendsten und wohl auch allgemein bekanntesten urgeschichtlichen Denkmälern des Norddeutschen Flachlandes gehören die Großsteingräber oder Megalithgräber, im Volksmund auch Hünengräber oder Hünenbetten genannt. Zeitlich, aber sicher nicht ursächlich fällt der Beginn des Megalithgrabbaues zusammen mit dem ersten Auftreten der Tiefstichkeramik. Die Idee der Errichtung solcher Anlagen wurde aus einer ganz anderen Richtung, aus Westeuropa, nach Norddeutschland hereingetragen. Hierbei wurden aus mächtigen, senkrecht gestellten, mit der flachen Seite nach innen weisenden Felssteinen aus den eiszeitlichen Moräneablagerungen, sog. Findlingen, die Wände einer Grabkammer errichtet. Zwei sich gegenüberstehende Wandsteine bildeten die Träger für einen Deckstein. Die Anzahl solchermaßen gebildeter und hintereinandergestellter Joche bestimmte die Größe der Kammer. Die Lücken zwischen den Wandsteinen wurden oft mit Trockenmauerwerk aus plattigen Bruchsteinen ausgefüllt, so daß eine geschlossene Grabkammer mit vergleichsweise glatten Wänden entstand. Der Fußboden wurde entweder mit plattigen Steinen sorgfältig ausge-

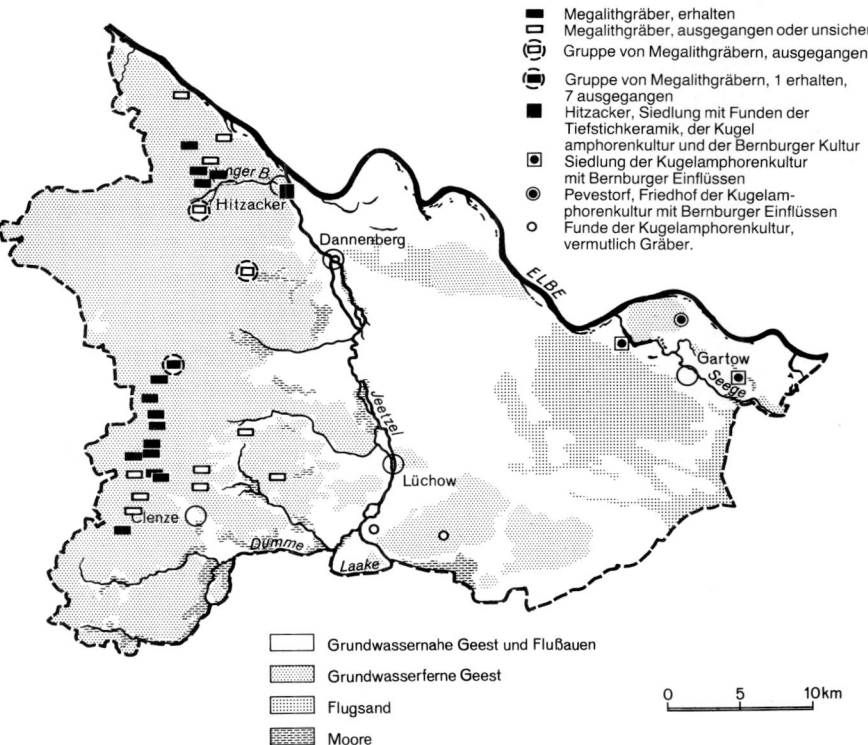

Abb. 12   Verbreitung der mittelneolithischen Fundplätze.

legt oder mit · einem Kopfsteinpflaster versehen, anschließend mit Granitgrus überschüttet und mit Lehm verstrichen. Über der Kammer wurde immer ein Erdhügel, der im Grundriß rechteckig, rund oder oval, in einigen Fällen auch trapezoid sein konnte, angeschüttet. Erdhügel (oder in diesem Falle besser -dämme) mit rechteckigem und trapezoidem Grundriß waren dabei immer von Findlingen eingefaßt, die runden und ovalen dagegen selten. Ein Gang ermöglichte den Zugang durch den Erdhügel zur Grabkammer. Insgesamt läßt sich im Wendland das Vorhandensein von ehemals mindestens 35 Megalithgräbern nachweisen. Ursprünglich werden es wesentlich mehr gewesen sein, doch wurden sehr viele Gräber in der Vergangenheit als bequeme Steinbrüche für diverse Bauvorhaben genutzt und dabei zerstört.

Mehr oder weniger gut erhalten sind heutzutage davon noch 16 im Gelände vorhanden, von weiteren elf läßt sich wenigstens der ehemalige Standplatz annähernd genau lokalisieren (Abb. 12.1–17). Das Verbreitungsgebiet der Megalithgräber bleibt auf das Geestgebiet westlich der Jeetzel, schwerpunktmäßig auf die Höhenzüge der nordsüdgerichteten Osthannoverschen Endmoräne begrenzt. Es schließt sich damit an das große zusammenhängende Megalithgrabgebiet der Lüneburger Heide an, dessen östlichen Abschluß es gleichzeitig bildet und zu dem es auch kulturell gehört. Aufgrund der Keramikfunde aus den Gräbern des benachbarten Lüneburger Gebietes läßt sich schließen, daß in der älteren und mittleren Phase der Tiefstichkeramik kürzere Grabkammern mit 3–5 Jochen gebaut wurden, in der Spätphase dann längere mit 6–8 Jochen. Leider ist nur bei wenigen Gräbern des Wendlands noch die Anzahl der ursprünglich vorhandenen Joche feststellbar. Immerhin stammen Funde der mittleren Tiefstichkeramik aus der vermutlich vier- oder fünfjochigen Kammer eines Megalithgrabens von Kloster bei Reddereitz (Abb. 13) und aus der angeblich kurzen, heute restlos verschwundenen Kammer eines Megalithgrabes vom Weißen Berg bei Glienitz (Abb. 14). Weitere kurze Kammern sind bekannt aus dem Forst Leitstade bei Wietzetze (Grab I, 4 Joche), aus Wittfeitzen (5 Joche) und Winterweyhe (3–4 Joche), in Braudel (Grab III) sind es mindestens fünf Joche. Längere Kammern lassen sich nachweisen im Forst Leitstade bei Wietzetze (Grab II, 7 Joche) sowie im Staatsforst Dannenberg bei Gohlau (Grab I und II, je 7 Joche). Aus diesen längeren Kammern im Wendland sind bisher keine Funde bekannt geworden.

Die möglichen Deutungen, die zur Funktion der Megalithgräber gegeben wurden, reichen von Beinhäusern über Kollektivgräber größerer Gemeinschaften, Sippen- oder Erbbegräbnissen freier Bauern bis zu den Begräbnisplätzen einer bevorzugten Oberschicht mit oder ohne Verwandtschaft bzw. Totenfolge Untergebener,

Abb. 13 Funde aus dem Megalithgrab II von Kloster bei Reddereitz (nach Potratz 1939). M 1:4.

selbst der Begriff Königsgräber wurde genannt. Das Problem ist aber sicherlich sowohl regional als vermutlich auch zeitlich sehr differenziert zu betrachten. Eine für alle Gebiete und Zeiten der ausgesprochen komplexen Megalithkultur einheitliche Funktion hat es bestimmt nicht gegeben. Wie die Forschungen von F. Laux ergeben haben, gehören die in den Gräbern der Lüneburger Heide vorhandenen Beigaben immer nur einem zeitlich eng begrenzten Horizont an. Sind Beigaben weiterer Zeitstufen vorhanden, gehören sie in deutlich spätere Phasen oder stammen gar aus anderen Kulturen. Soweit Teile der Bestattungen noch erhalten sind, erlaubt der Befund die Deutung, daß der Tote körperbestattet wurde und die beigegebenen Tongefäße um ihn herum aufgestellt wurden. Damit bleibt die Aufnahmekapazität der Gräber von vornherein auf wenige Personen beschränkt. Dafür spricht auch die geringe Anzahl der mitgegebenen Tongefäße. Andererseits legt der vorhandene Gang nahe, daß die Anlage nicht nur für eine Bestattung bzw. einen Bestattungsvorgang vorgesehen war. Für eine Deutung als Königsgräber scheint es in der Lüneburger Heide zu

51

viele, als Bestattungsplätze für alle zur Zeit der Tiefstichkeramik lebenden Menschen unter den genannten Befundvorzeichen zu wenige Megalithgräber zu geben. Man kann sich der von E. Sprockhoff, G. Körner und F. Laux geäußerten Meinung anschließen, daß die Megalithgräber der Lüneburger Heide zur Bestattung einer hervorgehobenen Schicht errichtet wurden. Es dürfte sich wohl um die Besitzer der Höfe und ihre Familien gehandelt haben, die hier über kürzere Zeit, vielleicht die Mitglieder einer Generation, bestatteten.

Wie auch in allen anderen Gebieten der Trichterbecherkultur ist die Zahl der bekannten Siedlungen im Verhältnis zu den Grabfunden (im speziellen Fall der Megalithgräber) verschwindend gering. Lediglich ein Siedlungsplatz der Tiefstichkeramik ist aus dem Kreisgebiet bekannt. Er liegt in der Flußniederung am linken Ufer der Jeetzel kurz vor deren Einmündung in die Elbe bei Hitzacker (Abb. 11). Trotz der ungünstigen Siedlungslage muß der Platz eine ungewöhnliche Anziehungskraft auf die damaligen Menschen ausgeübt haben. Das durch Oberflächenfunde ausgewiesene Siedlungsareal ist so groß, daß sich die Flächen zweier größerer Grabungen der Jahre 1968–1970 und 1979 darin wie kleine Suchschnitte ausmachen. Aber auch sie ergaben schon eine unglaublich große Zahl an Siedlungsbefunden wie Gruben, Wandgräbchen, Pfostenlöcher etc. Neben Feuersteingeräten der mittleren Steinzeit sind Funde seit der älteren Tiefstichkeramik ausnahmslos aus jeder der nachfolgenden Zeitstufen des Neolithikums nachgewiesen und auch für alle folgenden Perioden, von der Bronzezeit bis zum hohen Mittelalter, fast ausnahmslos belegt.

Offenbar liegt der Platz an verkehrstechnisch ausgesprochen günstiger Stelle. Die Elbe als bedeutendster Verkehrsweg für die jungsteinzeitlichen Stämme des Norddeutschen Flachlandes tritt hier erstmals klar hervor. Mit ihrem Südost-Nordwest gerichteten Lauf stellte sie die Verbindung zur großen weiten Welt her, und die große weite Welt, das waren für die norddeutschen Bauern der mittleren Jungsteinzeit die bereits metallverarbeitenden Zentren des südöstlichen Mitteleuropas, die an der Schwelle zur Hochkultur stehenden Teilkulturen des Balkangebietes, vielleicht sogar die jungen Hochkulturen des Vorderen Orients. Über Donau und Moldau kamen die begehrten Handelswaren dieser fernen Länder auf der Elbe entlang in unser Gebiet. Und von hier sind es wieder die Flüsse, welche, der Hauptverkehrsader zufließend, die Wege ins Landesinnere öffnen. Entsprechend ist die Situation in Hitzakker. An diesen Zusammenflüssen werden wichtige Marktplätze, insbesondere wohl Umschlagplätze für den Zwischenhandel, gelegen haben. Von hier wurden die Waren ins Binnenland weitergegeben, und hierher wurden die Gegengaben gebracht.

Ein Fund aus dem Kreisgebiet belegt die Verbindungen zum südöstlichen Bereich besonders schlagend. Im Megalithgrab von Kloster bei Reddereitz wurde eine kleine Fußschale gefunden (Abb. 14.4), die ihre genauesten Entsprechungen in der Badener Kultur Ungarns besitzt. Ob diese nun als Handelsstück von dort ins Wendland gekommen ist oder in Kenntnis der dortigen Stücke hier nachgeformt wurde, beide Möglichkeiten belegen die engen Kontakte, die zwischen den beiden Gebieten geherrscht haben müssen.

Bevorzugtes Handelsobjekt waren die Geräte aus dem neuen Werkstoff Kupfer – Beile, Streitäxte, Schmuck, wahrscheinlich auch bereits kleine Gefäße – daneben erster Goldschmuck. Obwohl der Handel mit Kupfer ziemlich intensiv gewesen sein muß, wird er doch nicht ausgereicht haben, um eine den Bedarf auch nur annähernd deckende Versorgung zu ermöglichen. Metallgeräte werden sicherlich weiterhin zu den schwer erhältlichen, begehrten, entsprechend wertvollen »Luxusartikeln« gehört haben. Verständlich deshalb, daß der einheimische Steinzeitbauer versuchte, die Metallformen in dem ihm bekannten Werkstoff Stein nachzubilden, um wenigstens etwas annähernd Adäquates vorweisen zu können. Besonders deutlich wird dies an den Streitäxten aus Felsgestein, wie sie aus dem Wendland seit dem frühen Mittelneolithikum vorliegen. Selbst ohne Kenntnis der Metallvorbilder müßte einem sofort klar werden, daß hier in einer dem Werkstoff völlig unnatürlichen Form gestaltet wurde. Teilweise wurde sogar die Gußnaht des Vorbildes nachgebildet. Funde solcher Streitäxte sind aus Bösel, Göhrde, Dannenberg, Glienitz u. a. bekannt. Auch die Form der in

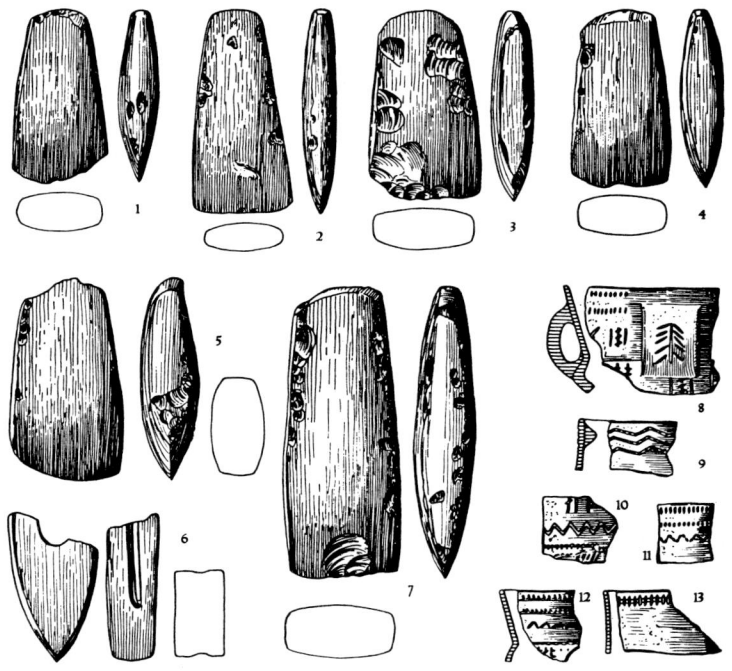

Abb. 14 Funde aus dem Megalithgrab von Glienitz-Weißer Berg (nach Brandt 1967). M 1:4.

der Trichterbecherkultur so zahlreich vorhandenen und im Wirtschaftsleben wichtigen Feuersteinbeile, die häufig auch im Kreisgebiet gefunden wurden, geht sicher von Anfang an auf die Metallvorbilder zurück. Mit der Formgebung der im frühen und entwickelten Mittelneolithikum üblichen sog. dünnackigen Feuersteinbeile mit einem flachen Blatt, dem durch Schliff erreichten, an den Glanz der Metallvorbilder erinnernden Oberflächenaussehen und der diesen entsprechenden, bei Feuerstein möglichen Schärfe der Schneide wurde eine größtmögliche Ähnlichkeit mit dem Vorbild erreicht. Funktionell nötig war ein Schliff des ganzen Beiles aber beispielsweise nicht, der des Schneidenteils hätte genügt. Erst im späten Mittelneolithikum, mit Aufkommen der dicknackigen Feuersteinbeile, wird die für den spröden Feuerstein ungünstige, flache Form der dünnackigen Beile durch eine gedrungene, dickere, dem Werkstoff Feuerstein entsprechendere ersetzt.

Bei Zerstörung des Megalithgrabes von Glienitz – Weißer Berg wurden sechs Feuersteinbeile und der Schneidenteil einer Streitaxt geborgen (Abb. 14.1–7). Diese Kollektion muß nicht unbedingt als Beigabe des Grabes gewertet werden. Die Zusammensetzung spricht sogar eher dagegen. Vielmehr wird es sich um einen Hortfund handeln, der nachträglich und unabhängig vom Bestattungsvorgang am Grab niedergelegt wurde. Für diese Deutung spricht auch, daß er geschlossen und unabhängig von den anderen Funden im Museum eingeliefert wurde, also vermutlich auf engstem Raum zusammengelegen hat. Man wird ihn dann wie seine zahlreichen, weiter nördlich gefundenen Entsprechungen als Händlerdepot zu deuten haben, für deren Niederlegung oft markante Geländepunkte gewählt wurden, wohl vor allen, um es später auch wieder finden zu können.

Mit der Zeit um 2300 v. Chr. beginnt eine neue Phase in der jungsteinzeitlichen Entwicklung unserer Gegend, das späte Mittelneolithikum. Einerseits wurden in Rückzugsgebieten weiterhin die traditionellen Megalithgräber gebaut, es sind jetzt die langen Kammern mit sechs – acht Jochen. Andererseits erreichen neue Impulse, einmal wiederum aus dem Südosten entlang der Elbe, erstmals aber auch aus dem Osten kommend, das Wendland.

In dieser Zeit beginnt die Belegung eines Friedhofes, der durch seine Größe und seine hervorragende Erhaltung nicht nur weit überregionale Bedeutung besitzt, sondern dessen Befunde auch helfen, die historischen Vorgänge in der Umgebung besser zu verstehen. Auf ihn sei deshalb näher eingegangen.

Auf einer Hochterrasse am südöstlichen Rand des Höhbeck, am Hasenberg bei Pevestorf gelegen, wurde im Jahre 1961 bei Bauarbeiten der angesprochene Friedhof entdeckt. Mit mindestens fünf vor der Ausgrabung zerstörten, 30 inzwischen untersuchten und fünf weiteren im Planum erkannten Gräbern gehört er zu den größten bekannten Bestattungsplätzen dieses Zeitabschnitts überhaupt. Dabei dürfte mit dem bisher untersuchten Bereich die Fried-

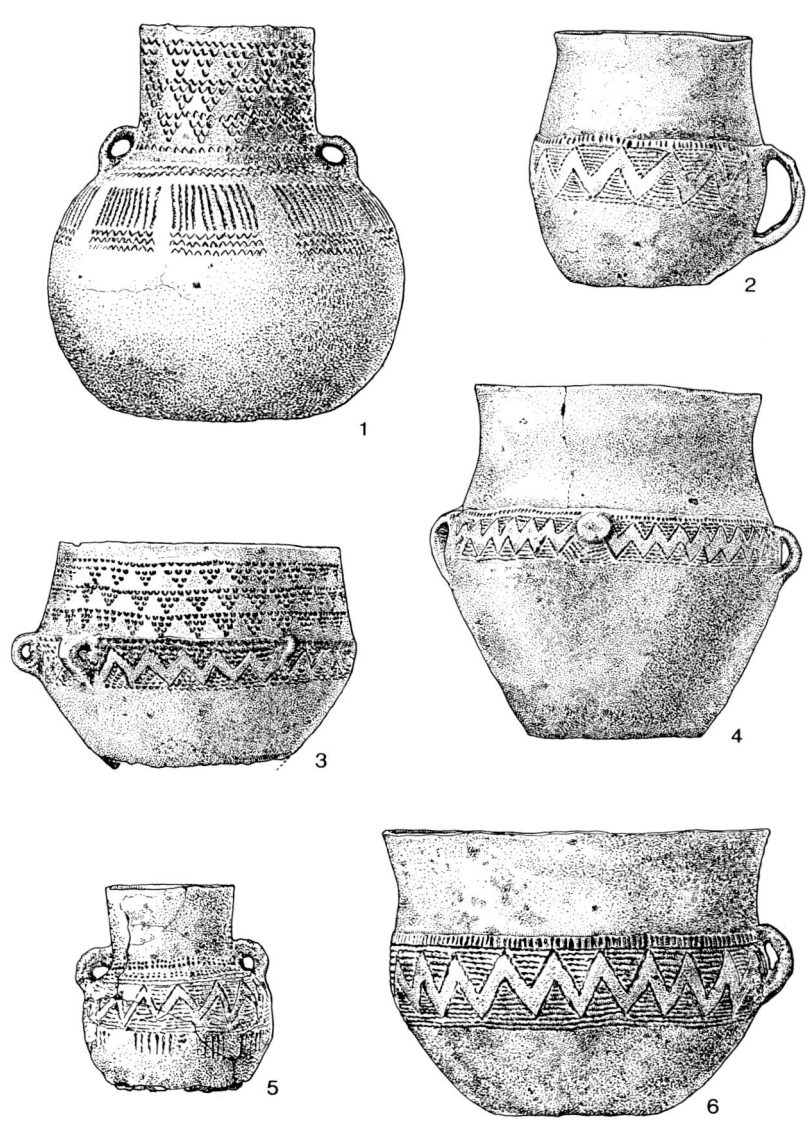

Abb. 15 Tongefäße aus den Gräbern des Friedhofes Pevestorf–Hasenberg. 1 Grab 23, 2 Grab 18, 3/4 Grab 7, 5 Grab 23, 6 Grab 18. M 1:4.

hofsgrenze nicht annähernd erreicht sein. Nach Abschluß der Belegung wurde der Friedhof durch mehrere Flugsandschichten überdeckt und somit regelrecht versiegelt, so daß sogar die alte Laufschicht unzerstört blieb, was außergewöhnliche Aussagen zum Bestattungsritus erlaubt.

Die Grabgruben, in der Länge beträchtlich schwankend, wurden als steilwandige Schächte, ausnahmslos in ostwestlicher Ausrichtung, zwischen 0,40 m und 1,20 m eingetieft. Anhand noch erkennbarer Leichenschatten und Zahnreste konnte in acht Fällen die gestreckte Körperlage der Bestatteten nachgewiesen werden, davon lag der Kopf siebenmal im Osten, einmal in Gegenrichtung. Einmal scheint es sich um eine Hockerbestattung gehandelt zu haben. Mindestens einmal ist eine Doppelbestattung zu erkennen. Särge waren nicht nachweisbar.

Mehrere Beobachtungen belegen einen sehr aufwendig betriebenen Bestattungskult. Den Toten wurden ungewöhnlich reiche Beigaben mit ins Grab gelegt. Tongefäße finden sich fast in jedem Grab (Abb. 15), meistens mehrere, einmal waren es sogar acht. Sicherlich dienten sie zur Aufnahme von Speise- und Getränkebeigaben. Massenhaft finden sich Feuersteinklingen, einmal sind es 93 in einem Grab. Sie lagen oft so eng zusammen, als ob sie ursprünglich in einem Beutel steckten. Gleiches gilt für querschneidige Pfeilspitzen (Abb. 16.1). Hier wird man bei einer kompakten Lagerung von bis zu 23 Stück einen Köcher rekonstruieren dürfen. Häufig finden sich Feuersteinbeile, oft mit einer größeren Feuersteinklinge zusammen. Dabei wird es sich wohl eher um Arbeitsgeräte als um Waffen handeln. Auffällig ist die bisweilen vorkommende Kombination von einem dünnblattigen leichten, einem sehr kompakten schweren Beil und einem Meißel (Abb. 16.4–6), ganz offensichtlich ein zusammengehöriger Werkzeugsatz. Bei grob gemuschelten, stabförmigen Feuersteingeräten (Abb. 16.3) handelt es sich vermutlich um Feuerschläger. Die Funktion runder Quarzitplättchen (Abb. 15.25.3), von denen einmal sogar zwei aufeinander passen, ist ungeklärt. Zum Trachtenschmuck zu rechnen ist der ungewöhnlich reiche Bernsteinschmuck. Meistens sind es Ketten mit bis zu 146 Scheiben oder Röhrenperlen (Abb. 17.1). Größere Plat-

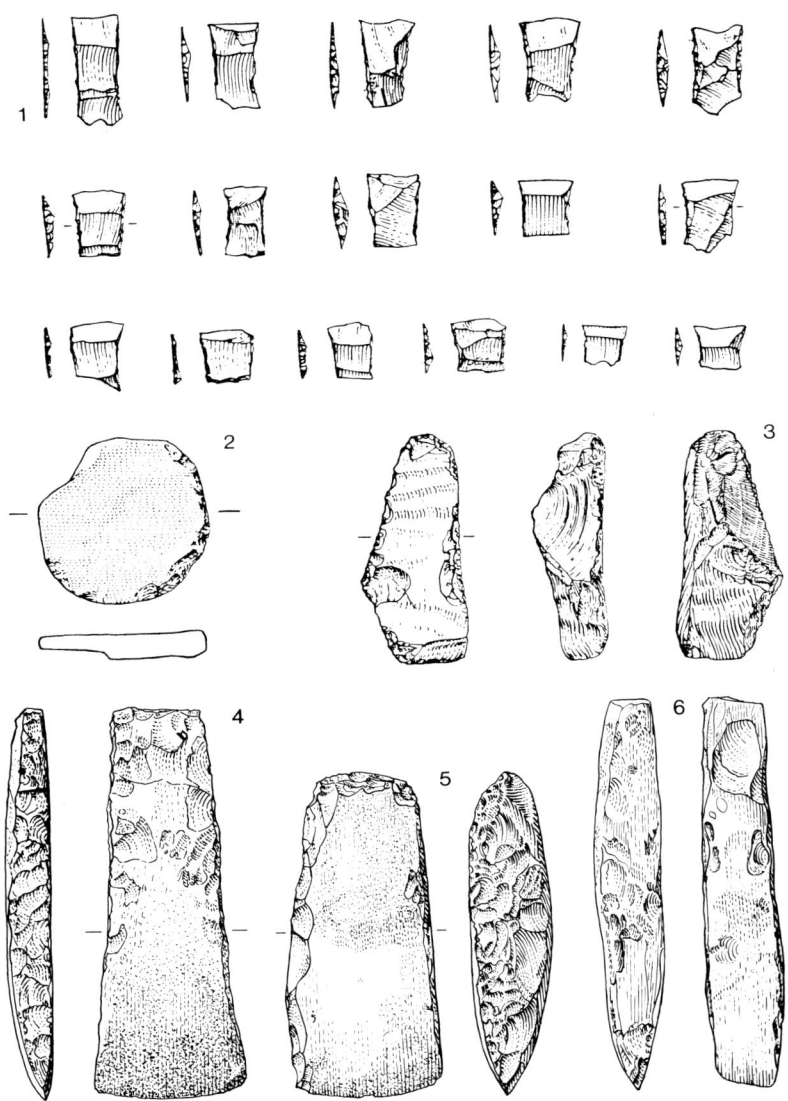

Abb. 16 Steingeräte aus Gräbern des Friedhofes Pevestorf-Hasenberg. 1 Querschneidige Feuersteinpfeilspitzen, Köcherinhalt aus Grab 7, 2 Quarzitplättchen aus Grab 7, 3 Feuerschläger aus Grab 23, 4–6 Feuersteinbeile und -meißel aus Grab 25. M 1:2.

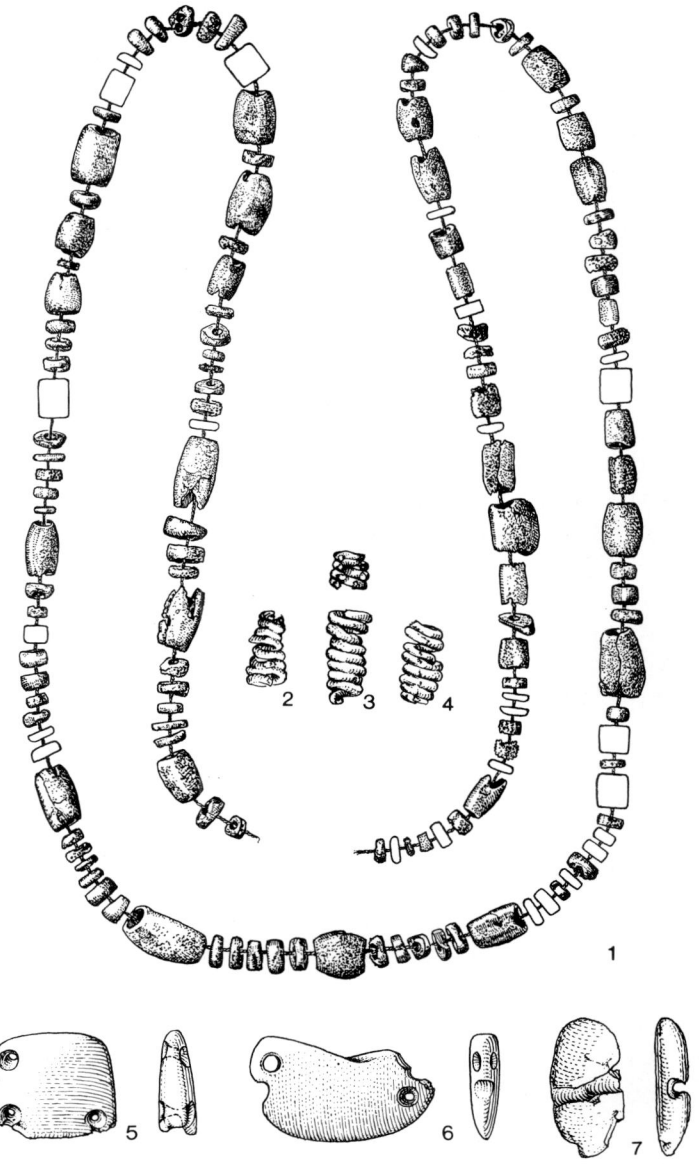

Abb. 17   Schmuck aus Gräbern des Friedhofes Pevestorf-Hasenberg. 1 Bernstein-
perlenkette aus Grab 30, 2–4 Kupferspiralröllchen aus Grab 30, 5–7 Bernsteinanhän-
ger aus Grab 24. M 1:2.

ten unterschiedlicher Gestalt (Abb. 17.5–7) sind nach der Fundlage eher als Anhänger oder als Kleidungsbesatz zu deuten. Perlen in der Form zweischneidiger Äxte haben wohl als Amulette gedient. Seltener sind Kupferfunde. Die vereinzelt vorkommenden Spiraldrahtröllchen (Abb. 17.2–4) haben wohl ebenfalls als schmückender Kleidungsbesatz gedient.

Branderde und Knochenbrand fanden sich in einer Anzahl von Grabgruben, und zwar unmittelbar über der Bestattung verstreut. In einem Grab mit deutlichem Leichenschatten war der Leichnam von dreifachen Branderdestreifen bedeckt (Abb. 18). In zwölf Fällen war die bereits verfüllte Grabgrube nach längerer Zeit partiell wieder geöffnet worden. In der dann wieder verschlossenen Sekundärgrube befanden sich offenbar absichtlich zerscherbte oder fragmentierte Tongefäße. Die Laufschicht des Friedhofes war großflächig mit einer Lage von Keramikfragmenten bedeckt, darunter auffällig viele Bruchstücke von Kulttrommeln. Dort fanden sich auch mehrere Brandstellen mit kalzinierten Schweine- und Vogelknochen. Von mehreren Holzkohlefunden wurden physikalische C^{14}-Altersbestimmungen durchgeführt. Sie ergaben die Belegung des Friedhofes vornehmlich zwischen 2300 und 2200 v. Chr.

Die in den Gräbern gefundene Keramik enthält zwei Stilrichtungen, einmal der östlich der Elbe verbreiteten Kugelamphorenkultur, zum anderen der mitteldeutschen Bernburger Kultur. Die Gefäßtypen der Kugelamphorenkultur treten in ursprünglicher, unverfälschter Form auf, während die Gefäße der Bernburger Stilrichtung lokalen Charakter haben. Sodann kommen Kugelamphorengefäße mit Bernburger Verzierungsmustern vor. Von der Machart sind die Gefäße so einheitlich, daß sie vermutlich von den gleichen Leuten angefertigt wurden, vielleicht von ansässigen Töpfern der Kugelamphorenkultur, einmal in ihrem eigenen, unverfälschten Stil, dann in einem Stil, der auf Anregungen aus dem Bereich der Bernburger Kultur zurückgeht, aber mit einer individuellen lokalen Note versehen wurde, letztlich durch Übernahme bestimmter Zierelemente der Bernburger Kultur auf die eigenen Gefäße.

Abb. 18   Grab 17 des Friedhofes Pevestorf-Hasenberg, Bestattungshorizont mit
Leichenschatten, ausgestreuter Branderde und Beigaben.

Daß es sich bei den in Pevestorf bestatteten Menschen um Ange-
hörige der Kugelamphorenkultur gehandelt haben muß, geht ein-
dringlicher noch aus der Art des Grabbaues und den dabei geübten
Bestattungssitten hervor, die denen dieser Kultur vollkommen
entsprechen. Sie werden aus ihren Heimatgebieten über die Elbe in
das unbesiedelte Land östlich der Jeetzel eingewandert sein. Hier
gerieten sie unter einen kulturellen Einfluß, der entlang der Elbe
aus dem mitteldeutschen Bereich der Bernburger Kultur einfloß.
Diesen Vorgang belegt auch die Fundverteilung. Bernburger Stil-
lemente treten immer nur in Verbindung mit der Kugelamphorenkultur auf. Fundplätze dieser Art, so im Seegetal bei Kapern und
am Laascher See (Abb. 12.30–31) sowie in Hitzacker (Abb. 12.29),
konzentrieren sich auf unmittelbare Elbnähe. Keramik der Kugelamphorenkultur hingegen kommt auch unvermischt vor, be-
zeichnenderweise dann im Landesinneren, fern der Elbe, so bei
Königshorst und Rebenstorf (Abb. 12.32–33).
Die Kugelamphorenkultur ist der erste Ausläufer eines markanten
Kulturstromes aus dem Osten, der den Beginn der späten Jungsteinzeit (Spätneolithikum) markiert. Er überzieht fast ganz Europa und bewirkt in den meisten Gebieten deutliche Veränderungen
in der geistigen, technischen und materiellen Kultur. Der Beginn
dieses Vorganges fällt in die Zeit um 2200 v. Chr. Archäologisch
faßbar wird der Zustrom in einem Komplex eng verwandter Kulturgruppen, die unter dem Begriff der Schnurkeramischen Becherkulturen zusammengefaßt werden können. Je nach Forschungstra-
dition und lokaler Eigenart wird auch von Streitaxtkultur, Einzelgrabkultur oder Schnurkeramik gesprochen. Damit sind die wesentlichen Merkmale bereits genannt: Bestattungen in Einzelgrä-
bern unter Grabhügeln, als Waffe die steinerne Streitaxt, sowie die
Verzierung des typischen Gefäßes Becher und auch anderer Formen
durch Eindrücken eines Verzierungsmusters mit einer doppelt ge-
drehten Schnur. Die völlige Veränderung in den kulturellen Äuße-
rungen legt die Vermutung nahe, daß das Auftreten der Schnurkeramischen Becherkulturen mit der Einwanderung größerer Bevölkerungsgruppen verbunden war.
Im Vergleich zu anderen Gebieten ist das spätneolithische Fundauf-

kommen im Wendland gering. Es steht im Einzugsbereich verschiedener Gruppen der Schnurkeramischen Becherkulturen, einmal der Einzelgrabkultur/Mitteldeutschen Schnurkeramik (das Fundmaterial ist nicht mehr immer überprüfbar bzw. nicht immer klar voneinander zu trennen), zum anderen der Schönfelder Kultur.

Neben den häufiger auftretenden Einzelfunden von Streitäxten können lediglich zwei Flachgräber aus Jabel und Fließau mit Becherbeigaben, ein Brandgrab aus Lübbow sowie Funde des bereits aufgeführten Siedlungsplatzes von Hitzacker für die Einzelgrabkultur/Mitteldeutsche Schnurkeramik angeführt werden.

Die Schönfelder Kultur, die ihr Kerngebiet im nördlichen Mitteldeutschland und in der Altmark hat, hebt sich aufgrund ihrer Keramik und ihrer Bestattungssitten als recht eigenwillige lokale Ausprägung aus dem Kreis der Schnurkeramischen Becherkulturen heraus, doch sind die Verbindungen so deutlich, daß eine Einordnung in diesen Komplex gerechtfertigt ist. Nach vereinzelt als Ausnahmen bekanntgewordenen Beispielen aus früherer Zeit ist die Schönfelder Kultur in Mitteleuropa die erste und einzige, die ihre Toten brandbestattet, und sie bleibt es auch in ihrer zeitlichen Umgebung.

Leider stammen die meisten Grabfunde der Schönfelder Kultur aus dem Kreisgebiet – Marwedel, Lübeln, Dangenstorf und möglicherweise Jameln – aus alten, schlecht oder gar nicht beobachteten Fundzusammenhängen. Aus Dangenstorf liegt vielleicht eine abgebrannte Totenhütte vor, bei Lübeln soll es sich um ein »Massengrab« gehandelt haben. Scherbenfunde der Schönfelder Kultur liegen außerdem vom großen Siedlungsplatz Hitzacker und einem kleineren bei Kapern vor.

Charakteristisch für die Schönfelder Kultur ist in der Sachkultur neben der arteigenen Keramik (Abb. 19.3–4) das Vorkommen von Knochenschmuck, hier besonders von ankerförmigen Anhängern, wie sie aus Lübeln (Abb. 19.1) und Dangenstorf vorliegen.

Beziehungen zwischen den beiden spätneolithischen Fundgruppen lassen sich aus den wenigen Funden nur erahnen. Man hat den Eindruck, daß sich die Einzelgrabkultur/Mitteldeutsche Schnurke-

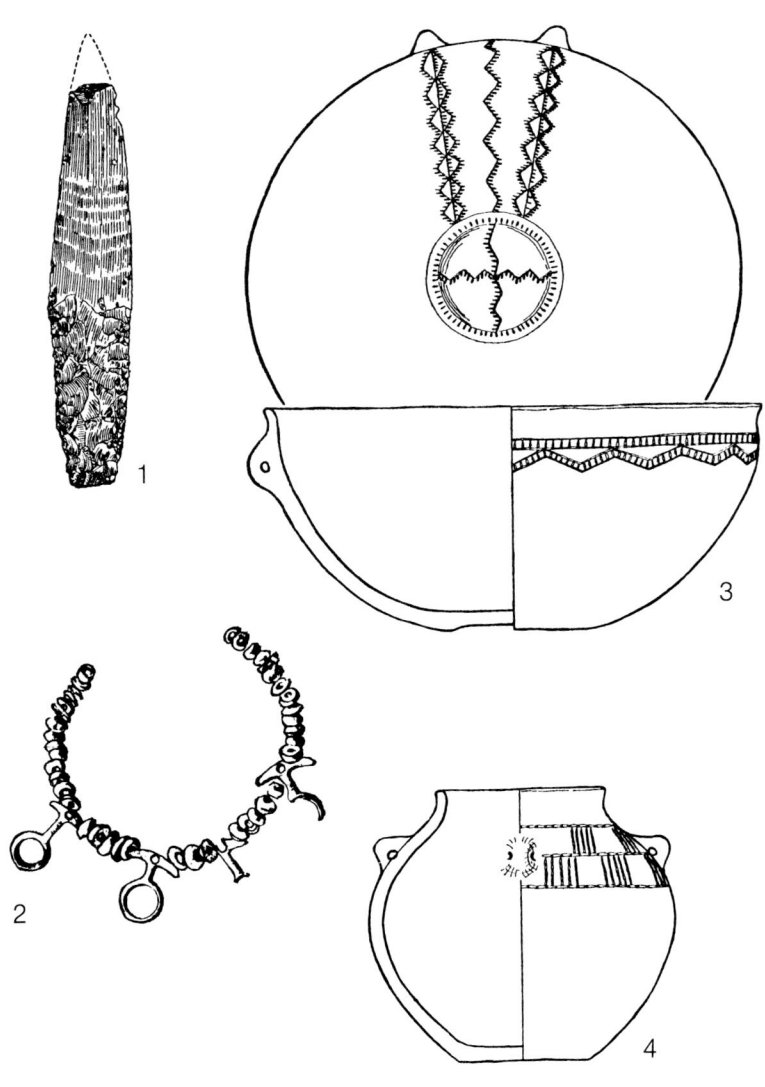

Abb. 19   Spätneolithische Funde. 1 Spandolch von Lanze (nach Stegen 1952),
M 1:3, 2 Knochenperlenkette von Lübeln, M 1:3, 3 Schönfelder Schüssel aus
Marwedel, M 1:4, 4 Schönfelder Topf aus Jameln, M 1:4 (2–4 nach Wetzel 1979).

ramik mehr im Südwesten, die Schönfelder Kultur mehr im Nordosten des Kreisgebietes konzentriert. Zeitlich sind sie im wesentlichen gleich. Verbindungen sind mit dem nach Schönfelder Art brandbestatteten Grab mit Einzelgrabbeigaben von Lübbow und in der Beigabe einer K-Axt der Einzelgrabkultur im Schönfelder Grab von Dangenstorf im Südteil des Überschneidungsgebietes zu erkennen.

Im Dangenstorfer Grab findet sich auch ein Spandolch aus Feuerstein, wie er außerdem von einer Lanze (Abb. 19.2) als Einzelfund vorliegt. Diese im wesentlichen in Westeuropa verbreitete Form braucht aber nicht zu einer der beiden spätneolithischen Kulturen zu gehören. Möglicherweise sind die Spandolche im Kreisgebiet die einzigen Hinweise auf die weitverbreitete, von Südwesteuropa einfließende Glockenbecherkultur. Von einer weiteren typischen Sachform dieser Kultur, den sogenannten Armschutzplatten, fanden sich je zwei in Bergen und eine wiederum in Hitzacker. Doch gehören alle Exemplare zu den schmalen Formen, die zeitlich bereits am Übergang zur Bronzezeit stehen.

Erste, früheste Ausläufer der zu dieser Zeit aus dem Südosten wiederum die Elbe entlang vordringenden, bereits frühbronzezeitlichen Aunjetitzer Kultur lassen die Becherkulturen ausklingen. In deren Tradition stehend, aber in der Genese von Aunjetitzer Einflüssen bestimmt, entwickelt sich die Gruppe der Riesenbecher. Dieser Horizont, in den auch die weitgehend zeitgleichen stacheldrahtverzierten Becher und die aus dem Norden importierten, kunstvoll gefertigten Nordischen Feuersteindolche fallen und in den auch ein Hausgrundriß vom ausführlich besprochenen Fundplatz Pevestorf-Hasenberg zu stellen ist, wird in diesem Zusammenhang bereits zur frühen Bronzezeit gerechnet. Er beendet die über Jahrtausende dauernde, sehr komplexe Entwicklung der Jungsteinzeit.

Literatur:
K. H. Brandt, Studien über steinerne Äxte und Beile der jüngeren Steinzeit und der Stein-Kupferzeit Nordwestdeutschlands. Münstersche Beiträge zur Vorgeschichtsforschung 2. 1967 – K. Breest, Neue Fundstellen aus dem südlichen und südöstlichen Jeetzelraum, Kreis Lüchow-Dannenberg. Hannoversches Wendland 8, 1981,

67–80 – Ders., Fundstellen der mittleren Steinzeit an der Lucie, Ldkr. Lüchow-Dannenberg. Kunde N. F. 36, 1985, 59–83 – R. Dehnke, Die Tiefstichtonware der Jungsteinzeit in Osthannover. Veröffentlichungen der urgeschichtlichen Sammlungen des Landesmuseums zu Hannover 5. 1940 – O. Harck, Eine Fremdform im neolithischen Fundgut des Höhbeckgebietes. Hannoversches Wendland 1, 1969, 37–46 – K. H. Jacob-Friesen, Schmuckketten aus dem Kreise der Kugelflaschen. Brandenburgia 39, 1930, 30 ff. – Ders., Einführung in Niedersachsens Urgeschichte. Teil I: Steinzeit. Veröffentlichungen der urgeschichtlichen Sammlungen des Landesmuseums zu Hannover 15, ^{4}1959 – G. Körner, F. Laux, Ein Königreich an der Luhe. 1980 – F. Krüger, Megalithgräber der Kreise Bleckede, Dannenberg, Lüneburg und Winsen a. d. Luhe. Nachr. aus Niedersachsens Urgeschichte 1, 1927, 4–79 – F. Laux, Neolithische Brandbestattungen aus der Lüneburger Heide. Kunde N. F. 24, 1973, 75–96 – Ders., Nachbestattungen der Kugelamphorenkultur in Steingräbern der Lüneburger Heide. Lüneburger Blätter 25/26, 1982, 71–86 – M. M. Lienau, Über Megalithgräber und sonstige Grabformen der Lüneburger Gegend. Mannusbibliothek 13. 1914 – H. Lüdtke, Der mehrperiodige Siedlungsplatz von Hitzacker (Elbe), Ldkr. Lüchow-Dannenberg. Vorbericht über die Grabung 1979. Nachr. aus Niedersachsens Urgeschichte 49, 1980, 131–152 – W. Nowothnig, Die Schönfelder Gruppe. Ihr Wesen als Aussonderung der sächsisch-thüringischen Schnurkeramik und ihre Verbreitung. Jahresschrift für die Vorgeschichte der sächsisch-thüringischen Länder 25, 1937 – H. Potratz, Neue steinzeitliche Scherbenfunde. Nachr. aus Niedersachsens Urgeschichte 13, 1939, 1–15 – H. Priebe, Die Westgruppe der Kugelamphoren. Jahresschrift für die Vorgeschichte der sächsisch-thüringischen Länder 28. 1938 – E. Sangmeister, Die schmalen »Armschutzplatten«. R. v. Uslar, K. J. Narr, (Hrsg.), Studien aus Alteuropa. Teil 1. 93–123. 1964 – H. Schirnig (Hrsg.), Großsteingräber in Niedersachsen. Veröffentlichungen der urgeschichtlichen Sammlungen des Landesmuseums zu Hannover 24. 1979 – E. Sprockhoff, Atlas der Megalithgräber Deutschlands. Teil 3: Niedersachsen-Westfalen. 1975 – K. Stegen, Der Spandolch in der nordwestdeutschen Einzelgrabkultur. Hammaburg 3, 1951–1952, 161–170 – G. Voelkel, Ein zweiter Fund aus der Gruppe der Kugelamphoren im Kreise Lüchow-Dannenberg. Kunde 13, 1962, 48–52 – G. Voelkel, Neue Siedlungs-, Grab- und Einzelfunde 1972/73 im Kreis Lüchow-Dannenberg. Hannoversches Wendland 4, 1973, 71–74 – Ders., Aus der Urgeschichte. In: Das Hannoversche Wendland 1977, 47–55 – K. L. Voss, Vorbericht über die Teiluntersuchung eines Siedlungsplatzes an der Jeetzel bei Hitzacker, Kreis Lüchow-Dannenberg. Hannoversches Wendland 1, 1969, 47–50 – Ders., Zum Stand der archäologischen Untersuchungen auf dem Hasenberg von Pevestorf, Kreis Lüchow-Dannenberg. Hannoversches Wendland 2, 1970, 7–12 – G. Wetzel, Die Schönfelder Kultur. Veröffentlichungen des Landesmuseums für Vorgeschichte in Halle 31. 1979

Wolf-Dieter Steinmetz

Die Bronzezeit

Frühbronzezeitliche Hortfunde und Riesenbecher

Während der frühen Bronzezeit liegt das Hannoversche Wendland an der äußersten Nordwestgrenze des mitteldeutschen Aunjetitzer Kulturkreises, dessen Name auf einen böhmischen Fundort zurückgeht. Diese Zugehörigkeit belegen nicht nur einige größere Hortfunde, sondern auch zahlreiche Einzelfunde, insbesondere Randleistenbeile verschiedener Formen und Varianten. Unter den Hortfunden fällt jener aus Marwedel, Stadt Hitzacker, durch seine Zusammensetzung ins Auge (Abb. 20, 21). Der Fund wurde 1863 beim Pflügen südlich des Ortes auf dem Galgenberg geborgen. Bei den aufgesammelten Fundstücken handelt es sich nicht nur um Waffen bzw. Gerätschaften, sondern auch um Schmuckgegenstände. Neben drei mehr oder weniger gut erhaltenen Randleistenbeilen sowie den Nackenenden von vier weiteren sind es drei Schmuckschilde, ein in drei Teile zerbrochener Ösenhalsring, ein schwerer geschlossener, ovaler Ring mit vier zarten Querrippen, drei offene Halsringe mit stumpfem Ende sowie drei zusammengedrückte kleinere Ringe. Drei Ösenhalsringe und ein Randleistenbeil gehören zu einem weiteren Hortfund, der bei Erdarbeiten in Breese in der Marsch, Stadt Dannenberg, gefunden wurde. Lediglich Schmuckstücke enthalten dagegen die zwei Hortfunde aus Tobringen, Gem. Trebel, und aus Wolterstorf. Zu dem ersten gehören zwei Ösenhalsringe, ein Halsring mit abgestumpftem Ende und ein kleiner Ring, zum anderen ein offener, mit einem Tannenzweigmuster verzierter Halsring mit abgestumpften Enden, das Bruchstück eines Ösenhalsringes, ein dünner Armring und ein Spiralröllchen.
Mit diesen in den genannten Horten vertretenen Formen ist nahezu der gesamte frühbronzezeitliche Typenvorrat genannt und vorge-

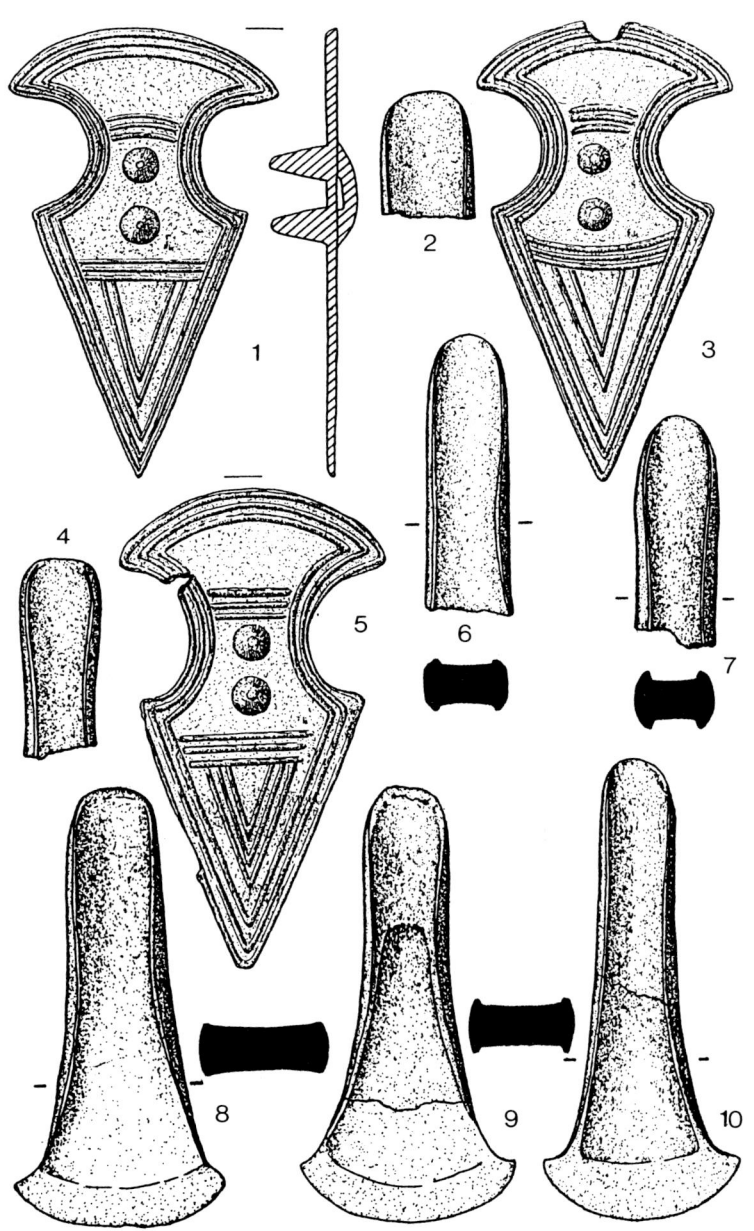

1

2

3

4

5

6

7

8

9

10

68

stellt, der aus Mitteldeutschland und Brandenburg ins Hannoversche Wendland gelangt ist. An Einzelfunden gehören noch die verschiedensten Formen von Randleistenbeilen in die Frühbronzezeit sowie der Vollgriffdolch mecklenburgischer Herkunft (Malchinger Typ) aus Puttball, Gem. Lemgow. Alle diese Bronzen sind einzeln gefunden worden oder stammen möglicherweise sogar aus nicht erkannten Hortfunden, dagegen sind Grabinventare unter diesen Funden offensichtlich nicht vertreten.

Wer hat diese bronzenen Waffen, Geräte und Schmuckstücke vergraben, versteckt oder verloren? Die naheliegende Vermutung, daß es Träger der Aunjetitzer Kultur waren, scheint sich nicht zu bestätigen. Es fehlen im Gebiet des heutigen Kreises Lüchow-Dannenberg kennzeichnende Aunjetitzer Grabfunde mit dem für diese frühbronzezeitliche Kultur typischen Tongeschirr, etwa polierte Tassen mit mehr oder weniger scharfem Bauchknick, Zapfenbecher usw. wie sie z. B. mit einigen Fundstücken noch im Braunschweigischen vertreten sind.

Allem Anschein nach sind diese »Aunjetitzer Funde« mit den sog. »Riesenbechern« in Zusammenhang zu bringen, die in einiger Anzahl aus dem Kreisgebiet bekannt geworden sind. Es handelt sich dabei in der Regel um hohe, schlanke bis leicht gebauchte Gefäße mit kleinem, gelegentlich auch abgesetztem Standboden. Unterhalb des Randes findet sich, noch oberhalb der Schulter, ein umlaufender, z. T. mit Fingerkuppeneindrücken geschmückter Halswulst oder mehrere einander gegenüberstehende Grifflappen (Abb. 22). Die Fundumstände, unter denen diese Becher angetroffen wurden, sind bemerkenswert. Die Mehrzahl wurde nämlich bei Erdarbeiten in gut einem Meter Tiefe aufrecht stehend im Sand geborgen, andere sind zur Seite geneigt bzw. umgefallen aufgefunden worden. Häufiger wurden mehrere Becher am gleichen Fundort, jedoch in einigem Abstand voneinander beobachtet. Gelegentlich ist von dunklen Erdverfärbungen die Rede, in denen diese Becher standen. Offensichtlich kann es sich bei diesen Gefäßen

◁ Abb. 20   Hortfund von Marwedel, Stadt Hitzacker. Schmuckschilde und Randleistenbeile. M 1:2.

69

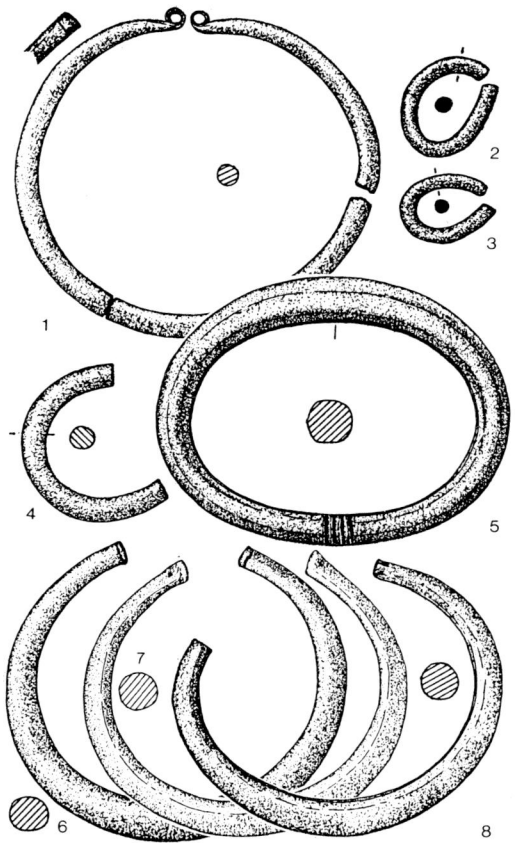

Abb. 21 Hortfund von Marwedel, Stadt Hitzacker. Ringe. M 1:3.

nicht um vergrabene Vorratsgefäße der Einzelgrabkultur handeln, sondern es spricht einiges dafür, daß hier Grabbeigaben von Körpergräbern vorliegen. Die Körper der Verstorbenen sind dabei im Sandboden völlig vergangen. Die Vermutung, die Riesenbecherfunde aus dem Hannoverschen Wendland als nicht erkannte Grabfunde zu deuten, wird durch entsprechende Funde aus den benachbarten geographischen Bereichen bestätigt, wo vergleichbare Riesenbecher oder deren Scherben, z. B. als Beigaben von Nachbestat-

70

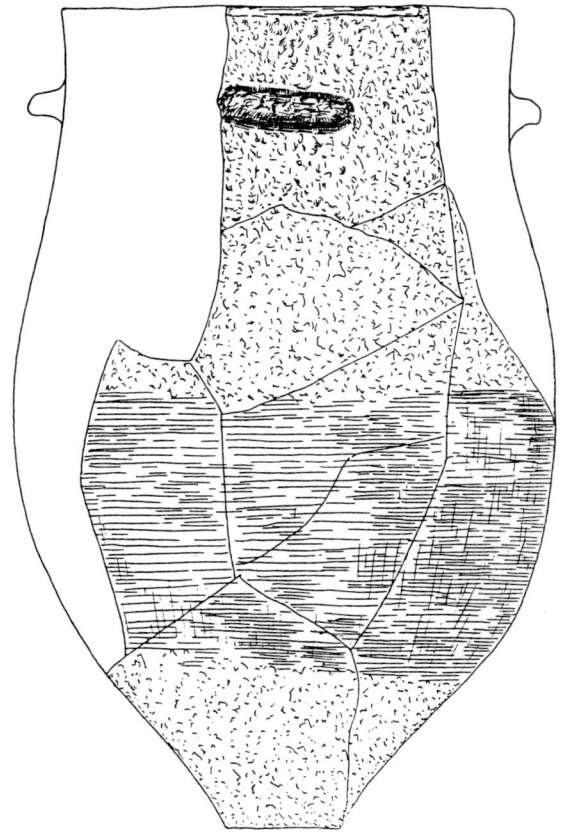

Abb. 22   Riesenbecher aus Vietze, Gem. Höhbeck. M 1:5.

tungen in Steingräbern oder als Urnen von Brandgräbern angetroffen wurden.
Wie alt sind diese Riesenbecher? Zu einer genauen Datierung können die Gefäße aus dem Hannoverschen Wendland nur wenig
beitragen. Immerhin deuten Riesenbecher mit drei oder vier gegenständigen Grifflappen unterhalb des Randes, wie die Funde aus
Gedelitz, Gem. Trebel, ferner Stadt Hitzacker, sowie Holtorf,
Stadt Schnakenburg, und Vietze, Gem. Höhbeck (Abb. 22), auf

Beziehungen zur Aunjetitzer Kultur Mitteldeutschlands hin, wo Gefäße mit entsprechenden Grifflappen nicht unbekannt sind. In den gleichen geographischen Bereich weist auch das hohe zweihenklige Gefäß, das zusammen mit mehreren Riesenbechern in einer Sandgrube bei Teplingen, Stadt Wustrow, gefunden wurde. Verbindungen der Riesenbecher mit der Aunjetitzer Kultur werden in der westlich angrenzenden Lüneburger Heide, z. B. durch die Schädelbestattung aus Woxdorf, Gem. Seevetal, Kr. Harburg, bestätigt. Derartige Schädelbestattungen sind aus dem böhmischen Bereich dieser frühbronzezeitlichen Kultur vereinzelt bekannt geworden. Hinweise auf Beziehungen zu Aunjetitzer Kultur Mitteldeutschlands vermittelt auch die große Schüssel mit vier gegenständigen Grifflappen aus Vietze, Gem. Höhbeck. Die Befunde aus den benachbarten Gebieten erlauben weiterhin die Aussage, daß die Riesenbecher einer Zeitphase angehören, die jünger ist als der Einfluß der endneolithischen Glockenbecher-Kultur. Stratigraphische Beobachtungen in Steingräbern erweisen zudem, daß Nachbestattungen mit Riesenbechern jeweils der jüngsten Belegungsphase zuzurechnen sind.

Auch in der Schlußphase der frühen Bronzezeit bleibt das Hannoversche Wendland Bestandteil des Aunjetitzer Großkreises bzw. seines nördlichen vorgelagerten Grenzbereiches. Die weiter westlich, im Lüneburger und Stader Raum verbreitete frühbronzezeitliche Sögel-Wohlde-Kultur greift nicht über die Ilmenau hinaus nach Osten. Die östliche Bindung des Hannoverschen Wendlandes wird durch einige Randleistenbeile ostbaltisch-pommerscher-mecklenburgischer Herkunft, z. B. aus Bergen a. d. Dumme und Sallahn, Gem. Küsten, unterstrichen.

Älter- und mittelbronzezeitliche Grabhügel und Flachgräber

Mit dem Beginn der älteren Bronzezeit ändern sich die kulturellen Verbindungen des Hannoverschen Wendlandes entscheidend. An die Stelle der bisher vorherrschenden »mitteldeutschen« Einflüsse treten nun entsprechende aus dem Westen, vornehmlich aus der

72

Lüneburger Heide. Das Hannoversche Wendland gehört von nun an für mehrere Jahrhunderte, bis zum Aufkommen der Urnenbestattungen, zum östlichen Randbereich der älter- und mittelbronzezeitlichen Lüneburger Gruppe. Dennoch können, wenn auch nur gelegentlich, Beziehungen zum Mecklenburger und Altmärker Raum festgestellt werden, Beziehungen, die insbesondere während der mittleren Bronzezeit langsam an Bedeutung gewinnen.

Kennzeichnend für die ältere und mittlere Bronzezeit werden im Westteil des heutigen Kreises Lüchow-Dannenberg größere und kleinere Grabhügelgruppen. Einzelne Hügel müssen vermutlich als letzte Reste ehemals größerer Gruppen angesehen werden. Ganz anders liegen die Verhältnisse im Bereich östlich der Jeetzel; hier fehlen Grabhügel weitgehend, offensichtlich scheinen Flachgräber an ihre Stelle zu treten. Nur wenige Grabhügel sind wissenschaftlich untersucht worden. Die meisten zeigen Spuren von älteren Eingrabungen und damit verbunden tiefgreifende Zerstörungen. Ein großer Teil der sog. Einzelfunde aus der älteren und mittleren Bronzezeit wird aus solchen beschädigten Hügeln stammen. Dies wird besonders bei einer bestimmten Gruppe von Absatzbeilen, jenen vom Osthannover-Typ, deutlich. Diese Beile wurden in ihrem Hauptverbreitungsgebiet, in der Lüneburger Heide, üblicherweise nur aus Grabfunden bekannt.

Die Verbindungen zur Lüneburger Gruppe werden sowohl im Bestattungsbrauchtum als auch in der Beigabenausstattung deutlich. Einblicke in das Bestattungsbrauchtum vermitteln Untersuchungen in den Hügeln im Schnegaer Forst, am Tießauer Kirchsteig unweit Dötzingen, Stadt Hitzacker, und in Schutschur, Gem. Neu-Darchau. In der Regel handelt es sich um Körperbestattungen in Ost-West ausgerichteten Baumsärgen. Häufiger sind diese mit Steinen verkeilt, um sie so vor dem Umstürzen zu bewahren. Steinpackungen um und über Baumsärgen sind selten. Darüber wurden dann mehr oder weniger hohe Hügel aufgeschüttet. Auf eine Brandbestattung deutet der Befund in einem der Grabhügel vom Tießauer Kirchsteig hin. Die Fundstücke, eine Fibelnadel, die Reste einer Lockenspirale und die Bruchstücke einer Armspirale, haben im Feuer gelegen und sind angeschmolzen (Abb. 24.6–8).

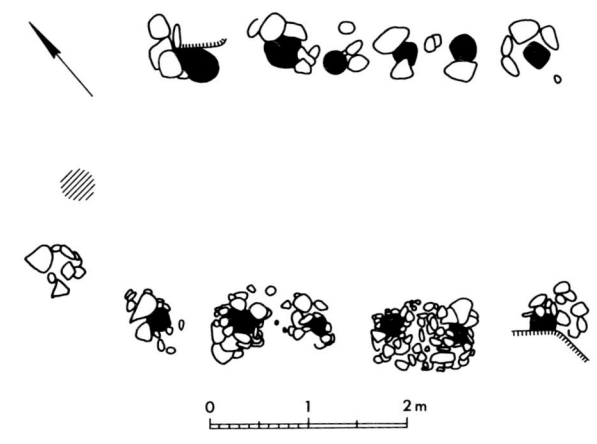

Abb. 23 Totenhaus aus Schutschur, Gem. Neu Darchau. Befund und Rekonstruktion (nach Wegewitz).

Dies kann nur geschehen, wenn die Bronzen mit auf dem Scheiterhaufen gelegen haben. Die Verbindung zum Lüneburgischen zeigen sich auch in einer anderen, seltenen Bestattungsform, der Beisetzung in einem Totenhaus. In Schutschur, Gem. Neu-Darchau, wurden 1938 bei der Ausgrabung eines Grabhügels die Überreste eines niedergebrannten Hallenhauses angetroffen. Auf den Längsseiten des etwa 4 m langen und 3 m breiten Gebäudes wurden sechs Ständer beobachtet, Giebelpfosten fehlten dagegen (Abb. 23). Die Ständer standen in 50 bis 60 cm tief ausgehobenen Gruben auf Fundamentsteinen und waren mit zahlreichen Rollsteinen verkeilt. Es dürfte sich bei dem Gebäude um eine offene Halle mit Satteldach gehandelt haben; für geschlossene Wände fanden sich keine Hinweise. Der im Inneren in einem Baumsarg aufgebahrte Verstorbene wurde im Zuge der Bestattungszeremonien zusammen mit dem Haus verbrannt. Der von dem Ausgräber geborgene Leichenbrand, die im Feuer teilweise zersprungenen Steine der Verkeilung der Ständer und eine durchgehende, mehrere Zentimeter mächtige Holzkohleschicht zeugen davon. Nach Abschluß der Totenfeierlichkeiten wurde der Scheiterhaufen mit einem Hügel überdeckt. Beigaben oder Trachtbestandteile wurden bei der Ausgrabung in Schutschur nicht beobachtet, so daß eine Datierung der Anlage in die beginnende mittlere Bronzezeit nur mit Hilfe vergleichbarer Befunde aus der benachbarten nördlichen Lüneburger Heide vorgenommen werden kann.

Der aus Westen, aus und über den Bereich der Lüneburger Heide kommende Einfluß setzt ziemlich unvermittelt zu Beginn der älteren Bronzezeit ein. Aus dieser Zeit stammt ein Einzelfund aus Lübbow, ein Absatzbeil vom westeuropäisch beeinflußten Ilsmoor-Typ. Die Mehrzahl der älterbronzezeitlichen Funde wurde allerdings unsystematisch geborgen oder stammt aus alten Sammlungen (z. B. v. dem Bussche-Ippenburg auf Dötzingen, Stadt Hitzacker, Apotheker Busch aus Bergen a. d. Dumme, Landwirt Wiegrefe aus Lübeln usw.), so daß viele Aussagen nur summarisch bleiben können. Immerhin belegen alle diese Funde einen ununterbrochenen Zufluß von Fundstücken aus der westlich an das Hannoversche Wendland anschließenden Lüneburger Heide. Diese Fundstücke gelangten auf zwei Wegen in den heutigen Kreis Lüchow-Dannenberg, einmal nördlich des Drawehns am Elbufer entlang in die Gegend von Hitzacker, zum anderen südlich um den Drawehn in die Gegend von Clenze und Schnega.

Einblicke in die Beigabenausstattung der älteren Bronzezeit geben die Bestattungen in den Grabhügeln am Tießauer Kirchsteig bei Dötzingen, Stadt Hitzacker. Im Zentrum von Hügel I lagen lose im Sande eine Lüneburger Radnadel (Speichenschema E) sowie zahlreiche bronzene Blechröhrchen, sicherlich Überreste einer Flügelhaube. Diesem in eine frühe Phase der älteren Bronzezeit zu datierenden Frauengrab läßt sich eine Doppelbestattung aus einem benachbarten Hügel zur Seite stellen. Die hier bestattete Frau trägt wiederum eine Flügelhaube; zur daneben angelegten Männerbestattung gehört ein zweinietiger Dolch mit schwacher Mittelrippe. Eine heute wohl nur noch unvollständig überlieferte Schmuckausstattung einer Frau, die in der gleichen Grabhügelgruppe beigesetzt wurde, setzt sich aus einem verzierten Halskragen, einer zerbrochenen, spiralverzierten Hängescheibe, einer kleinen Scheibe mit Sternornament und einer Armspirale zusammen (Abb. 24.1–4). Ist diese Annahme richtig, dann müßte dieser, einem fortgeschrittenen Teil der älteren Bronzezeit zuzurechnende Grabfund, noch mit einer ebenfalls spiralverzierten Scheibennadel, einer zweiten Armspirale und zwei rundstabigen Beinringen ergänzt werden, um ein vollständiges Schmuckensemble zu bilden. An den Übergang zur mittleren Bronzezeit muß das bereits erwähnte Brandgrab mit den angeschmolzenen Beigaben datiert werden (Abb. 24.6–8).

Aus den Grabhügeln der Gruppe im Meudelfitzer Grund bei Dötzingen, Stadt Hitzacker, stammen einige mehr oder weniger vollständige, mittelbronzezeitliche Grabausstattungen, die in ihrer Zusammensetzung wiederum vollständig denen der Frauen aus der Lüneburger Heide gleichen. Zu einer vollständigen Schmucktracht gehören eine am Hinterkopf im eingeschlagenen Haar getragene Haarknotenfibel, ein oder zwei Halsringe mit einem schrägen Lei-

Abb. 24 Fundstücke der älteren Bronzezeit aus Grabhügeln am Tießauer Kirch- ▷
steig unweit Dötzingen, Stadt Hitzacker. M 1:2.

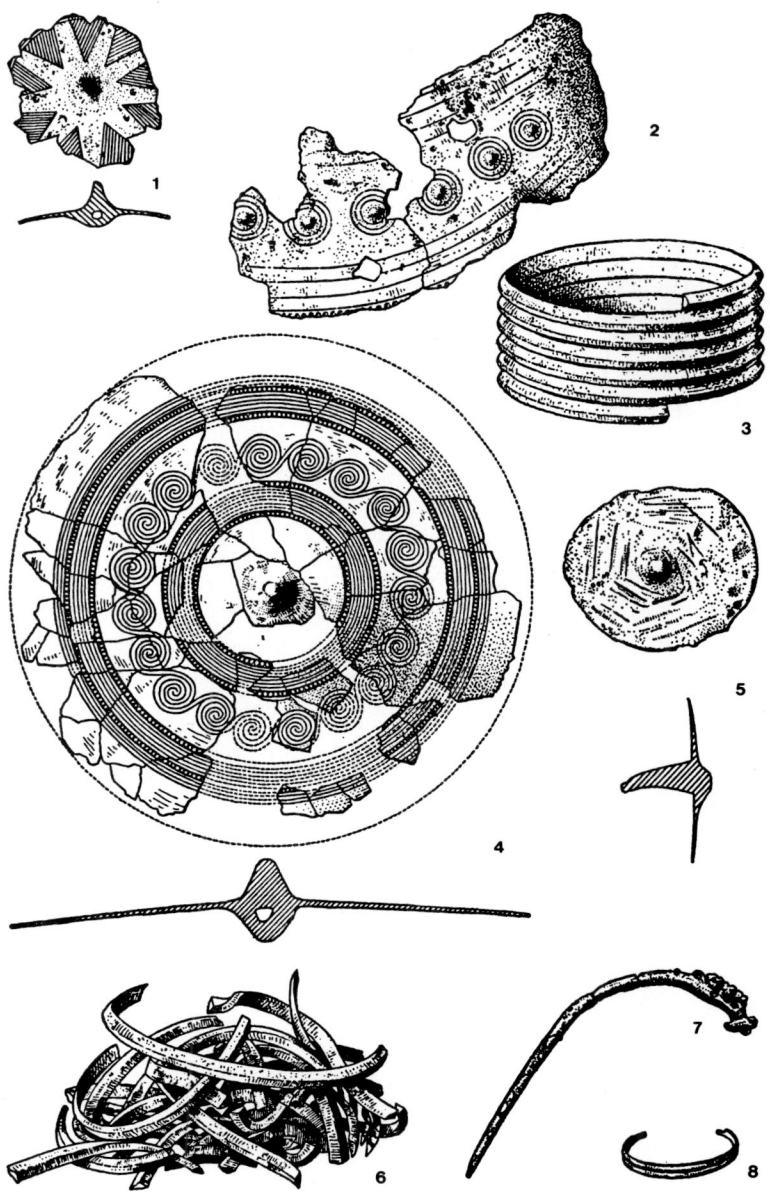

terbandmuster, eine große Spiralplattenfibel mit doppelter oder dreifacher Kreuzbalkenkopfnadel, die ehedem vermutlich ein Schultertuch – das Standeszeichen der verheirateten Frau – feststecken sollte, sowie paarig getragener Arm- und Beinschmuck (Abb. 25). Die Beinringe einer Trägerin stimmen dabei in der Verzierung, in der Auswahl der verwendeten Punzen und im Querschnitt des Ringkörpers vollständig überein, weichen aber in Einzelheiten von jedem anderen Beinringsatz ab. Entsprechende Beobachtungen können beim Armschmuck gemacht werden. Die Beinringe der vier Frauengräber aus dem Meudelfitzer Grund zeigen durch ihre Verzierung, vier Spitzovalbögen, eindeutig, daß sie im Ilmenau-Tal im Umkreis von Uelzen hergestellt worden sind. Von dort stammen auch die in diesen vier Frauenbestattungen angetroffenen Armbänder. Anders die Fibeln, die aufgrund ihrer Verzierung nur in einer Werkstatt gefertigt sein können, die in der Lüneburger Gegend arbeitete. Im Gegensatz zu dem täglich immer wieder angelegten Fibelschmuck wurde der Arm- und Beinschmuck am Körper »angeschmiedet« und gehörte zur täglichen Tracht, was ineinandergreifende Abschleifspuren bei mehrfachen Sätzen erweisen (Abb. 25.6–7). Da in der Regel die gesamte Schmucktracht einer Person in einer Werkstatt gefertigt worden ist, müssen die Dötzinger Fibeln von ihrer Trägerin wenigstens einmal ersetzt worden sein.

Analog den Verhältnissen in der Lüneburger Heide vollzieht sich die Entwicklung und Veränderung in der Bewaffnung. Hier wird zu Beginn der mittleren Bronzezeit die ältere Beil-Dolch-Bewaffnung unvermittelt von einer Lanzen-Bewaffnung abgelöst. Sind es anfangs Stoßlanzen (Spieße) ohne zusätzliche Zweitwaffe, so ändert sich in jüngerer Zeit die Zusammensetzung. Zu der Wurflanze (Speer) tritt das Kurzschwert als Reservewaffe hinzu. Beide Lanzenspitzenformen liegen auch aus der Grabhügelgruppe im Meudelfitzer Grund vor (Abb. 26.5–6). Außer diesen beiden Lanzenspitzen aus der Gegend von Hitzacker sind eine Reihe weiterer bekannt, die ebenfalls wohl meist einzeln unter Grabhügeln gefunden wurden. Nur bei dem Grabfund von Bahrendorf, Stadt Hitzacker, fand sich außer der Speerspitze noch eine Nadel (Abb. 26.1–

78

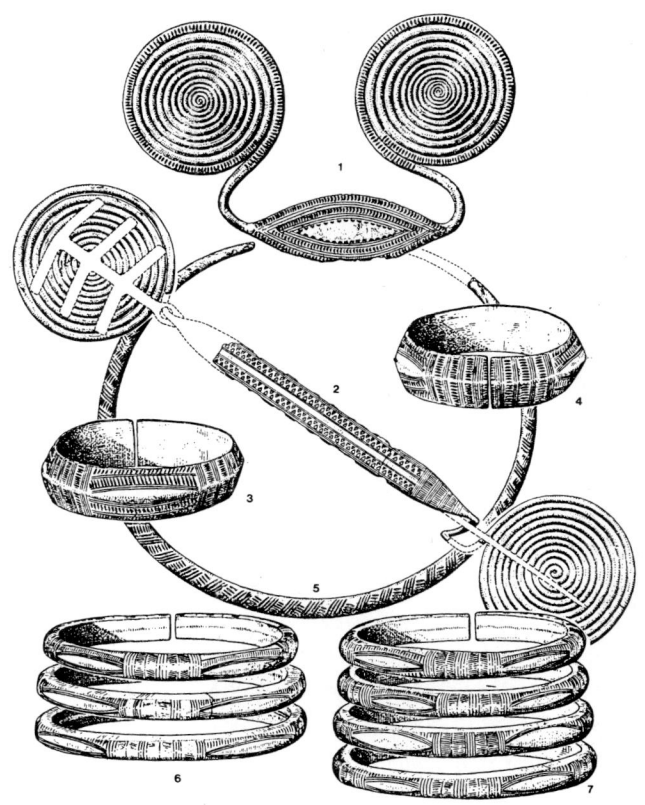

Abb. 25   Mittelbronzezeitliches Frauengrab aus einem der Grabhügel im Meudelfitzer Grund bei Dötzingen, Stadt Hitzacker. M 1:3.

2). Betrachtet man die Fundorte der Lanzenspitzen im Wendland,
dann wird deutlich, daß sie sich nicht nur im Raum um Hitzacker,
sondern auch um Schnega häufen. Dies verwundert insofern nicht,
da hier – wie bereits erwähnt – die alten Verbindungswege vorbei-
führen, die nördlich und südlich um den Drawehn, jenen Höhenzug, der die Westgrenze des heutigen Kreises Lüchow-Dannenberg
bildet, liefen.

Gute Beobachtungen zur Bestattungs- und Beigabensitte liegen weiterhin aus zwei benachbarten Grabhügeln der mittleren Gruppe im Schnegaer Forst vor. In einem »sichelförmigen« Anbau des kleinen Hügels 38, in dessen Zentrum eine beigabenlose Brandbestattung angetroffen wurde, war ein kleiner Baumsarg mit der Körperbestattung eines Kindes aufgestellt worden. Die Beigaben, zwei Armringe, einer davon mit Endspiralen, deuten wiederum auf Lüneburger Einfluß hin. Von größerer Bedeutung ist jedoch die Zentralbestattung in Grabhügel 36. Inmitten einer Steinsetzung für einen Baumsarg fanden sich die Beigaben einer Frauenbestattung aus der beginnenden mittleren Bronzezeit. In ihrer Schmucktracht mischen sich Lüneburger mit Altmärker Einfluß. Die Oberarmberge mit gegenständigen Endspiralen, die beiden mit einem Spitzovalbogenmuster geschmückten Uelzener Armbänder und die beiden Fingerberge sind eindeutig Lüneburger Herkunft, dagegen weisen die Beinringe mit Sparrenmuster und außen dreieckigem, innen aber abgerundetem Stabquerschnitt sowie die kleine Fibel in den Altmärker Bereich. Eine entsprechende Vermischung zweier bronzezeitlicher Kulturgruppen zeigt sich in den Verzierungen eines weiteren Fundes mit mehreren Ringen (ein Uelzener Armband und zwei Altmärker Beinringe) aus Breese in der Marsch, Stadt Dannenberg. Diese drei Ringe können als Überreste einer ehemals umfangreicheren Grabausstattung angesehen werden. In eine andere Region, nach Mecklenburg, weist ein Fund aus Langendorf. Bei der Abtragung eines Grabhügels wurde hier eine mecklenburgische Plattenfibel mit eingeritztem Kreuz geborgen. Zwei weitere weibliche Schmucktrachten sind heute nicht mehr erhalten. So ist überliefert, daß in einem Grabhügel bei Lüchow 1858 »vier Armringe, zwei Fibeln und anderer Bronzeschmuck, auch eine kleine Goldspirale und Glasperlen« geborgen worden sein sollen. Aus einem anderen Grabhügel bei Gledeberg, Gem. Schnega, stammen »eine große Brustspange mit Nadel und mehrere Ringe«. In beiden Fällen wird man an ähnliche mittelbronzezeitliche Schmuckausstattungen denken müssen, wie sie z. B. im Meudelfitzer Grund bei Dötzingen angetroffen wurden (Abb. 25).

Nicht mehr aus einem Grabhügel, sondern vielmehr aus einem

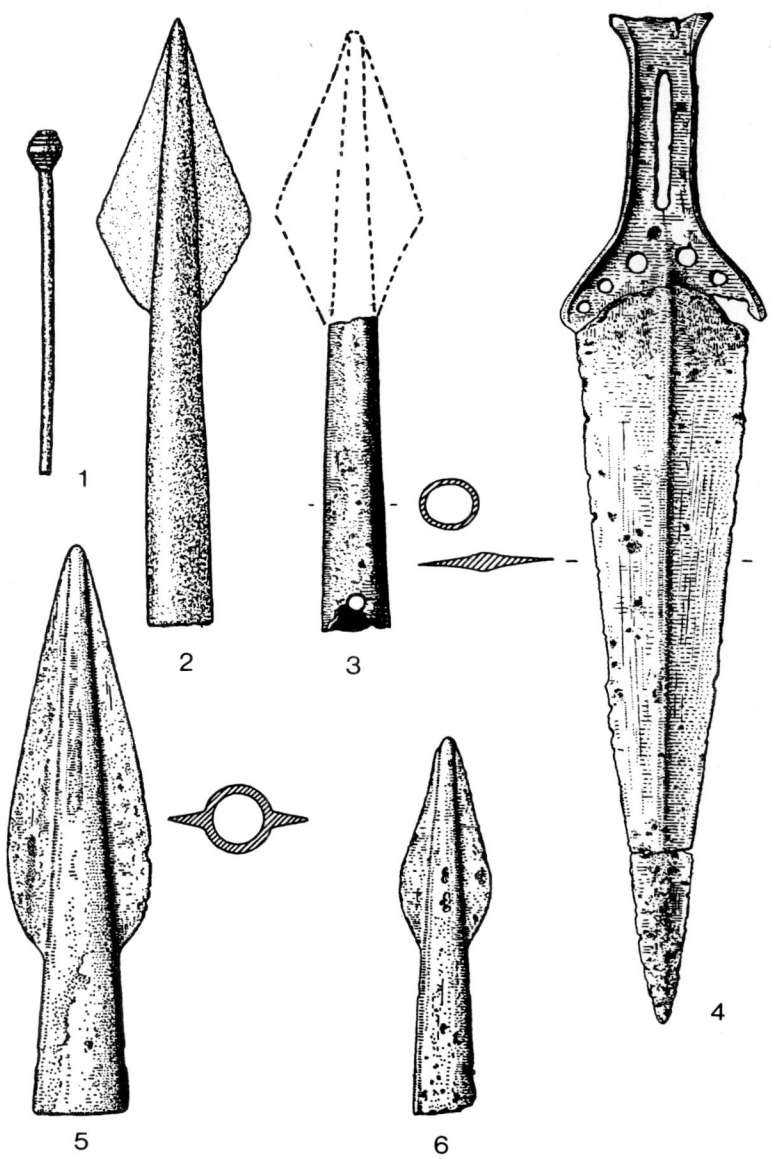

Abb. 26 Fundstücke aus Männergräbern der mittleren Bronzezeit. 1/2 Bahrendorf, Stadt Hitzacker, 3/4 Prezelle. 5/6 Meudelfitzer Grund bei Dötzingen, Stadt
Hitzacker. M 1:2.

81

Flachgrab stammt eine weitere, bei Harpe, Gem. Schnega, geborgene weibliche Schmucktracht. Sie setzt sich aus einem Halsring mit einem schrägen Leiterbandmuster, den Resten einer Spiralplattenfibel mit Kreuzbalkenkopfnadel, einem Armring mit schrägem Leiterbandmuster und wohl vier Lüneburger Beinringen mit Spitzovalbogenmuster zusammen. Der Armring dieses Grabfundes weist ins Mecklenburgische, die übrigen Fundstücke ins Lüneburgische. Der Fund trat bei der Urbarmachung eines Geländestückes zwischen Steinen und schwarzer Erde zutage. Um ein Flachgrab wird es sich auch bei dem Fund aus Tripkau, Stadt Dannenberg, handeln, wo unter einem großen Stein zwischen Leichenbrand verzierte und unverzierte Armringbruchstücke, eine Tutulusscheibe und viele kleine Spiralröllchen gefunden wurden.

Ähnlich sind die Fundumstände eines weiteren Grabfundes. Beim Sandgraben westlich der Ortschaft Prezelle wurden »in einer Aschenschicht« ein Dahlenburger Kurzschwert und der Schaft einer Wurflanzenspitze geborgen (Abb. 26.3–4). Die Zusammensetzung des Fundes sowie die Grabsitte, Flachgrab mit Brandbestattung, weisen auf enge Verbindungen zum Lüneburgischen hin. Bei dem Fund aus Nienwalde, Gem. Gartow, handelt es sich möglicherweise ebenfalls um ein Flachgrab. Zur Ausstattung gehören ein zur Gruppe der Dahlenburger Kurzschwerter gehörender Langdolch und eine Nadel.

Hort- und Moorfunde der älteren und mittleren Bronzezeit

Aus dem Hannoverschen Wendland stammt eine größere Zahl von norddeutschen Absatzbeilen (Abb. 28.7). Ihre näheren Fundumstände sind zumeist nicht überliefert, was insofern nicht verwundert, da es sich zumeist – analog den Fundstücken aus den angrenzenden geographischen Bereichen – um Oberflächenfunde handelt, die beim Pflügen, Abplaggen und Sandabgraben zutage gekommen sind. Bei einigen zeigt allerdings die Farbtönung der Oberfläche, daß es sich um Gewässer- bzw. Feuchtbodenfunde handelt, die wohl überwiegend als Opferfunde zu interpretieren sind. Aus ei-

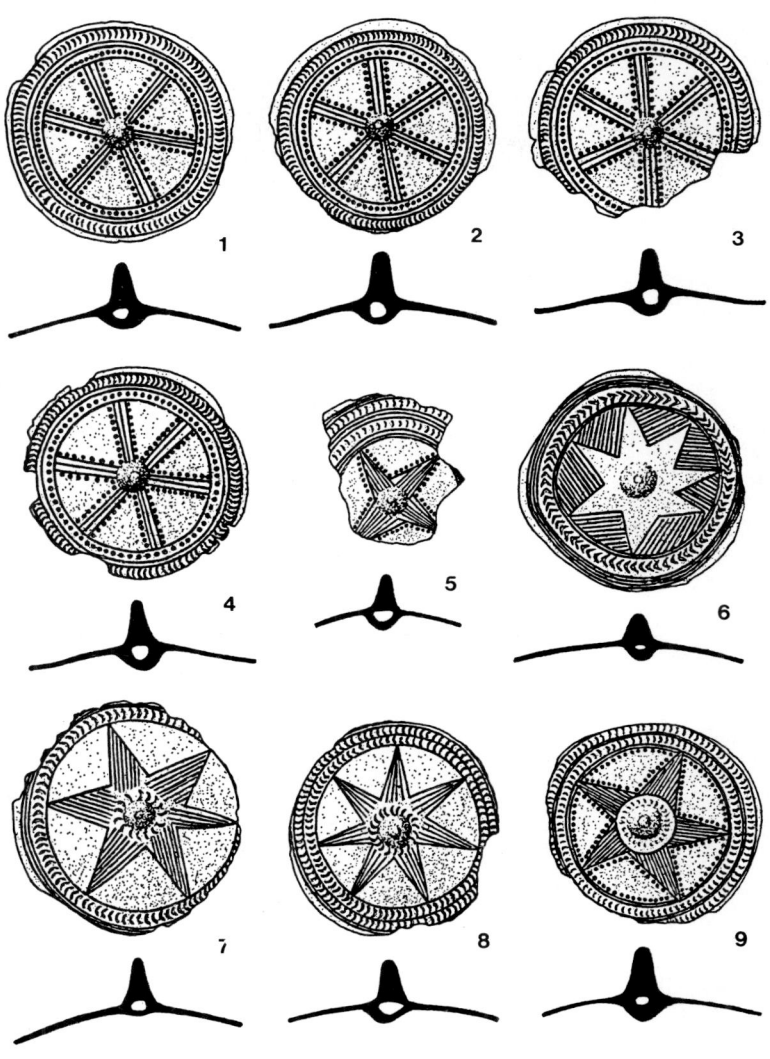

Abb. 27   Hortfund von Karwitz. Schmuckscheiben. M 1:2.

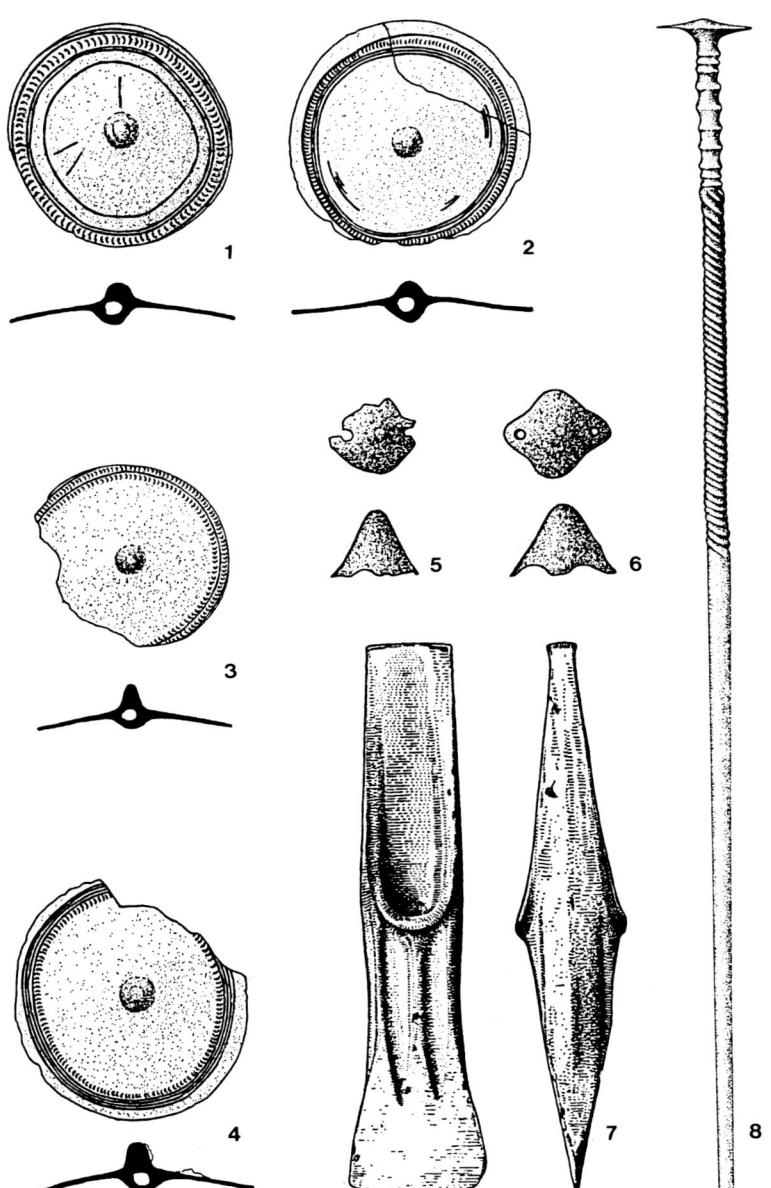

Abb. 28   Fundstücke aus Horten und Mooren. 1–6 Karwitz, 7 Jameln, 8 Gistenbeck, Gem. Clenze. M 1:2.

84

nem Moor bei Gistenbeck, Gem. Clenze, stammt eine Nadel mit waagerechtem Scheibenkopf und profiliertem Hals, die durch ihre Länge aus dem üblichen Rahmen fällt und gesondert gefertigt sein muß (Abb. 28.8).

Aus der Hügelgräberbronzezeit des Wendlandes liegt nur ein einziger, umfangreicher Hortfund vor, was um so mehr verwundert, da in einer späteren Zeitepoche, in der jüngeren Bronzezeit, Schmuck-, Tassen- und Geräte- bzw. Waffenhorte nicht selten sind. Der Hortfund von Karwitz, der bei Ausschachtungsarbeiten gefunden wurde, enthält ausschließlich weibliches Trachtzubehör (Abb. 27, 28). In einem Tongefäß, von dem nur eine einzige Scherbe erhalten blieb, lagen, z. T. ineinanderverbacken, 13 verzierte Bronzescheiben mit Mitteldorn und unterseitiger Öse und wenigstens 20 kegelförmige Hütchen. Es handelt sich bei den Fundstücken um den bronzenen Besatz von einem oder auch mehreren ponchoartigen Obergewändern, wie sie aus Grabfunden in der benachbarten Lüneburger Heide gelegentlich bekannt geworden sind.

Mit dem Aufkommen der Brandbestattung und der Beisetzung des Leichenbrandes in Tongefäßen ändern sich die kulturellen Verbindungen des Hannoverschen Wendlandes. Von nun an herrschen die Einflüsse aus dem Bereich der Lausitzer Kultur vor.

Literatur:

G. Voelkel, Riesenbecher aus dem Kreise Lüchow-Dannenberg. Nachrichten aus Niedersachsens Urgeschichte 32, 1963, 97–104 – Ders., Weitere Riesenbecherfunde aus dem Kreise Lüchow-Dannenberg. Nachrichten aus Niedersachsens Urgeschichte 37, 1968, 128–130 – O. Harck, Der Riesenbecher von Hitzacker. Hannoversches Wendland. 3, 1972, 21–30 – G. Voelkel, Die Hügelgräber des Kreises Lüchow-Dannenberg. Hannoversches Wendland 2, 1970, 13–18 – F. Laux, Der Hortfund von Karwitz, Kr. Lüchow-Dannenberg. Lüneburger Blätter 18, 1967, 13–31 – Ders., Die Sammlung vorgeschichtlicher Altertümer des Freiherrn von dem Bussche-Ippenburg auf Dötzingen. Lüneburger Blätter 21/22, 1970/1971, 85–120 – G. Körner, Ein Totenhaus bei Schutschur, Kreis Dannenberg. Niedersachsen 1938, 359–360 – O. Harck, Nordostniedersachsen vom Beginn der jüngeren Bronzezeit bis zum frühen Mittelalter. 1972

Friedrich Laux

Das letzte vorchristliche Jahrtausend

Die kulturhistorische Entwicklung im Hannoverschen Wendland während des letzten vorchristlichen Jahrtausends zählt aus mehreren Gründen zu den interessantesten Abschnitten der regionalen Vorgeschichte: Zu Beginn der jüngeren Bronzezeit begegnet man an den Osthängen des Drawehn, im gesamten Jeetzeltal und an den Ufern der Seege einer durch mitteldeutsche Einflüsse bestimmten archäologischen Fundgruppe, die sich in grundlegenden Merkmalen von der Kultur einer noch in der älterbronzezeitlichen Tradition stehenden, auf den Höhen des Drawehn und weiter westlich siedelnden Bevölkerung unterschied. Diese regionale Aufteilung blieb allerdings nicht lange erhalten, denn bereits in der folgenden Phase belegen die materiellen Hinterlassenschaften eine gemeinsame, zahlreich nachgewiesene Fundsubstanz zwischen dem Aland im Osten und dem Kateminer Bach im Westen, die auch im Ilmenautal verbreitet war. Für das Ende der Bronzezeit und den Beginn der Eisenzeit macht sich allgemein ein Rückgang der Bodenfunde bemerkbar. Dieses Fundbild ändert sich jedoch für die zweite, jüngere Hälfte des Jahrtausends: Die Zahl der Fundstellen steigt an, die Friedhöfe stellen aber weiterhin die wichtigste historische Quelle dar. Für die Jahrhunderte vor der modernen Zeitrechnung beherrschen dagegen Siedlungen die archäologische Überlieferung.

Die Träger dieser Kultur der vorrömischen Eisenzeit werden seit längerem von der Forschung als germanische Bevölkerung akzeptiert; Kenner der zeitgenössischen Quellen bemühten sich in früheren Jahren darüber hinaus, den später berühmten Stamm der Langobarden mit prähistorischen Denkmälern an der südlichen Niederelbe einschließlich des Kreises Lüchow-Dannenberg zu verknüpfen. Ein unanfechtbarer Nachweis für diese These fehlt aber bisher. In der wissenschaftlichen Diskussion unserer Tage gehören

Fragen der ethnischen Zuordnung archäologischer Fundgruppen, vor allem in kleinräumigen Bereichen wie der östlichen Lüneburger Heide, jedoch nicht mehr zu den aktuellen Forschungsthemen.

Jüngere Bronzezeit

Mehr als 80 jungbronzezeitliche Friedhöfe, über 20 Siedlungen und mindestens acht Schatz- und Hortfunde geben Einblicke in die materielle Kultur der jüngeren Bronzezeit (Abb. 29). Obgleich viele dieser Lokalitäten jeweils nur wenige sicher datierbare Fundstücke erbracht haben, vermitteln sie gemeinsam mit den Befunden größerer Plangrabungen und gut dokumentierter Notbergungen einen vertretbaren Kenntnisstand der gesamten Epoche. Dies gilt vor allem für die Friedhöfe, während eine Beschreibung des Siedlungswesens erhebliche Schwierigkeiten bereitet: Die Flächengrabungen auf jungbronzezeitlichen Siedlungen am Jeetzelufer bei Hitzacker und am Osthang des Höhbeck bei Pevestorf führten zwar zur Aufdeckung zahlreicher Gruben, sie erbrachten jedoch keine Hinweise auf Wohnhäuser, Stallungen und vergleichbare Bauwerke. Siedlungsgruben im Kreis Lüchow-Dannenberg enthielten außer Stücken von Hüttenlehm vor allem zahlreichen Keramikbruch. Abfälle eines Töpferofens konnten bei Holtorf geborgen werden. Auf einer $1 \times 0,5$ m großen Fläche gelang es A. Pudelko, einen bis 0,7 m mächtigen Scherbenhaufen freizulegen, der u. a. Fehlbrände von Kegelhalsgefäßen mit waagerecht-kannelierter Schulter, Schalen mit scharf geknicktem Profil und Becherreste mit Bandhenkel enthielt.

Dank einer Anzahl geschlossener Grabkomplexe und der Möglichkeit, den Bestattungsplatz auf dem Heidberg bei Billerbeck nach horizontalstratigraphischen Gesichtspunkten zu gliedern, kann man die jungbronzezeitliche Tonware aus dem Kreisgebiet vier Stufen zuordnen (Stufe 1a–b, 2 und 3 (Harck 1972/73). Sämtliche Gräber des Zeitabschnittes sind Brandbestattungen. Am Ostrand des Drawehn treten im Bereich der stein- und bronzezeitlichen Hügelgräbergruppen vereinzelt noch Tumuli mit jungbronzezeit-

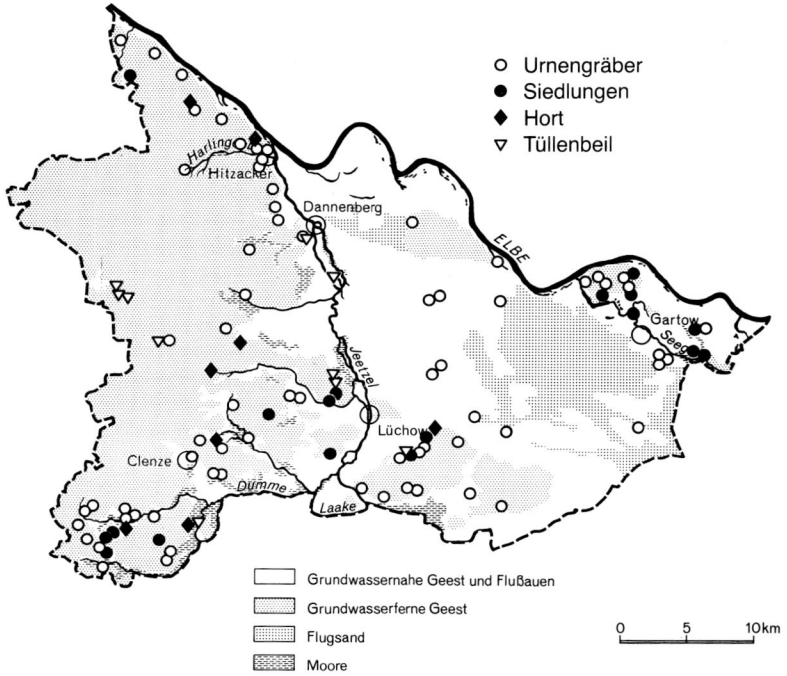

Abb. 29   Verbreitung der jungbronzezeitlichen Funde im Kreis Lüchow-Dannen-
          berg (nach Harck 1972/73 mit Ergänzungen).

lichen Zentral- oder Nachbestattungen auf, zum Beispiel bei Proitze, Schutschur, Lütenthien(?) und Schnega (Abb. 30). Ein weiterer
jungbronzezeitlicher Hügel wurde im Ostteil des Kreisgebietes bei
Ausgrabungen in Pevestorf gefunden.

In der Jeetzelniederung und im östlich anschließenden Sanderbereich dominieren demgegenüber ausschließlich Urnenflachgräber.
Die Ausdehnung und Belegungsdichte dieser Fundstellen ist weitgehend unbekannt. – Allein in Billerbeck lassen sich unter Vorbehalt Annäherungswerte der früheren Bestattungszahl ermitteln.
Hier dürften zwischen 60 und 70 Bestattungen vorgenommen
worden sein.

Sichtbare Markierungen von Gräbern fehlen. Vereinzelt kommen

Steinkreise oder kreisförmig gepackte Steinpflaster vor, deren Oberkante vermutlich in Höhe der Grasnarbe gelegen hat (Billerbeck, Lütenthien). Eine Sonderstellung nimmt das sog. »Rechteckgrab« bei Proitze ein: Es enthielt eine in den gewachsenen Boden eingetiefte Urne mit Steinschutz, die durch eine 7 × 3 m messende, mehrschichtige Rollensteinpackung bedeckt war (Abb. 31).

Die Urnen der jüngeren Bronzezeit standen vielfach in einem sorgfältig gebauten Steinschutz: zum Beispiel quadratische oder rechteckig geformte Steinkisten aus großen Platten (Lütenthien, Schnega), Kisten mit einer polygonalen Grundfläche oder Blockpackungen (Billerbeck). Andere Urnen zeigten dafür überhaupt keinen Steinmantel oder lediglich einen Deck- bzw. einen Bodenstein. Bei jüngeren Gräbern fand sich ein Kranz aus unterschiedlich großen Rollsteinen um den Urnenhals. Zu den Seltenheiten zählt ein Be-

Abb. 30   Hügelgräberfeld Schnega (umgezeichnet nach Sprockhoff 1963).

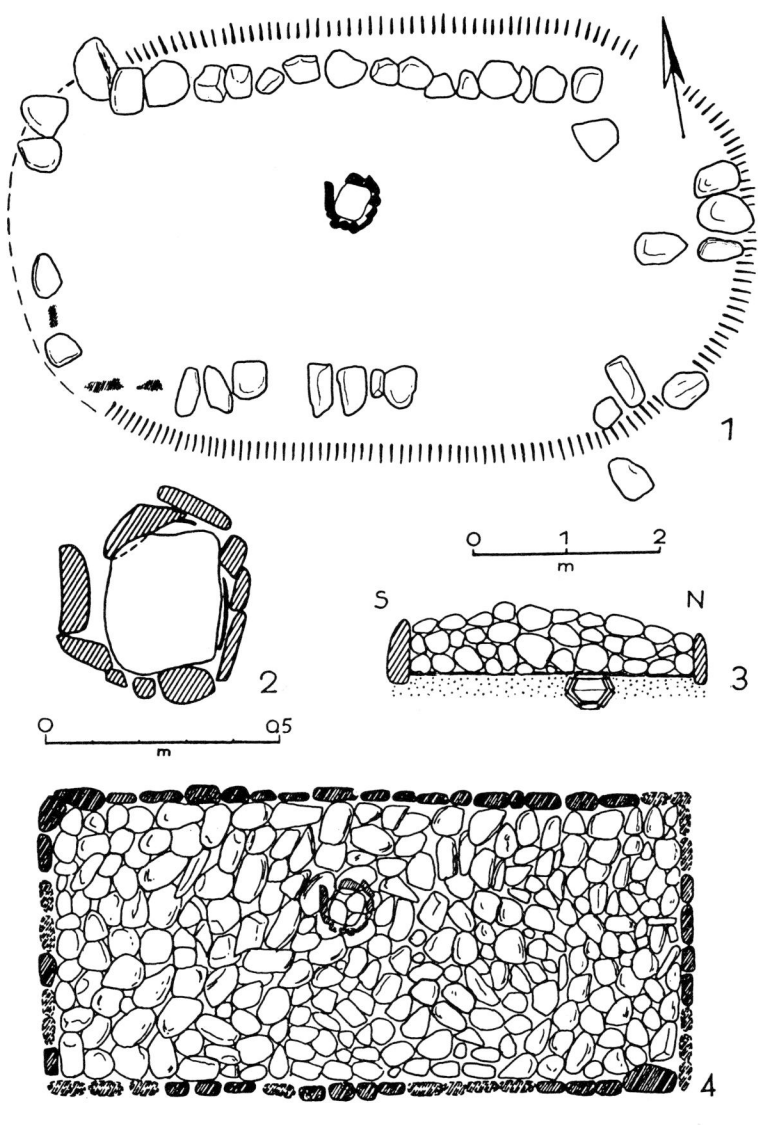

Abb. 31   Rechteckgrab Proitze (nach Sprockhoff 1954).

fund in Billerbeck: Über eine mit einem Kappendeckel verschlossene, auf einer Scherbe stehende doppelkonische Urne hatte man ein größeres Gefäß grober Machart gestülpt. Diese als Glockengrab bezeichnete Bestattungsform zählt zu den Besonderheiten der jungbronzezeitlichen Kultur im Mittelelb-Havel-Gebiet.

Das Fundgut der Friedhöfe besteht aus Keramik und persönlicher Habe wie Kleidungszubehör, Schmuck oder Waffen. Zur charakteristischen Tonware der Jungbronzezeit zählen vor allem doppelkonische Gefäße und Kegelhalstöpfe. Die älteste Fundgruppe weist deutliche Merkmale des Mittelelbe-Gebietes auf, wie z. B. die Verzierung von Gefäßunterteilen durch Ritzlinien. Im jüngeren Material sind aber auch Verbindungen zum Niederelbe-Raum offensichtlich: Ringe, Pinzetten, Knöpfe und Nadeln entsprechen Typen, die im Ilmenautal, im Harburger Gebiet und in Südholstein zu Hause sind. Die anfänglich scharf-geknickten Doppelkoni werden im Laufe der Zeit rundlicher geformt, Kegelhalsgefäße schlanker. Eine Neuentwicklung stellt die mit Nageleindrücken verzierte Lappenschale dar.

Größere Bronzefunde sind einerseits aus mehreren Horten mit zahlreichen Inventarstücken bekannt, andererseits als Einzelfunde überliefert (zum Beispiel Tüllenbeile und Lanzenspitzen). Die Horte von Bahrendorf, Kukate, Tüschau und Gr. Sachau zählen zu den bedeutenden Bronzekomplexen; die Verwahrfunde aus Bergen a. d. Dumme, Schnega und Dötzingen sind nur unzureichend bearbeitet. Die überwiegende Zahl der Bronzedeponierungen gehört in die Periode IV nach O. Montelius, jünger sind die Funde aus Gr. Sachau und Kukate. Auffällig erscheint dabei die Fundstellenlage der Bronzehorte im Bereich des allgemeinen Siedlungsgebietes, während die Beile außerhalb dieser Zone an der Jeetzel und der Dumme sowie in Höhenlagen des Drawehn vorgefunden wurden. Sowohl im östlich angrenzenden Sandergebiet als auch um den Höhbeck fehlen bisher größere Metallfunde. Eine Ausnahme stellt der goldene Armring mit Doppelspiralenden aus der Niederung nördlich des Örings bei Woltersdorf dar (Abb. 32). Nach dem Fundbericht zu urteilen, soll er in einer viereckigen, grabförmigen »Steinpackung« gelegen haben, die von einem 0,5–0,75 m hohen

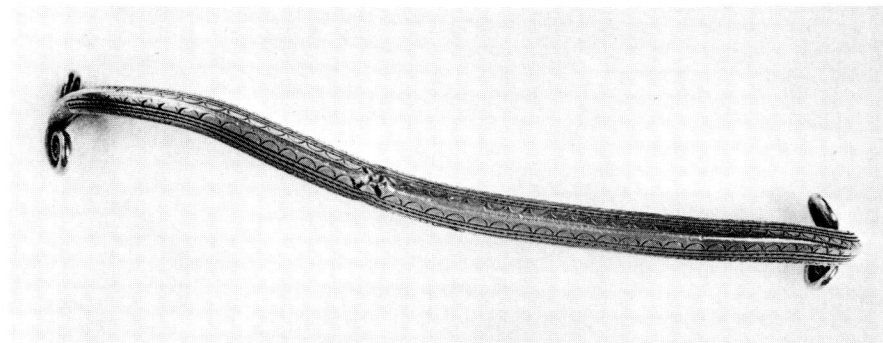

Abb. 32   Ring von Woltersdorf.

Hügel mit einem Durchmesser von 23 m bedeckt war. Er gehört zu einer Fundgruppe von verschiedenen goldenen Armringen mit Doppelspiralenden, die vereinzelt in Mitteldeutschland und in Südosteuropa verbreitet sind.

Übergang von der jüngeren Bronzezeit zur älteren vorrömischen Eisenzeit

Die Spätstufe der Jungbronzezeit im Kreise Lüchow-Dannenberg wird allein durch Funde von rund 20 Friedhöfen vertreten (Harck Stufe 3). Sie belegen teils ein Festhalten an herkömmlicher Tradition, teils aber auch Veränderungen zum Beispiel in der Ausstattung der Gräber: Während die Urnen früher vielfach Beigefäße und Ringschmuck, weniger häufig dagegen Pinzetten, Lanzetten oder Knöpfe enthielten, stellen Nadeln mit einer unterschiedlich ausgebildeten Kopfform (zum Beispiel Dreirippenkopfnadeln, Schälchenkopfnadeln, Schwanenhalsnadeln und gekröpfte Rollenkopfnadeln) die wichtigste Beigabe in den jüngsten bronzezeitlichen Urnen. Ein halbmondförmiges Rasiermesser belegt das Vorkommen von Eisengerät. Die Kontinuität seit der Bronzezeit wird unter anderem durch gelegentlich geübte Hügelbestattung und die Weiterentwicklung früherer Gefäßformen aufgezeigt: Die von den Kegelhalsgefäßen abgeleitete weitmundige, bauchige Terrine mit einem weichen oder abgesetzten Halsumbruch fand als Urne häufig Verwendung, Schalen mit Hohlkehlung am Rand wurden ohne Veränderung übernommen, während besonders hohe, gehenkelte Schalen anscheinend neu sind. Zu den wichtigsten Fundstellen dieser Zeit im Kreisgebiet gehören Friedhöfe im Staatsforst Gartow-Wirl und bei Diahren.

Eine jüngere, bereits früheisenzeitliche Urnenfeldergruppe wurde unter anderem durch folgende Beigaben charakterisiert: trapezförmige Rasiermesser aus Eisen und Armringe mit Ansätzen einer astragalierten Oberfläche (Bösel, Brünkendorf, Gohlau, Karmitz). Die Keramik besteht weitgehend aus unterschiedlichen Gefäßformen, die eher als Vorläufer der hohen Töpfe der entwickelten vorrömischen Eisenzeit zu sehen sind denn als Nachzügler irgendeiner bronzezeitlichen Tradition. Durch chorologische Analysen mehrerer Grabinhalte aus dem Bereich der südlichen Niederelbe, Kartierung von Gräberfeldern der Region und das Vorkommen importierter Kleinfunde lassen sich die Gräber in die »Präjastorfzeit« oder die Stufe Ia der vorrömischen Eisenzeit (Harck 1972/73) datieren, die einen Teil des 6. Jahrhunderts v. Chr. umfassen dürfte (Hallstatt D).

Die Gräber der Übergangsphase zwischen der jüngeren Bronzezeit und der vorrömischen Eisenzeit stammen sowohl von Flachgräbern als auch aus kleinen Grabhügeln (z. B. Schnega, Redemoißel?, Thießau). In einigen Fällen wird auf diesen Gräberfeldern in der älteren Eisenzeit weiterbestattet.

Vorrömische Eisenzeit

In den Jahrhunderten vor Christi Geburt deutet sich ein bemerkenswerter Wechsel im Siedlungsgeschehen der Region an, der unter anderem auch durch eine markante Veränderung der Überlieferung kenntlich wird: Im älteren Abschnitt der vorrömischen Eisenzeit überwiegen Friedhöfe als wichtigste Fundgattung, später

Siedlungen. Der Umbruch tritt auch als eine allmähliche Veränderung der Fundstellentopographie und der Belegungskontinuität auf Friedhöfen hervor. Durch diese und andere Hinweise erscheint eine Zweiteilung des gesamten Zeitabschnittes in einen älteren (Jastorf) und einen jüngeren Teil (Ripdorf/Seedorf) begründet; das massive Auftreten von Fibeln vom Mittellatèneschema zu Beginn der jüngeren vorrömischen Eisenzeit unterstreicht außerdem aus überregionaler Sicht eine Zäsur.

Die ältere vorrömische Eisenzeit, Stufe Ib/c (Harck), weist über 50 Friedhöfe und rund 20 Siedlungen auf. Als Hort dieser Zeitstellung sind allein zwei bronzene Wendelringe mit unechter Torsion aus Karwitz belegt. Nur aus vier Siedlungen – Plate, Küsten, Langendorf und Kapern – sind Fundinhalte der älteren vorrömischen Eisenzeit überliefert. Hinweise auf Hausfundamente, Brunnen, Wege usw. fehlen aber bisher.

Das Fundmaterial der Bestattungsplätze stammt ohne Ausnahme aus Brandgräbern: Urnen, Knochenlager oder Brandgruben. Flachgräberfriedhöfe sind eindeutig vorherrschend. Nachbestattung in älteren Grabhügeln ist nur von Wöhningen bekannt, eine Lage in unmittelbarer Nachbarschaft obertägiger Erddenkmäler z. B. in Schnega belegt. Zu Billerbeck kamen rund 150 Gräber der älteren vorrömischen Eisenzeit zum Vorschein. Eine stattliche Gräberzahl dieser Zeitstellung fand sich außerdem in Brünkendorf, Karmitz, Quickborn und Restorf. Die 126 in situ ausgegrabenen Bestattungen in Billerbeck verteilen sich auf 70 Urnen, 54 Knochenlager und zwei Leichenbrandhaufen unter einem umgestülpten Gefäß. Rund zwei Drittel der Bestattungen zeigte einen Steinschutz; eine Abdeckung durch Steinplatten oder Schalen konnte bei ungefähr der Hälfte der Gräber erkannt werden. Von den Knochenlagern mit Steinschutz enthielten 72 Prozent Beigaben, während nur 34 Prozent der Fundstellen ohne Steinschutz entsprechend ausgestattet war.

In der älteren vorrömischen Eisenzeit dominieren hohe ungegliederte oder gegliederte Töpfe als wichtigste Gefäßform. Zu den Beigefäßen zählen schlichte ungegliederte Formen und außerdem – seltene – »Eierbecher«. Die Beigaben verteilen sich auf Kleidungs-

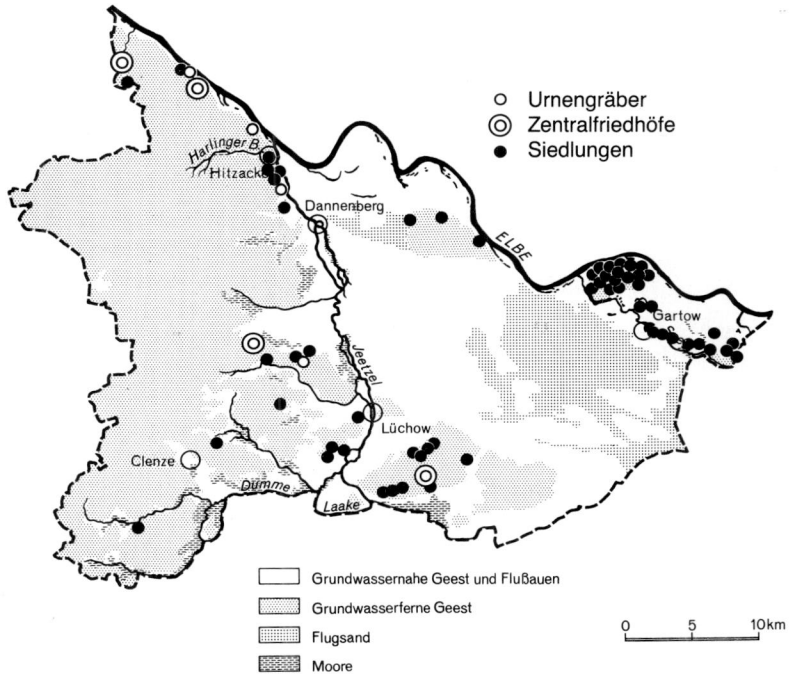

○ Urnengräber
◎ Zentralfriedhöfe
● Siedlungen

Grundwassernahe Geest und Flußauen
Grundwasserferne Geest
Flugsand
Moore

0 5 10km

Harlinger B.
Hitzack
Dannenberg
ELBE
Gartow
Jeetzel
Lüchow
Clenze
Dümme
Laake

Abb. 33 Verbreitung von Siedlungen und Gräberfeldern der späten vorrömischen Eisenzeit (nach Harck, Stufe 1972/73, Stufe IIb–IId).

zubehör (gekröpfte Nadeln, Gürtelhaken und einfache Gürtelringe sowie Fibeln), Toilettezubehör (Pinzetten und Rasiermesser) und Schmuck (tordierte oder glatte Hals- und Armringe aus Eisen und Bronze, bronzene Segelohrringe zum Teil mit Glasperlenbesatz). Der Übergang von der älteren zur jüngeren vorrömischen Eisenzeit, Stufe Id/IIa (Harck), vollzieht sich keineswegs als markante Zäsur im Kulturgeschehen: Außer einem – auch im Kreis Lüchow-Dannenberg – verstärkt wahrnehmbaren Einfluß südlicher Formen, z. B. Fibeln vom Mittellatèneschema, läßt sich u. a. eine Konzentration des Bestattungswesens auf größere »Zentralfriedhöfe« während der folgenden Jahrhunderte erkennen. 25 Urnenbegräbnisplätze im Kreisgebiet waren ausschließlich in der älteren vorrömischen Eisenzeit, elf weitere auch während der folgenden mittleren Phase und zwei bis ans Ende der Periode belegt. Diese Angaben begründen die Annahme einer Siedlungskontinuität von der älteren bis zur jüngeren vorrömischen Eisenzeit. In den Jahrhunderten vor der Zeitenwende änderte sich die Überlieferung erheblich: 1965 waren 22 Friedhöfe und 31 Siedlungen aus dem 3.–2. Jahrhundert v. Chr., aus der Spätzeit acht Friedhöfe und 60 Siedlungen bekannt (Abb. 33). Eine Besiedlungskontinuität bis in die römische Kaiserzeit kann anhand der Funde nachgewiesen werden. Dies gilt sowohl für einzelne Lokalitäten als auch für die Region.

Größere Siedlungsgrabungen mit Material der letzten Jahrhunderte vor Christi Geburt fehlen. Hinterlassenschaften dieser Zeit im Kreisgebiet stammen von Notgrabungen, Zufallsentdeckungen und Begehungen durch die örtlichen Denkmalpfleger. Zahlreiche Siedlungsgruben, Kulturschichten und Abfallhaufen ehemaliger Töpfereien lieferten »geschlossene« Inventare, wodurch gewisse Vorstellungen der Keramikentwicklung erzielt werden können. Wichtigste Topfform der mittleren Phase waren bauchige Zweihenkeltöpfe und weitmundige Töpfe mit Trichterrand. Seltener fanden sich Spinnwirtel, gestielte Tonlöffel und Wetzsteine. In den späteren Stufen II b/d (Harck) treten dagegen kurze, nach außen geknickte Ränder auf. Als Gefäße kommen häufig voluminöse Formen vor. Sie tragen funktionslose Zierhenkel, Wülste und Rauhung, während die »Feinware« durch eine dünne Wandung und geometrische Verzierung charakterisiert wird.

Zu den wichtigsten Friedhöfen dieser Zeit zählen der bisher unpublizierte Bestattungsplatz bei Karmitz sowie die Friedhöfe bei Thurau und Glienitz a. d. Elbe. Den Fundplatz Karmitz untersuchte Kantor K. Mente 1911. Nach dem Inventarverzeichnis und dem Ausgrabungsplan zu urteilen konnten rund 170 Urnen oder Scherbenkomplexe geborgen werden. Wenige der Funde datieren bereits in die ältere vorrömische Eisenzeit. Weitaus zahlreicher waren aber Urnen der folgenden Jahrhunderte. Trichterrandgefäße gehörten zu den häufigsten Keramikformen, die Fibel vom Mittellatèneschema zu den wichtigsten Beigaben. Geschlossene Gräber der spätesten vorrömischen Eisenzeit kennt man auch aus Glienitz: Hierzu zählen bauchige Gefäße mit abgesetzter Schulter und Trichterrand, oft mit zwei, drei oder vier Henkeln, Fibeln vom Spätlatèneschema und einige Gürtelhaken. Aus Karmitz liegt nur ein später Grabfund mit Fibel und Gürtelhaken vor, während andere Bestattungsplätze dieser Zeit allein Keramik und Einzelfunde lieferten. Eine vorzüglich gearbeitete Bronzefibel aus Hitzacker gehört zu den bedauerlichen Kriegsverlusten im Kreis Lüchow-Dannenberg.

Eine Diskussion der umstrittenen Frage, ob die rechteckige Umwallung oberhalb der Elbe auf dem Höhbeck in die später vorrömische Eisenzeit oder aber in die Karolingerzeit datiert – für beide Annahmen gibt es gute Gründe –, gehört nicht in diesen Rahmen.

Das Fundgut aus dem heutigen Kreisgebiet belegt eine ständige Besiedlung der Osthänge des Drawehn, des Jeetzeltales, des Öring sowie des Höhbeckgebietes im letzten vorchristlichen Jahrtausend. Aus dem Niederungs- und Sanderbereich zwischen Jeetzel und Seege wurden jungbronzezeitliche Bestattungen bekannt, aber kein jüngeres Material geborgen. Ob diese Lücke durch den Forschungsstand bedingt ist oder aber eine Veränderung zum Beispiel der Grundwasserverhältnisse während der vorrömischen Eisenzeit widerspiegelt, bleibt vorerst ungeklärt. Der Einfluß südöstlicher Kulturgruppen auf die überlieferten Quellen war zu Beginn der jüngeren Bronzezeit erheblich, später anscheinend nur auf Einzelformen und Befunde begrenzt. Während der älteren vorrömischen Eisenzeit ließ er sich nur bei wenigen Metallfunden nachweisen. Dem stand eine zunehmende Ausstrahlung der materiellen Kultur des Ilmenautales und der westlich angrenzenden Gebiete auf die Bewohner im Jeetzeltal gegenüber. Dies gilt für Kleingerät der jüngeren Bronzezeit und der älteren bis mittleren vorrömischen Eisenzeit, während vergleichbare Belege für die Spätzeit ausbleiben. Die archäologische Überlieferung vermittelt daher einerseits das Fehlen einer eigenen Entwicklung im materiellen Bereich, andererseits aber auch – wie heute – die Lage des jetzigen Kreises im Grenzbereich östlicher und westlicher Kulturgruppen.

Literatur:
B. Dieckmann, Ein früheisenzeitlicher Fundplatz bei Kapern, Kr. Lüchow-Dannenberg. Nachr. Niedersachs. Urgesch. 42, 1973, 250 ff. – H. Gummel, Fundnachrichten Hannover. Nachrbl. Dt. Vorzeit 5, 1929, 85 – H. Hahne u. H. Gummel, Vorzeitfunde aus Niedersachsen, Teil A. 1915 – O. Harck, Nordostniedersachsen vom Beginn der jüngeren Bronzezeit bis zum frühen Mittelalter 1972/73 – Ders., Das Gräberfeld auf dem Heidberg bei Billerbeck, Kr. Lüchow-Dannenberg 1978. – Ders., Jungbronzezeitliche Lappenschalen im unteren Elbbereich. Offa 38, 1981, 161 ff. – Ders., Die jungbronzezeitlichen Glockengräber des Mittelelbe-Havel-Gebietes. Jahrb. Bodendenkmalpflege Mecklenburg 1983, 151 ff. – G. Jacob-Friesen, Nordische und mitteleuropäische Beziehungen eines Bronzefundes aus dem hannoverschen Wendland. Kunde N. F. 8, 1957, 214 ff. – H. Krüger, Die Jastorfkultur in den Kreisen Lüchow-Dannenberg, Lüneburg, Uelzen und Soltau. 1961 – F. Laux, Die Sammlung vorgeschichtlicher Altertümer des Freiherrn von dem Busche-Ippenburg auf Dötzingen. Lüneburger Bl. 21/22, 1970/71, 85 ff. – Ders. u. O. Harck, Studien zur Bronzezeitchronologie an der Niederelbe. Neue Ausgr. u. Forsch. Niedersachs. 17, 1985 (im Druck) – H. Lüdtke, Der mehrperiodige Siedlungsplatz von Hitzacker (Elbe), Ldkr. Lüchow-Dannenberg. Vorbericht über die Grabung 1979. Nachr. Niedersachs. Urgesch. 49, 1980, 131 ff. – G. Schwantes, Die ältesten Urnenfriedhöfe bei Uelzen und Lüneburg. 1911 – E. Sprockhoff, Niedersächsische Depotfunde der jüngeren Bronzezeit. 1932 – Ders., Eine neue Grabform der jüngeren Bronzezeit aus Proitze, Kr. Lüchow. Germania 32, 1954, 10 ff. – Ders., Das Hügelgräberfeld von Schnega. Prähist. Zeitschr. 41, 1963, 1 ff. – K. Stegen, Das Auftreten von Lausitzer Keramik im Ilmenaugebiet Nachr. Niedersachs. Urgesch. 14, 1940, 46 ff. – G. Voelkel, Ein Gefäß vom Lausitzer Typ aus dem Kreise Lüchow-Dannenberg. Kunde N. F. 8, 1957, 75 ff. – Ders., Zwei geschlossene Funde aus zwei Jastorf-Friedhöfen des Kreises Lüchow-Dannenberg. Kunde 14, 1963, 163 ff. – Ders., Urgeschichtliche Denkmäler und Funde in der Gemarkung Gülden, Kr. Lüchow-Dannenberg. Nachr. Niedersachs. Urgesch. 38, 1969, 133 ff. – Ders., Die Hügelgräber des Kreises Lüchow-Dannenberg. Hannoversches Wendland 2. 1970, 13 ff. – K. L. Voss, Ein vierperiodiger Fundplatz auf dem »Hasenberg« bei Pevestorf, Kreis Lüchow-Dannenberg. Neue Ausgr. u. Forsch. Niedersachs. 2, 1965, 165 ff.

Ole Harck

Die römische Eisenzeit und Völker-
wanderungszeit

Immer wenn über die römische Eisenzeit und die Völkerwanderungszeit in Norddeutschland diskutiert wird, kommen zwangs-
läufig die Fundplätze Darzau, Rebenstorf und Marwedel in das
Gespräch. Vielleicht erinnert man sich dann auch anderer berühm-
ter Funde und Fundorte im Kreise Lüchow-Dannenberg, z. B. des
Hortfundes von Nebenstedt und des sog. Kastells Höhbeck.
Hinter diesen wenigen berühmten Fundplätzen verbergen sich viele kleine Siedlungen und Friedhöfe, die im Laufe von rund 100
Jahren entdeckt, abgesammelt und ausgegraben worden sind und
zahlreiche Informationen zur Kulturgeschichte unseres Gebietes
enthalten.
Der beste Überblick über das Formengut auf den Friedhöfen der
römischen Eisenzeit und Völkerwanderungszeit läßt sich anhand
der Fundstücke aus den drei bekannteren Gräberfeldern Darzau
und Rebenstorf, die beide namengebend für zwei Zeitstufen rö-
merzeitlicher Kulturentwicklung zwischen Elbe und Weser geworden sind, sowie Bahrendorf gewinnen. Es handelt sich um Brandgräberfelder mit Urnenbestattungen, andere Brandgrabformen
sind in dieser Region unbekannt. Allein die Fürstengräber von
Marwedel, als Körpergräber angelegt, weichen von dieser Regel
ab; auf die beiden Bestattungen wird noch eingegangen.
Die meisten römerzeitlichen Friedhöfe im Landkreis Lüchow-
Dannenberg sind schon im 19. oder frühen 20. Jahrhundert erkannt, ausgegraben oder wenigstens angegraben worden. Die Gra-
bungsdokumentation ist zeitgemäß oder inzwischen verlorenge-
gangen. Glücklicherweise hat Christian Hostmann für das Gräberfeld bei der Domäne Darzau eine Publikation bald nach seiner
Ausgrabung von 1871 vorgelegt, die erste Gräberfeldmonographie
Norddeutschlands. Darin hat er auch die sorgfältigen Grabungsbe-

obachtungen niedergeschrieben. Dadurch sind die nach Typen ge-
ordneten Urnen und Beigaben noch aussagekräftig. Über die kleine Ausgrabung von W. Keetz, Celle, von 1904 liegen nur Notizen
vor, die Funde haben sich in Hamburg erhalten. Dagegen ist die
Probegrabung des Lüneburger Museums von 1957 auf dem Lüneburger Abschnitt des Friedhofs, in der Gemarkung Ventschau,
genau dokumentiert und von G. Körner publiziert.

Nachdem das Urnenfeld am Schwarzen Berg bei Rebenstorf um
die Mitte des 19. Jahrhunderts beim Roden eines Waldstückes entdeckt wurde, haben sich dort mehrere Ausgräber geforscht, darunter 1873 der Direktor des Provinzialmuseums Hannover, Johann
Heinrich Müller, der Kantor Mente aus Rebenstorf von 1893 bis
1910 und der Gymnasialdirektor Gaedcke aus Salzwedel 1895. Vor
25 Jahren hat G. Voelkel eine kleine erfolgreiche Notbergung unternommen. G. Körner schließlich hat sich die Mühe gemacht,
hinterbliebene Grabungsskizzen und Museumsbestände zu sichten
und in seiner Monographie von 1939 auszuwerten.

1904 erfuhr W. Keetz von Urnenfunden in einer Sandgrube bei
Bahrendorf und führte daraufhin Teilausgrabungen für die Museen
in Hamburg, Hannover und Lüneburg durch. Außer in einem
kleinen Aufsatz von Keetz ist dieser Friedhof bisher nicht vorgelegt
worden.

Weniger inhaltsreich sind die Nachrichten über die anderen Friedhöfe im Landkreis. Das Urnenfeld auf dem Heidberg bei Billerbeck
war über Jahrzehnte Tummelplatz für Gelegenheitsausgräber, bis
1956–1963 eine amtliche Ausgrabung erfolgte. Eine Gesamtpubli-
kation des Friedhofs hat O. Harck besorgt. Ebenso sind die Urnenfriedhöfe in Tüschau-Saggrian und in Thurau nur in wenigen Funden überliefert, und aus Teplingen befinden sich Urnen in verschiedenen Museen, doch der genaue Fundplatz ist in Vergessenheit
geraten. Auch die beiden Reitergräber von Marwedel sind 1928
bzs. 1944 von Laien entdeckt und teilweise geborgen worden,
bevor Fachleute eingreifen konnten und die Funde retteten.

Die Friedhöfe von Darzau und Rebenstorf wurden schon im
1. Jahrhundert v. Chr. angelegt, das Urnenfeld bei Bahrendorf anscheinend erst im 1. Jahrhundert n. Chr., Bahrendorf und Darzau

wurden in der ersten Hälfte des 3. Jahrhunderts aufgelassen, während in Rebenstorf bis in das späte 5. Jahrhundert bestattet wurde. Dieser Friedhof stellt wegen seiner langen Belegungsdauer eine wichtige Geschichtsquelle für das Hannoversche Wendland dar. Hier lassen sich an den Urnen und Beigaben Fortentwicklungen und Einflüsse aus Nachbarregionen sowie aus den römischen Provinzen ablesen. Von keinem der genannten Friedhöfe liegt eine größere Zahl von geschlossenen Funden vor.

Im Einklang mit Friedhöfen westlich benachbarter Regionen und im Gegensatz zu solchen im mecklenburgischen Kreise Hagenow und der Prignitz sind Urnen aus Darzau und Rebenstorf im 1. und 2. Jahrhundert vielfältig gestaltet. Von den nördlich der Elbe häufigen Zweihenkeltöpfen liegen nur Einzelstücke der Frühform des 1. Jahrhunderts v. Chr. in Rebenstorf vor. Ebenso kommen die gedrungenen Dreiknubbentöpfe, Urnen mit engem Trichterhals und drei Knubben auf den Schultern nur in geringer Zahl vor. Während der Oberteil gewöhnlich geglättet ist, weist der Unterteil eine Rauhung aus einem Sandgemischauftrag auf oder ist mit Kammstrichlinien verziert. Ähnlich schlicht sind hohe weitmündige Gefäße mit kurzer Schulter und kleinem Steil- oder Trichterrand. Wie prachtvoll sehen dagegen viele Terrinen aus, weitmündige, ausladende Gefäße mit kurzem Rand, der abgestrichen bis mehrfach facettiert ist. Der Gefäßunterteil ist trichterförmig bis leicht eingezogen. In Mäandern, Zickzack, Girlanden oder nur in Linien sind Schultern und Umbruch, seltener die Unterteile mit einem gezahnten Rädchen überzogen worden. Ein derartiges Gerät wurde sogar in Darzau in einer Urne entdeckt. Die Henkel haben weitgehend nur zierende Funktion. Daneben kommen Terrinen mit einfacher Verzierung vor, sie sind mit geritzten Linien und Dreiecken oder gar mit Kamm- oder Besenstrich versehen.

Zum Ende des 1. Jahrhunderts werden bei den Terrinen die Ränder in die Höhe gezogen und eine Halszone eingefügt. Vergleichbares ist in Mecklenburg und im Mittelelbegebiet zu finden. Daneben kommen im 2. Jahrhundert einzelne schlanke Kannen vor. Ebenso sind einzelne Pokale, die im Kreise Harburg auf mehreren Friedhöfen anzutreffen sind, aus Rebenstorf in geringer Zahl und in einem

Stück im Grab I von Marwedel bekannt. Dafür treten Standfuß-schalen im 2. Jahrhundert in schlichter Ausführung sowie Kegel-fußterrinen in reicher Rädchenzier mehrfach auf. Hier zeigen sich letzte Kontakte zum Formengut in der nördlichen Lüneburger Heide, dagegen intensivere zur Altmark.

Im 2. Drittel des 2. Jahrhunderts setzt die Entwicklung von Scha-lenurnen in Darzau und Rebenstorf ein, sie läßt sich in Rebenstorf in ihrem ganzen Fortgang verfolgen im Gegensatz zu den Gebieten westlich des Drawehns und der Ilmenau, in denen sich spätestens seit dem 3. Jahrhundert eine andersartige Entwicklung vollzieht. Im Hannoverschen Wendland schließt man sich eng an das For-mengut der Altmark an.

Außer in Rebenstorf kommen auch in Tüschau-Saggrian, in Tep-lingen, Thurau und in Billerbeck Schalenurnen als Grabgefäße vor. Es handelt sich um dreigliedrige weitmündige Gefäße mit kurzer Schulter und senkrechtem Hals. Die Größe der Gefäße kann stark variieren. Verzierungen breiten sich weitgehend in waage-rechten Rillen und Bändern auf der Schulter aus, seltener greifen die Muster auf den Unterteil über. Rollrädchendekor kommt in dicht gefüllten Feldern und Streifen wie in der Altmark noch im 3. Jahrhundert vor; in der nördlichen Lüneburger Heide, in Süd-holstein oder im südwestlichen Mecklenburg ist er nicht mehr zu finden (Abb. 34).

Im 4. Jahrhundert verschmelzen bei den Schalenurnen Schulter und Hals und ergeben scharfgliedrige Schalenurnen mit konkavem Oberteil. Beliebt sind darauf Strich- und Bandverzierungen. Auf bauchigeren Gefäßformen treten Kanneluren und senkrechte Buk-kel auf. Hier zeichnen sich Ausläufer einer gemeinsamen Entwick-lung über weite Gebiete ab, die von der Weser bis an die Niederelbe und bis nach Thüringen reichen. Drehscheibenkeramik, die verein-zelt als Importgut wohl aus dem Vorharzgebiet hierher gelangt ist, beeinflußt die steilhalsigen Schalenurnen formal. Auch Kontakte in die Prignitz bestehen, wie bauchige Urnen ohne deutlichen Hals und Dachsparrenmuster in einem Schulterband verraten. Von den

Abb. 34   Urnenformen aus dem Friedhof Rebenstorf (n. Körner 1939). M 1:8. ▷

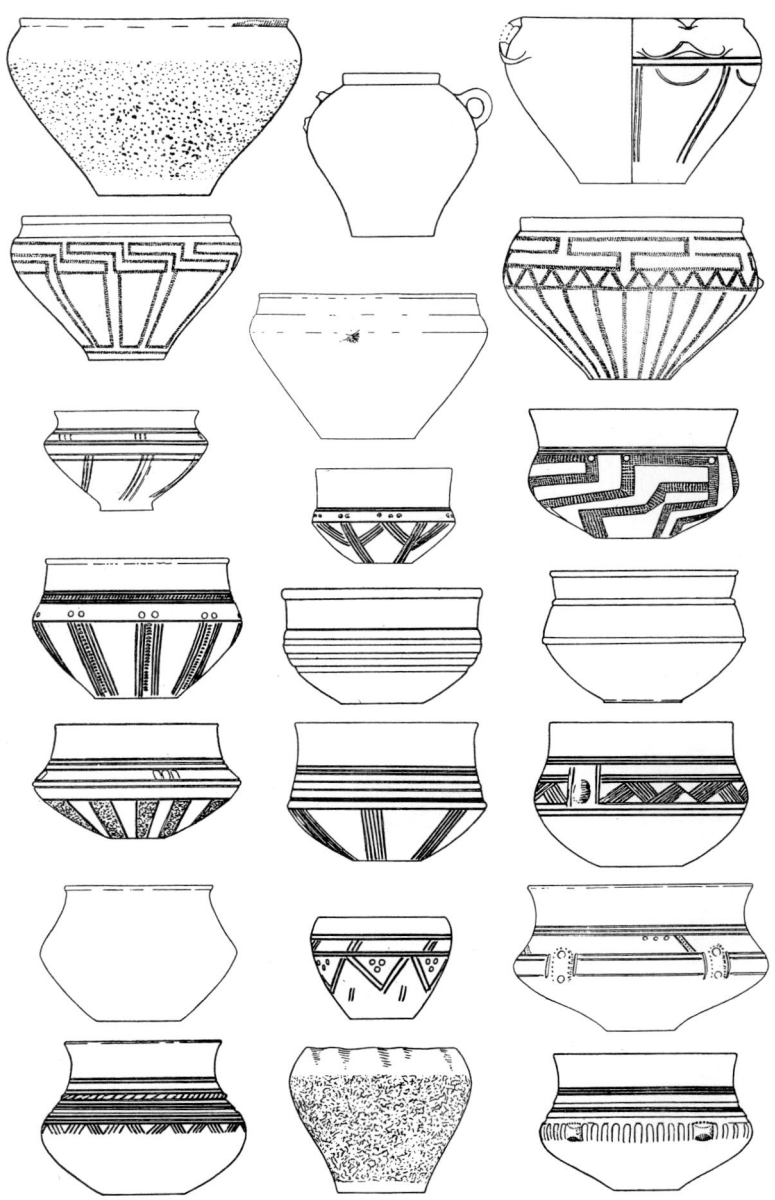

103

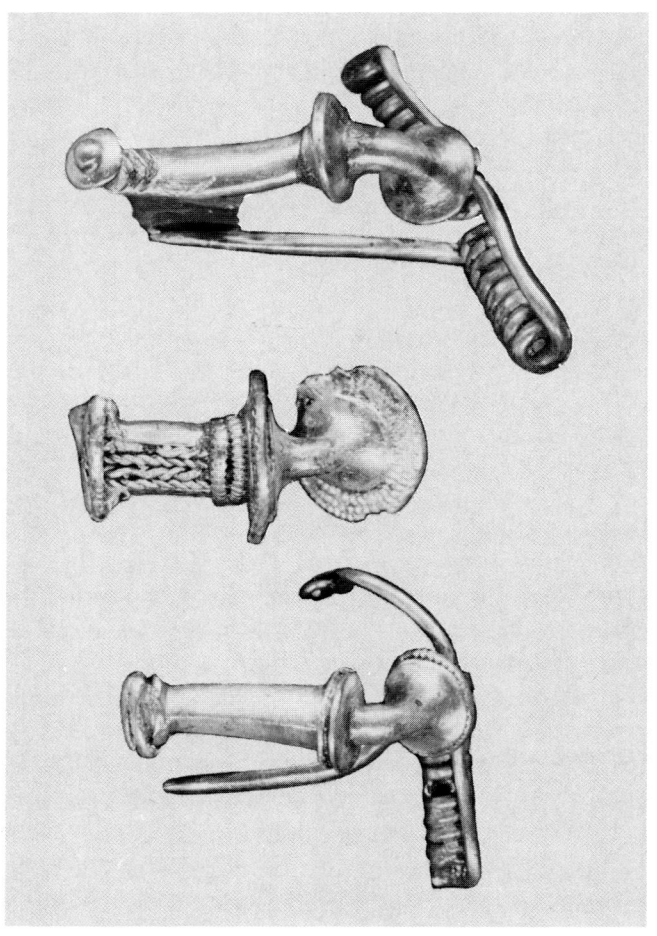

Abb. 35   Fibeln aus dem Friedhof Darzau.

hohen bauchigen Vasen mit engem, konkavem Hals sind bisher nur ein Stück in Rebenstorf und in Langendorf gefunden worden; sie haben ihre nächsten Parallelen in den Kreisen Harburg und Stade. Neben späten Schalenurnen entstehen im 5. Jahrhundert breite Urnen mit bauchig-doppelkonischem Körper, der ohne Absatz in einen verengten Hals mit ausschwingendem Rand übergeht. Breite Sparrenmuster auf der Schulter und Girlanden unter dem Umbruch sowie waagerechte Rillen zieren diese Gefäße. Eine wichtige Form stellen die großen und kleinen Kümpfe dar. Sie weisen einen hochgestreckten Körper auf, der eine gewölbt-trichterförmige Gestalt haben kann, aber häufiger zum Rand hin wenig einzieht. Kümpfe kommen schlicht, aber auch verziert vor. Die keramische Entwicklung des 6. Jahrhunderts bleibt noch ungeklärt.

In den Urnen werden mit dem Leichenbrand Gegenstände der Tracht, Gerätschaften und Opfergefäße, die den Brand des Scheiterhaufens überstanden haben, vergraben. Sieht man die Beigaben der älteren Brandgräberfelder Darzau und Rebenstorf bzw. von Bahrendorf durch, – von Darzau und Bahrendorf existieren fast keine geschlossenen Funde; etwas besser sieht es in Rebenstorf aus – ergeben sich Unterschiede selbstverständlich chronologischer Art, aber auch in der Auswahl der Gegenstände. Gemeinsam sind die Fibeln. In Rebenstorf liegt als ältestes Stück eine Drahtfibel mit rechteckigem Fuß vom Mittelatène-Schema vor. Daran anschließend läßt sich an den Fundstücken des Friedhofs Darzau die Entwicklung der Fibeln von der ausgehenden vorrömischen Eisenzeit an aufzeigen. Auf eiserne Fibeln ähnlich den geschweiften Fibeln folgen im 1. Jahrhundert n. Chr. Augenfibeln, ältere Rollenkappenfibeln, kräftig profilierte Fibeln, jüngere Rollenkappenfibeln bis hin zu den Kniefibeln und breiten Blechfibeln des 2. Jahrhunderts. Gewöhnlich sind die Darzauer und Rebenstorfer Fibeln aus Bronze gearbeitet, doch kommen besonders in Darzau auch zahl-

Abb. 36 Besondere Beigaben aus dem Friedhof Rebenstorf (n. Körner 1939).
M 1:2.

reiche silberne Fibeln seit dem späten 1. Jahrhundert vor (Abb. 35), daneben Fibeln mit Silbereinlagen oder mit Silberdrahtgeflecht. Ganz so reichhaltig waren die Gräber in Rebenstorf und erst recht in Bahrendorf nicht. Mit Email verzierte provinzialrömische Fibeln aus Darzau und Rebenstorf zeigt Abb. 36.

Zum Schmuck wie zum Trachtzubehör gehören in Darzau und Rebenstorf Armringe. Zwei Tierkopfarmringe mit schmalem Kopf in Silber und Bronze kommen in Rebenstorf vor; es handelt sich um eine elbgermanische Form, die bis Sachsen verbreitet ist und ihren Schwerpunkt im Havelland hat. Dagegen sind aus Darzau silberne Tierkopfarmringe mit breitem Maul erhalten (Abb. 37). Ein ähnlicher Ring fand sich in einem Grab in Wotenitz, Kreis Grevesmühlen, und in Tostedt, Kr. Harburg, kann man die Nachwirkungen des breiten Maules in einem Ring erkennen. Diese Ringe bilden eine elbgermanische Sonderform, die bis in die Slovakei und nach Österreich verbreitet ist. Daneben sind Arm- und Halsringe mit umschlungenen Enden sowie mit birnenförmigem

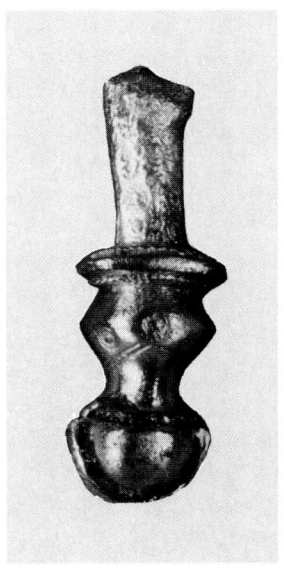

Abb. 37   Tierkopfarmring aus dem Friedhof Darzau.

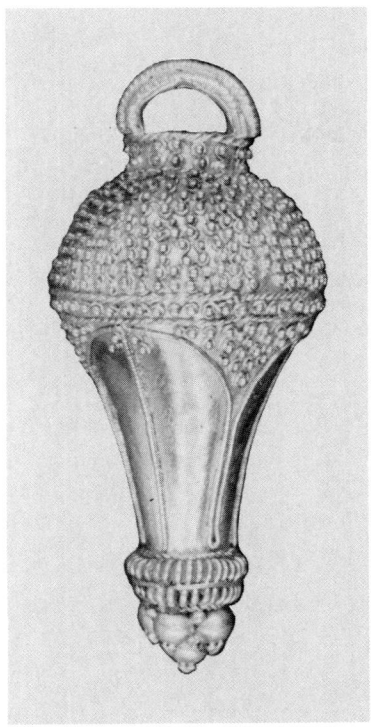

Abb. 38 Berlocke aus dem Friedhof Darzau.

Verschluß vorhanden. Fingerringe liegen gleichfalls aus Rebenstorf vor, diese Stücke gehören in die jüngere römische Eisenzeit. Zwei Exemplare sind durch eingelegte römische Münzen verziert.
Zur Kette gehören in Darzau außer Glasperlen auch Berlocken in Gold und Silber und S-Haken (Abb. 38). Nadeln in Silber, Bronze und Knochen liegen in verschiedenen Ausführungen vor. Zur Kleidung gehören weiterhin Schnallen, die Auswahl ist in den behandelten Friedhöfen gering. Im wesentlichen sind es rechteckige bis langovale eiserne Stücke. Es kommen in Darzau aber auch bronzene Krempenschnallen und in Bahrendorf eine bronzene verzierte Schnalle in D-Form sowie ein langgestrecktes verbogenes Stück ähnlich einer Achterschnalle vor (Abb. 39). Auch Arbeitsgerät wie

Abb. 39 Schnalle aus dem Friedhof Bahrendorf.

Spinnwirtel, verschiedene Messer, Töpferrädchen haben in den Urnen gelegen. Dazu kommen Gerätschaften wie Schlüssel. Von den Toilettenartikeln, die in Darzau rar sind, gibt es in Rebenstorf allein ungefähr 50 einlagige und dreilagige Knochenkämme.

In der jüngeren römischen Eisenzeit nehmen die Beigaben schlagartig ab. Dreilagenkämme, Spinnwirtel, Fibeln mit hohem Nadelhalter sowie Fibeln mit ungeschlagenem Fuß und ihre elbgermanischen Weiterentwicklungen kommen als Einzelstücke in den Urnen vor. Fibeln des 5. Jahrhunderts sind selten. Es fehlen die kreuzförmigen Fibeln und die Fibeln mit halbrunder Kopfplatte.

Wie schon bei der Keramik zeigt sich auch bei den Metallgegenständen von Tracht und Schmuck eine wichtige Verbindung in die Altmark, aber ebenso in die Prignitz. Dagegen verlieren sich im 2. Jahrhundert die Gemeinsamkeiten mit den Grabinventaren der nördlichen Lüneburger Heide.

108

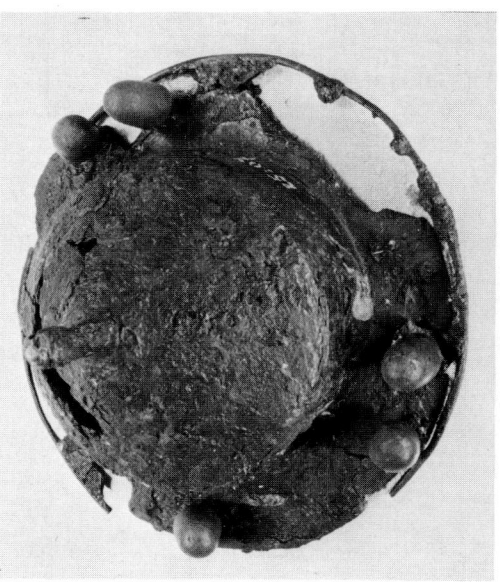

Abb. 40　Waffen aus dem Friedhof Bahrendorf.

Von den bisher aufgeführten Grabbeigaben sind Schmuckstücke nicht auf dem Friedhof Bahrendorf gefunden worden. Dafür befanden sich dort Schilde, Lanzen- und Speerspitzen in den Gräbern (Abb. 40). Waffen wurden auch in Tüschau-Saggrian geborgen. Diese sind wiederum nicht in den Friedhöfen Rebenstorf und Darzau mitgegeben worden. Gleichfalls fehlen dort Rasiermesser und Feuerstähle, so daß man für die ältere römische Eisenzeit in Darzau und Rebenstorf nur Gräber von Frauen und in Bahrendorf nur Gräber von Männern in einer großen Zahl von anonymen Bestattungen herausfinden kann. In der jüngeren römischen Eisenzeit und in der Völkerwanderungszeit ist den Toten keine Auswahl von Gegenständen mit auf den Scheiterhaufen bzw. in die Urne gegeben worden, die auf eine bestimmte Tätigkeit hinweisen oder zu speziellen Trachtteilen gehören. Vielleicht deutet sich wenigstens in der Kamm- bzw. Spinnwirtelbeigabe in Rebenstorf ein Hinweis auf männliche oder weibliche Tote an. Auch hier zeigt sich eine Abweichung von der Beigabensitte in der nördlichen Lüneburger Heide ab. Desgleichen scheinen die Kontakte in die römischen Provinzen unterbrochen zu sein.

Zahlreiche Beigaben sowohl aus Darzau als auch aus Rebenstorf lassen erkennen, daß ihre Besitzerinnen besser situiert gewesen sind. Vom Friedhof in Darzau sind dafür goldene und silberne Berlocken, Tierkopfarmringe und Halsringe mit umschlungenen Enden anzuführen. Auch in Rebenstorf kommen zwei Tierkopfarmringe vor, weiterhin lassen sich ein Halsring mit birnenförmiger Öse und silberne Fingerringe mit eingelegter römischer Münze nennen. Ebenso ist ein Trinkhorn keine gewöhnliche Mitgabe in einem Brandgrab. Gewisse Hinweise auf Wohlstand zeichnen sich auch in dem Silberreichtum in mehreren Gräbern ab. Vergleichende Studien an Frauengräbern in Norddeutschland ermöglichen es, einzelne Gegenstände wie die oben aufgezählten bzw. bestimmte Kombinationen von Trachtbestandteilen und Geräten als Zeichen für gehobene soziale Gruppen herauszustellen.

Nicht unbeachtet dürfen in Bahrendorf, Darzau, Billerbeck und Küsten die Hinweise auf Metallgefäße bleiben, die in diesen vier Fällen wahrscheinlich schon zerbrochen in die Gräber gegeben worden sind. Auch diese Stücke erlauben es, auf eine besondere soziale Gruppe zu schließen.

Aus dem Friedhof in Bahrendorf sind mehrere Gräber mit Waffen eingeliefert worden. Es handelt sich immer um Schildteile, Lanzen- und Speerspitzen. Die Ausrüstung eines Vollbewaffneten liegt nicht vor und wird auch vom Ausgräber nicht beschrieben. Sicherlich sind Waffenbeigaben verstärkt nur in bestimmten Phasen der späten vorrömischen und älteren römischen Eisenzeit im Niederelbegebiet zu verzeichnen. Außerdem kommen die Waffen vornehmlich in Gräbern bestimmter Altersgruppen vor. Trotzdem müssen auch hier gewisse Abstufungen zwischen Waffenbesitzern und Männern mit schlichten Grabausstattungen nach Besitzstand und »öffentlichen Aufgaben« festgestellt werden. Vergleicht man diese Beobachtungen mit mittelalterlichen oder frühneuzeitlichen Verhältnissen in den Dörfern, so spiegeln sich in diesen römerzeitli-

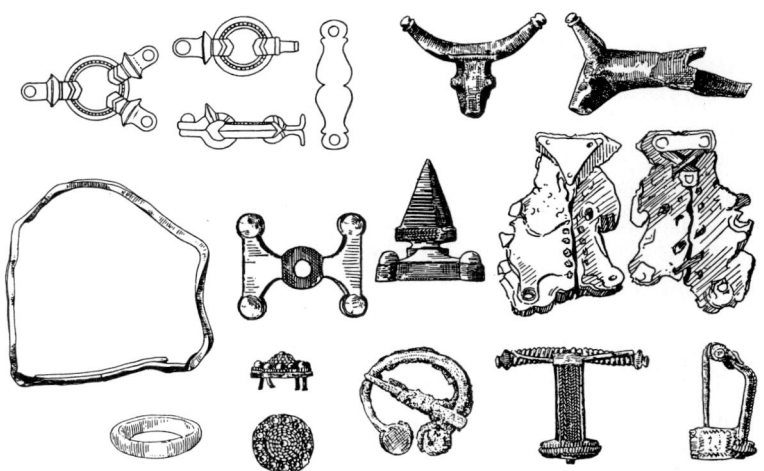

Abb. 41   Marwedel, Grab II, verschiedene Beigaben (n. Körner 1952). M 1:2,
außer gebogenem Draht (M 1:4).

chen Abfolgen Gruppierungen wider ähnlich denen der Hufner,
Kötner und Brinksitzer. Man könnte also die Vornehmen von
Darzau, Rebenstorf und Bahrendorf mit Großbauern oder Vollhuf-
nern vergleichen.
Eine Ausnahme unter den Gräbern im Kreise Lüchow-Dannenberg stellen die beiden sog. Reiter- oder Fürstengräber von Marwedel (Stadt Hitzacker) dar. Sie wurden 1928 bzw. 1944 beim Sandabgraben auf dem Scharfenberg von Laien entdeckt. Die Fundge-
schichte und die Grabinventare werden bei den Objektbeschreibungen vorgestellt (Abb. 41). Auch wenn die beiden Bestattungen
nicht exakt ausgegraben werden konnten, lassen die Inventare
deutliche Gemeinsamkeiten erkennen: Beides sind Körpergräber,
beide enthalten mehrere Stücke von römischem Metallgeschirr,
außerdem Sporen, beide liegen abseits von einem allgemeinen
Urnenfeld. Als Abweichungen sind in Grab I einheimische Tongefäße und Gerätschaften sowie Toilettenbesteckteile festzustellen.
Sicherlich enthält das jüngere Grab qualitätvollere Gegenstände
wie die silbernen Trinkbecher und gläsernen Spitzbecher, die sil-

111

bernen verzierten Kasserollen und silbernen Fibeln, doch handelt es
sich bei manchen Importstücken nur um »Antiquitäten«. Die beiden Toten sind in der ersten Hälfte bzw. um die Mitte des 2. Jahrhunderts bestattet worden. Vergleichbare reich ausgestattete Gräber, die allgemein als Fürstengräber bezeichnet werden, gibt es in
Skrøbeshave (Svendborg amt), Juellinge (Maribo amt) und Repov
(Bez. Mladi Boleslav), aber auch in Apensen, Kr. Stade. Hier wird
eine Oberschicht angetroffen, die über weite Entfernungen enge
Kontakte pflegte. Deshalb weisen sie untereinander sehr ähnliche
Züge auf, heben sich aber deutlich von der sie umgebenden Bevölkerung ab. In Marwedel zeigen sich die Eigenheiten mit der Körperbestattung in Holzkammern auf einem kleinen Privatfriedhof.
Höchstens zwei Generationen hatten die Herren von Marwedel
ihren Sitz am Elbübergang bei Hitzacker inne. Sicherlich handelte
es sich nicht um Zwischenhändler an der Marschroute von Car-
nuntum nach Dänemark, wohl aber mögen die Herren ihren Ge-
winn aus diesem Handelsweg gezogen haben. Im Niederelbegebiet
ragen außerdem im 2. Jahrhundert nur das Brandgrab von Apensen, Kr. Stade sowie das unvollständig erhaltene Grab aus Bargte-
heide, Kr. Stormarn, und vielleicht noch das Grab eines Vollbewaffneten in Hankenbostel (Gem. Faßberg), Kr. Celle, aus der
Masse der vielen Urnengräber mit Fibel und Spinnwirtel oder mit
Lanze und Schildbuckel heraus. Doch gibt es im 1. Jahrhundert
schon Vorläufer in Hagenow, Kr. Hagenow, und mit Vorbehalten
in Putensen, Kr. Harburg, und Harsefeld, Kr. Stade. Die Marwedeler Herren treten unvermittelt im Raume Hitzacker auf und
wieder ab, ohne daß eine Familie, eine Herkunft erkennbar ist,
während beispielsweise bei den Vornehmen von Hagenow oder
Apensen wie auch bei den kleineren Herren von Putensen und
Harsefeld eine Zugehörigkeit zu einem Dorfe und die Entwicklung
der Familie innerhalb der Gemeinschaft nachvollziehbar ist.
Römerzeitliche Siedlungen gibt es nicht nur am Ostabhang des
Drawehns und auf dem Öring, wie die Urnenfelder vortäuschen
mögen, sondern auch im Osten des Kreises. Während im 1. Jahrhundert v. Chr. in allen günstigen Bereichen viele Plätze festzustellen sind, fällt der zahlenmäßige Rückgang der Siedlungsplätze im

1. Jahrhundert n. Chr. auf. Dies wurde auch in anderen Gebieten beiderseits der Niederelbe beobachtet. Gleichzeitig muß dort wie hier festgestellt werden, daß sich diese Rückgänge weder in der Zahl der gleichzeitigen Friedhöfe noch in den Belegungszahlen auf den Urnenfeldern nachvollziehen lassen. Wie im Kreise Lüchow-Dannenberg ist auch in den meisten anderen Gebieten die überwiegende Zahl der Siedlungen nur von Oberflächenfunden oder von sehr kleinflächigen Notgrabungen bekannt. Trotzdem läßt sich dort wie hier annehmen, daß sich die Siedlungsstruktur veränderte. Möglicherweise haben in der späten vorrömischen Eisenzeit nur wenige Dörfer bestanden, statt dessen war das Land mit vielen Einzelhöfen aufgeschlossen, die sich nun im 1. Jahrhundert n. Chr. zu kleinen Dörfern vereinigten.

Ein Dorf oder einen Hof der römischen Eisenzeit im Kreise Lüchow-Dannenberg zu beschreiben, fällt schwer, weil die entsprechenden Grabungsfunde fehlen. Doch wird man sich auf einer großflächigen Ausgrabung auf der Geest in Rullstorf, Kr. Lüneburg, unterrichten dürfen. Lange dreischiffige Gebäude mit lehmverstrichenen Flechtwerkwänden und Stroh- oder Schilfdächern bildeten die Hauptgebäude, in denen der Wohnbereich der Familie und des Gesindes sowie der Stallteil untergebracht waren, wie es noch heute im sog. Niedersachsenhaus üblich ist. Daneben konnten Backhaus, Speicher und andere Vorratsgebäude stehen. Seit der jüngeren römischen Eisenzeit wurden vermehrt für Backen, Weben und andere Tätigkeiten kleine Grubenhäuser von ungefähr 3 × 4 m Größe errichtet. Die Temperaturen waren durch die Souterrainlage recht gleichmäßig kühl, sofern nicht der übliche kleine Kuppelofen in der Ecke in Betrieb war. Beispiele für Pfostenbauten der ersten nachchristlichen Jahrhunderte gibt es im Kreise Lüchow-Dannenberg in Kapern (Stadt Schnackenburg) und im Kastell Höhbeck bei Vietze (Gem. Höhbeck). Grubenhäuser aus der Völkerwanderungszeit sind bei Püggen (Gem. Luckau) ausgegraben worden. Bereiche für handwerkliche Tätigkeiten, insbesondere Anlagen für die Eisenver- und -bearbeitung und Keramikherstellung befanden sich am windabgewandten Rande der Siedlung. Waren Häuser erneuerungsbedürftig, wurde der Neubau gewöhnlich nicht direkt auf die alte Stelle gesetzt, sondern um mehrere Meter versetzt. Da schon abgegrenzte Hofareale bestanden, konnte nur innerhalb dieser Bereiche ein Haus errichtet werden.

Sicherlich muß im Bereich Lüchow-Dannenberg mit regional unterschiedlichem Haupterwerb gerechnet werden. Wenigstens an der Elbe wird der Fischfang eine wichtige Rolle gespielt haben. In der Hauptsache haben jedoch Ackerbau und Viehzucht die Ernährungs- und Versorgungsgrundlage gebildet, trotz der in weiten Bereichen geringen Bodenqualitäten. Ob es Unterschiede in Bauweise und Form eines Bauern- oder eines Fischerhauses bzw. eines Bauerndorfes und eines Fischerdorfes gegeben hat, ist noch unbekannt. Auch wenn der Sitz der Herren von Marwedel noch nicht ergraben ist, darf man sich einen großzügig gebauten Bauernhof mit mehreren Gebäuden innerhalb einer kräftigen Umzäunung vorstellen.

Die Funde aus den Siedlungen des Kreises Lüchow-Dannenberg sind recht gleichförmig und schlicht. Zunächst handelt es sich immer um Keramikfragmente; Eisenschlacken, einzelne Spinnwirtel, Webgewichte bilden die nächste Gruppe. Dagegen fehlen Trachtbestandteile und Geräte. Dementsprechend wurde hier nur die Keramik vorgestellt. In dem Siedlungsmaterial der älteren römischen Eisenzeit fällt das Fehlen der meisten Grabkeramikformen auf, höchstens in schlichterer und groberer Gestaltung kommen diese vor. Doch sind die besseren Teile der Haushaltskeramik immerhin mit Rädchen- und typischen Riefenmustern versehen, so daß sie mit den Urnen verglichen und datiert werden können. Auch die Randausformung entspricht der von Urnen. In der jüngeren römischen Eisenzeit und Völkerwanderungszeit sind Stücke, die der Grabkeramik entsprechen, häufiger in den Siedlungen vertreten.

Im Kreise Lüchow-Dannenberg gibt es zwar eine größere Anzahl von Siedlungsplätzen der nachchristlichen fünf Jahrhunderte, doch liegen nur von wenigen Plätzen reichhaltige Inhalte von Gruben vor, die als geschlossene Funde angesehen werden können und für formenkundliche und chronologische Untersuchungen geeignet sind.

114

Die Siedlungskeramik der älteren römischen Eisenzeit entwickelte sich ohne Bruch aus dem Formenschatz des 1. Jahrhunderts v. Chr. (Bösel, Fundplatz 1). Hohe, weitmündige Gefäße, die äußerlich bis auf die Schultern hinauf gerauht sind, bilden eine Gruppe. Ihre Ränder sind verdickt und kurz, nehmen aber zunehmend wieder an Länge zu und streben in die Höhe. Auffällig hoch ist der Anteil von Schalen, Schüsseln und Kümpfen, selbst tonnenförmige Gefäße kommen vor (Bösel, Fundplatz 3). In geringer Zahl sind Gefäße vorhanden, die Urnen vergleichbar sind, wie frühe Schalenurnenformen oder Standfußschalen und -terrinen (Rebenstorf, Fundplatz 10). Unter den Verzierungen erlauben besonders Rädchenmuster eine Datierung, in die ältere römische Eisenzeit bei linearer Abrollung oder in die frühe Phase der jüngeren römischen Eisenzeit bei flächendeckenden Mustern.

Der schon in der Grabkeramik festgestellte Wechsel zu dem vielseitigen Typ »Schalenurne« bei gleichzeitiger Aufgabe diverser Urnenformen setzt sich auch in der Siedlungskeramik durch. Verzierte Scherben oder gar fast heile schalenurnenartige Gefäße ermöglichen es, die Grubeninhalte und Kulturschichten zu datieren, in denen sonst nur Scherbenbruch von unansehnlichen, gerauhten oder mit wenig Sorgfalt geglätteten Kümpfen und Tonnen zu finden sind. Auf diesen sind auf dem Oberteil Knubben oder Reihen von Fingereindrücken angebracht – hier tauchen uralte Verzierungen wieder auf! – (Bergen a. d. Dumme, Fundplatz 1).

Religiöses Verhalten wie religiöses Denken und Empfinden der Menschen in der Römerzeit läßt sich oft nur sehr schwer aus den spärlichen Hinterlassenschaften ablesen. Einen gewissen Einblick gestatten die Bestattungssitten. Weitere Ansätze bieten Hortfunde. Oft sind es einzelne, einmalige Gaben an eine Gottheit. Daneben opferte man an verschwiegenen Plätzen, bevorzugt an oder in Gewässern, immer wieder, zu bestimmten Jahreszeiten oder zu besonderen Ereignissen. Möglicherweise darf man zu den Einzelstück-Horten den Solidus des Diokletian (305 n. Chr.) in Küsten zählen. Eher als Hort ist ein verschollener Fund römischer Münzen in einem Tongefäß bei Bellahn (Gem. Zernien) zu bezeichnen. Dagegen besteht an dem Hortcharakter der Ansammlung von

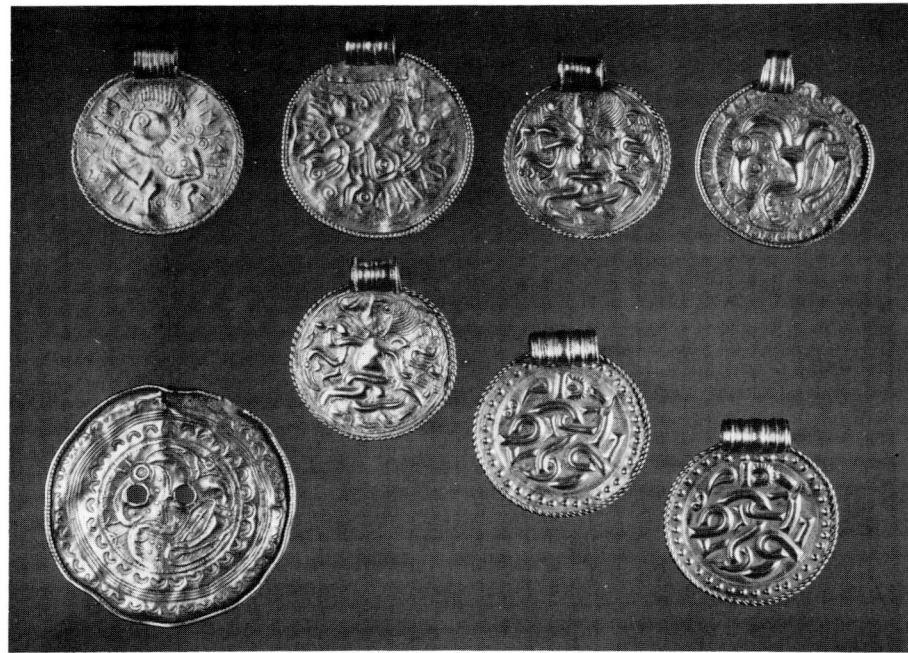

Abb. 42   Brakteaten aus dem Hort von Nebenstedt (Besitz LM Hannover).

bebilderten Goldscheiben oder Brakteaten kein Zweifel, die 1859
beim Ausheben eines Verkoppelungsgrabens in der Nebenstedter
Weide entdeckt wurden. In Nebenstedt (Stadt Dannenberg) hatte
man wenigstens elf Brakteaten noch im 5., wahrscheinlicher im
6. Jahrhundert in der sumpfigen Niederung versenkt. Der Hort
von Nebenstedt gehört mit den Funden von Sievern, Kr. Cuxha-
ven, und Lendegge, Kr. Meppen, zu den größten und wichtigsten
dieser Art in Norddeutschland.
Brakteaten sind einseitig geprägt, nach den Bildmotiven werden
sie in die Typen A bis F geordnet. Im Hort von Nebenstedt kommen die Typen B, D und F vor, sie zeigen fünf Motive, mehrere der
Brakteaten sind stempelgleich (Abb. 42). Zwei B-Brakteaten ziert
ein Gott mit Schwurhandgestus, umrahmt von einer Runenin-

schrift. Der Kopf des Gottes ist römischen Kaiserbildern auf Goldmünzen nachgeahmt. Auf drei weiteren B-Brakteaten ist der Gott im Kampf mit Tieren dargestellt. Die vier D-Brakteaten zeigen ein stark stilisiertes und verschlungenes Tier, daneben einen einzelnen menschlichen Unterschenkel mit Fuß. K. Hauck deutet das Motiv als Midgardschlange, die Wodan verschlungen hat. Dagegen sind die Tiere (Pferde?) auf den beiden ungleichen F-Brakteaten weniger abstrahiert. In einer Runenumschrift werden zusätzliche göttliche Kräfte angerufen. Alle Brakteaten weisen eine Öse auf, so daß man sie als Amulett am Hals tragen konnte. Wie sich einst die Opferhandlung vollzogen hat, bleibt wie die opfernde Person im Verborgenen.

Die Anpassung der Menschen auch in den nachchristlichen Jahrhunderten an die landschaftlich vorgegebenen Siedelräume ergibt im Landkreis Lüchow-Dannenberg mehrere Besiedlungsschwerpunkte. Ostwärts der Jeetzel sind vier inselartig in derzeitig noch fundleeren Bereichen gelegene Fundverdichtungen neben Einzelplätzen zu erkennen: der Öring mit dem sich ostwärts anschließenden Lemgow, der Höhbeck, die Insel Krummendieck und die Langendorfer Insel. Westlich der Jeetzel sind Kleinlandschaften, die durch Kuppen, Moore und wasserführende Täler getrennt werden, im östlichen Vorland des Drawehns vom Salzwedeler Becken entlang der Jeetzel bis zur Elbe bzw. bis vor das nördliche Ende des Drawehns festzustellen, in denen Fundplatzverdichtungen bestehen. Sicherlich behindern auf dem Drawehn weite Forstflächen die Auffindung von Siedlungs- und Friedhofsresten, doch auch dort sind Plätze vorhanden, wie die Entdeckung von Siedlungshinweisen auf einem Rodungsgelände bei Wedderien (Gem. Göhrde) auf der Höhe des Drawehns gezeigt hat (Abb. 43).

Von den vier in den weiten Sander- und Sumpfflächen gelegenen Moränenhorsten ostwärts der Jeetzel können auf dem Öring in besonders anschaulicher Weise die Besiedlungsabläufe in der römischen Eisenzeit und Völkerwanderungszeit dargestellt werden. Es handelt sich um eine diluviale Sandkuppe, die bis 54 m NN ansteigt. Sie ist von allen Seiten von Flüssen, Bächen und Talsandflächen eingeschlossen.

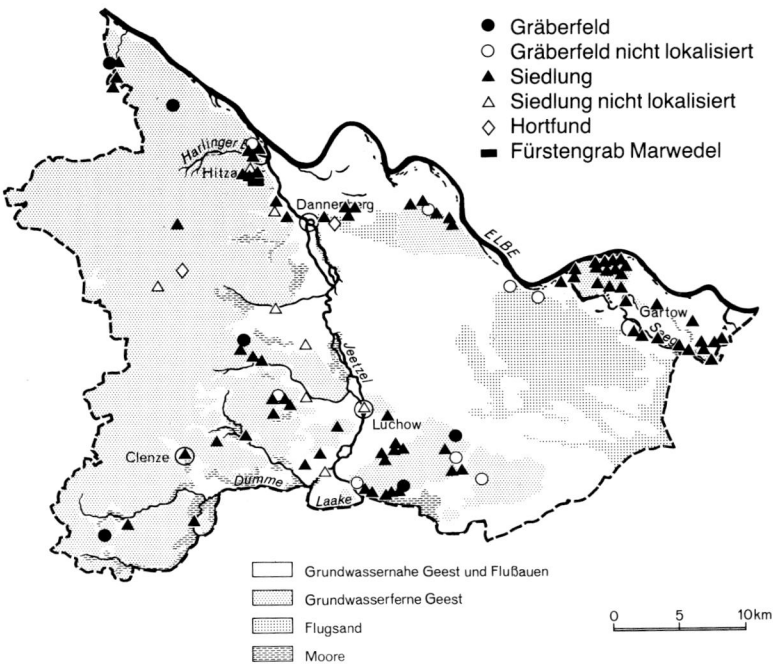

Legend text on the map:

● Gräberfeld
○ Gräberfeld nicht lokalisiert
▲ Siedlung
△ Siedlung nicht lokalisiert
◇ Hortfund
▬ Fürstengrab Marwedel

Grundwassernahe Geest und Flußauen
Grundwasserferne Geest
Flugsand
Moore

0   5   10km

Abb. 43 Fundplätze der ausgehenden vorrömischen Eisenzeit bis zur ausgehenden
Völkerwanderungszeit.

Wie schon die Plätze der späten vorrömischen Eisenzeit, aber auch
die meisten der heutigen Ortschaften, verteilen sich die Siedlungen
und Gräberfelder der römischen Eisenzeit und der Völkerwande-
rungszeit am unteren Rand der Insel oberhalb der 20 m-Isophyse
(Abb. 44). Nur einzelne Plätze befinden sich in erhöhter Lage wie
der bekannte Urnenfriedhof unterhalb der Kuppe des Schwarzen
Berges bei Rebenstorf (Gem. Lübbow). Derzeitig zeichnen sich
zwei Fundplatzschwerpunkte ab, einmal am Nordwestrand um
Bösel (Stadt Lüchow), zum anderen zwischen Teplingen (Stadt
Wustrow) und Dangenstorf (Gem. Lübbow) am Südrand. Einzelne
Fundplätze befinden sich bei Lichtenberg und Thurau (beide Gem.
Woltersdorf). Das Innere der Sandinsel bleibt frei, was nicht unbe-

118

dingt von erschwerten Auffindungsbedingungen durch Dauerbewuchs abhängt.

Da fast keine Station durch Ausgrabungen ausreichend untersucht ist, lassen sich Angaben zur Siedlungskontinuität nur unter Vorbehalt äußern. In der Siedlungsgruppe Bösel zeichnen sich zwei Siedlungen ab, die aus der vorrömischen Eisenzeit bis in die zweite Hälfte des 1. Jahrhunderts bestehen. Auf der westlichen Stelle existiert ausreichendes Fundgut eines erneuten Siedlungsversuches im 3./4. Jahrhundert. In der Ostsiedlung folgt anscheinend mit gerin-

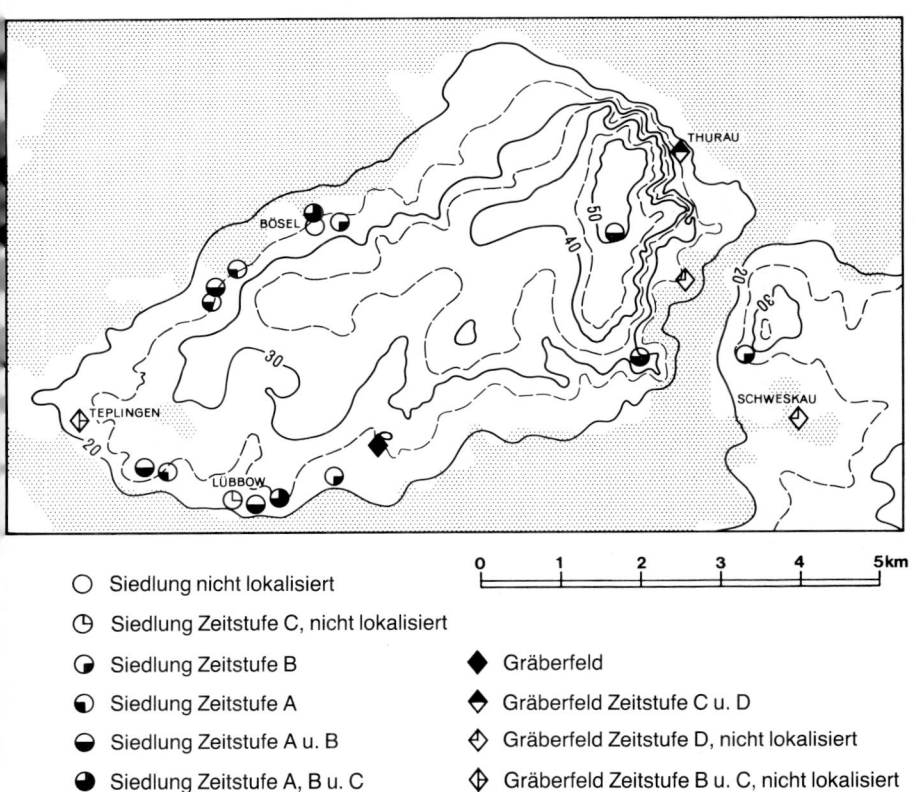

O Siedlung nicht lokalisiert

◑ Siedlung Zeitstufe C, nicht lokalisiert

◔ Siedlung Zeitstufe B   ◆ Gräberfeld

◖ Siedlung Zeitstufe A   ◆ Gräberfeld Zeitstufe C u. D

◐ Siedlung Zeitstufe A u. B   ◇ Gräberfeld Zeitstufe D, nicht lokalisiert

● Siedlung Zeitstufe A, B u. C   ◈ Gräberfeld Zeitstufe B u. C, nicht lokalisiert

Abb. 44 Siedlungsraum Öring in der römischen Eisenzeit und Völkerwanderungszeit (n. Harck 1973, mit Veränderungen).

ger örtlicher Verschiebung eine Siedlungsphase des 2. und frühen 3. Jahrhunderts. Ein Friedhof fehlt.

Anders bietet sich die Gruppe am Südrand der Insel. Hier werden die besseren Böden zwischen Lübbow und Rebenstorf genutzt. Es zeichnen sich drei Siedlungsbereiche ab, die von der vorrömischen Eisenzeit an zunächst weiter bewohnt werden. Davon existieren schon im 2. Jahrhundert nur noch zwei, die auch beide anscheinend bis in das 2. Jahrhundert fortbenutzt wurden. In gut 1500 m bzw. 500 m Entfernung befindet sich der Friedhof am Schwarzen Berg, der über die bisher nachgewiesene Dauer der Siedlungen hinaus wohl bis zum Ende des 5. Jahrhunderts belegt wurde. Da die größere Zahl der Urnen aus dem 4. und 5. Jahrhundert stammen, müßte entweder eine größere Siedlung dieser Zeit in der Nachbarschaft liegen, oder es haben zwei bis drei kleinere, noch unbekannte Anwesen bestanden.

Da gleichzeitig wenigstens im 2. und 3. Jahrhundert in Teplingen ein Urnenfeld bestanden haben muß, wie Fundstücke in Museen belegen, fehlt auch hier eine zugehörige Siedlung. Ein vergleichbares Problem gibt es bei Lichtenberg, hier sind zwei Siedlungen der frühen römischen Eisenzeit festgestellt worden, und es verweist eine Urne auf ein Gräberfeld des frühen 5. Jahrhunderts. In Thurau gibt es gleichfalls nur ein völkerwanderungszeitliches Gräberfeld. Der große Friedhof am Schwarzen Berg bei Rebenstorf kann deshalb kein Zentralfriedhof gewesen sein.

Abgesehen von der Dichte der Fundplätze lassen sich die Beobachtungen zur Lage der Plätze und zu den Besiedlungsphasen auf dem Öring auf den meisten anderen Sandinseln weitgehend bestätigen. Allein die Verhältnisse auf der Hochfläche des Höhbecks machen eine Ausnahme. Auffällig ist überall die Randlage der Siedlungen gerade oberhalb der Hochwassergrenze. Auf keiner Insel gibt es Siedlungen und Friedhöfe, die man als zusammengehörig bezeichnen kann. Aus den fast nur durch Oberflächenfunde bekannten Siedlungen und den wenigen Urnenfunden ergibt sich ein lückenhaftes Bild. Bis in das frühe 1. Jahrhundert ist eine größere Zahl von Plätzen bekannt. Nur wenige bestehen fort, einige bis in das 2. Jahrhundert. Eine erneute deutlichere Besiedlungsphase mit mehreren Fundplätzen zeichnet sich im 4. und 5. Jahrhundert ab. Allein auf einer flachen Sandinsel vor Dannenberg deutet sich in der Gemarkung Breese i. d. M. eine Siedlungskontinuität von der frühen römischen Eisenzeit bis in die Völkerwanderungszeit an. In der Nähe konnte der Brakteatenhort des 6. Jahrhunderts bei Nebenstedt geborgen werden.

Im und am Drawehn ergeben sich gegenwärtig drei größere Siedlungszonen, auf der Höhe des Drawehns von Spranz bis Wedderien, am östlichen Auslauf des Höhenzuges, hier sind Fundplätze in Clenze, Sachau, Püggen, Naulitz, Küsten, Beutow, Tolstefanz, Tüschau zu erwähnen. Gesondert müssen hier die Plätze vor dem Nordabfall des Drawehns zur Elbe hin wie Darzau, Bahrendorf und Pussade gesehen werden. Das gleiche gilt im Süden für Bergen a. d. Dumme, Schnega und Billerbeck. Als dritte Zone sind der Randbereich von Drawehn und Jeetzelniederung sowie die Niederung selbst mit ihren randlichen sehr flachen Talsandrücken zu nennen. Hier befinden sich Fundplätze in Güstritz, Wustrow, Jeetzel, Lüchow, Grabow, Breselenz, Dannenberg, Lüggau, Streetz sowie Marwedel und Hitzacker. Fundplatzverdichtungen zeichnen sich bei Hitzacker und Dannenberg ab.

Was in der Niederung auf den Diluvialinseln festgestellt wurde, bestätigt sich in vielen Fällen auch im Vorland des Drawehns und am Rande zur Niederung der Jeetzel. Die Siedlungsplätze nehmen durchweg die randliche Lage ein. Friedhöfe, die es hier sogar zwischen Darzau im Norden und Billerbeck im Süden von der ausgehenden vorrömischen Eisenzeit bis in die Völkerwanderungszeit gibt, hat man auch in erhöhter Lage eingerichtet.

In den höheren Lagen des Drawehns besteht bei den Siedlungen meistens ein Bezug zu einem Gewässer. Gräberfelder sind auch in exponierter Lage angelegt worden. Jüngere Ausgrabungen haben ergeben, daß selbst auf dem Höhenzug römerzeitliche Besiedlungsspuren zu entdecken sind.

Die meisten Fundplatzgruppen zeigen keinen inneren Zusammenhang, normalerweise lassen sich zu den verschiedenen Friedhöfen keine Siedlungsplätze oder bisher nur für kurze Phasen nachgewiesene Siedlungen erkennen. Dies betrifft insbesondere die Urnenfelder in Darzau, Bahrendorf und Tüschau-Saggrian. Wie schon auf den Sandinseln können auch die Siedlungsplätze auf dem Drawehn, die nur durch Oberflächenfunde oder kleinere Notgrabungen bekannt sind, noch nicht die gewünschten Ergebnisse bieten.

An keiner Fundplatzkonzentration konnte bisher sowohl an den Siedlungen als auch an den Gräberfeldern ein geschlossener Besiedlungsablauf über Jahrzehnte erarbeitet werden. Ausgehend von den derzeitig vorliegenden Funden und Befunden besteht bisher in keiner Region im Landkreis Lüchow-Dannenberg eine Besiedlungskontinuität von Christi Geburt bis in das 6. Jahrhundert. Allein in Rebenstorf ist eine Belegungskontinuität des Urnenfriedhofs bis in das späte 5. Jahrhundert nachzuweisen. Deshalb muß man fragen, ob beispielsweise während des 3. Jahrhunderts eine weitreichende Besiedlung im Hannoverschen Wendland existierte. Genauso muß man nach dem Verbleib der Menschen fragen, die noch zur Mitte des 5. Jahrhunderts hier gelebt hatten. Durch die Ergebnisse gezielter Ausgrabungen werden sich manche Fragezeichen auflösen. Eine Berührung von Germanen und einwandernden Slawen läßt sich archäologisch bisher jedoch nicht aufzeigen.

Was waren das für Menschen, die dort auf den Sandinseln der weiten Niederung und am Drawehn gewohnt haben? Nach geltender Forschungsmeinung gehörte der Bereich Lüchow-Dannenberg in der älteren und jüngeren römischen Eisenzeit zum Siedlungsraum der Langobarden. Danach reichte das Gebiet dieses Stammes u. U. links der Elbe bis an die Schwinge im Westen, wenigstens bis an die Jeetzel im Osten und bis zum Oberlauf der Oertze im Süden. Weiterhin gehörte vielleicht rechts der Elbe das Gebiet zwischen Schaalsee und Elde hinzu.

Alle Überlegungen zum Siedlungsgebiet der Langobarden fußen auf wenigen römerzeitlichen Quellen von Velleius Paterculus, Strabon, Tacitus bis Ptolemaios; keine Aussagekraft besitzen in diesem Zusammenhang die erst in Italien verfaßten »Origo gentis Langobardorum« und »Historia Langobardorum«. Nach Aussage der römischen Quellen müssen die Langobarden als äußerster Stamm der Sueben an der Elbe oder in Elbnähe gewohnt haben. Letztlich wurde der Siedlungsraum der Langobarden anhand der Namensgleichheit des Stammes mit dem erstmals 780 belegten Bardengau an Ilmenau und Luhe sowie mit dessen Hauptort Bardowick bestimmt. Inzwischen hat sich die Geschichtsforschung erneut der Herkunft des Gau- und Ortsnamens angenommen und scheint von einer Ableitung aus dem Stammesnamen Abstand zu nehmen.

So ist es verständlich, wenn sich letztlich die Archäologen nicht darüber einig sind, welche kulturellen Hinterlassenschaften und welchen Siedlungsraum sie den Langobarden genau zuschreiben können. Während die größere Gruppe der Gelehrten die oben erwähnte Forschungsmeinung befürworten, gibt es andere Überlegungen, die den Siedlungsraum enger fassen oder sogar umfassende Skepsis ausdrücken.

Unabhängig von Stammeszuweisungen gibt es für den anfangs umrissenen Raum archäologische Belege, die spätestens seit dem ausgehenden 2. Jahrhundert für eine abweichende Entwicklung der Gebiete westlich bzw. östlich des Drawehns sprechen. Ebenso sind im Kreise Hagenow endgültig seit dem entwickelten 1. Jahrhundert n. Chr. andere kulturelle Ausprägungen festzustellen. Deshalb ist derzeitig eine stammesbezogene Deutung des Fundguts in der nördlichen Lüneburger Heide und im Hannoverschen Wendland für das 1. und 2. Jahrhundert im Hinblick auf die Langobarden nicht mehr sicher möglich; damit wird nicht die Zugehörigkeit des Fundgutes dieses Raumes zum großen elbgermanischen Kulturkreis in der älteren römischen Eisenzeit bestritten. Ebenso fehlen für die jüngere römische Eisenzeit und die Völkerwanderungszeit historisch und archäologisch gesicherte Stammesnamen für die Bevölkerung im Kreise Lüchow-Dannenberg.

Nach diesem Ergebnis müssen die historischen und archäologischen Belege genauer gefragt werden, derentwegen das Kastell Höhbeck für zwei verschiedene historische Phasen in Anspruch genommen wird.

Das Kastell Höhbeck, auf einem Sporn über dem Elbsteilufer bei Vietze (Gem. Höhbeck) gelegen, bietet seit über hundert Jahren Anreiz zur Diskussion. Mehrere Forscher halten die Anlage für das fränkische castellum Hohbuoki. Andere Forscher sehen in dem Kastell das Lager, das Tiberius 5 n. Chr. an der Elbe errichtet hatte und in dem er sich verabredungsgemäß mit seiner Flotte traf, die elbaufwärts gerudert war. Velleius Paterculus, der an dem siegreichen Heereszug durch das Gebiet der Chauken und Langobarden teilgenommen hatte, beschrieb die Ereignisse in seinen »Historiae Romanae«, vergaß aber, genaue geographische Angaben zum Lager zu machen.

Schon C. Schuchhardt hatte bei seinen Grabungen 1897 und 1920 außer frühmittelalterlicher Keramik auch Tonscherben vom Darzauer Typ gefunden. Durch seine Ausgrabungen von 1954–1956 erkannte E. Sprockhoff im Aufbau des Walles und besonders am Tor zwei Bauphasen. Zudem stellte er einen Siedlungshorizont fest, in dem er einen Hausgrundriß (Abb. 17) sowie germanische Tonscherben aus der Zeit des 1. Jahrhunderts v. Chr. bis um Christi Geburt fand. Dieser Horizont wurde von der Wallmauer überlagert. Das Alter beider Mauerphasen konnte Sprockhoff nicht beantworten. Immerhin hatte er auch einige mittelslawische Tonscherben entdeckt.

Neue Argumente für die Identifizierung des Kastells Höhbeck mit dem römischen Lager erkannte O. Harck. Er brachte den ungefähr gleichzeitigen Abbruch aller Siedlungsplätze auf dem Höhbeck um Christi Geburt mit dem Vorstoß des Tiberius in Verbindung. Eine Wiederbesiedlung des Höhbecks durch Germanen erfolgte nach dem Abzug der Römer nicht, weil nach Harck der Grundwasserspiegel drastisch durch einen riesigen Kahlschlag abgesunken war, den die Römer beim Bau des Lagers angerichtet hatten.

Der Abbruch der Besiedlung auf dem Höhbeck um Christi Geburt bzw. im frühen 1. Jahrhundert scheint deutlich zu sein, selbst wenn nicht alle Siedlungsplätze zu dem einen Zeitpunkt 5 n. Chr. aufgegeben wurden. Er läßt sich aber nur auf dem Höhbeck nachvollziehen. Zu bedenken bleibt aber, daß von fast allen Fundplätzen auf dem Höhbeck nur Oberflächenfunde bekannt sind. Wenn die Germanen alle Ansiedlungen auf dem Höhbeck verlassen mußten, kann man vermuten, daß sie nach dem Abzug des römischen Heeres und der Flotte, spätestens aber nach der Niederlage des Varus 9 n. Chr., zurückgekehrt sind. Eine derartig kurze Besiedlungslücke wäre archäologisch nicht faßbar. Tatsächlich aber liegen für das entwickelte 1. Jahrhundert bisher nur zwei Belege vor, darunter von einer Siedlung, die auch älteres Material aufweist. Weiterhin sprechen keine Argumente für eine siedlungshemmende Erosion; die zitierten Überwehungshorizonte am Rande des Höhbecks ließen sich inzwischen in die frühe vorrömische Eisenzeit datieren, und ein abgeschlagener Mischwald, der damals auf dem Höhbeck außerhalb der verschiedenen Anwesen, Äcker, Wiesen und Weiden stand, hat sich schnell durch Ausschlag und Anflug regeneriert.

Über das römische Lager gibt Velleius Paterculus keine Angaben. War es nur ein Sommerlager? Oder sollte es schon im Rahmen der geplanten Grenzziehung an der Elbe als Grenzkastell dienen? Dafür liefern auch die Berichte der nachfolgenden Jahre keine Belege. Immerhin spricht die rechteckige, starke Holz-Erde-Konstruktion des Kastells Höhbeck eher für ein römisches Grenzlager als für ein ehemaliges Sommerlager. Doch dann sollte man römische Gegenstände, besonders aus dem Militärwesen, in der Wallanlage erwarten, bislang ist aber derartiges nicht publik geworden. Damit fehlen weiterhin Hinweise für die Identität des Lagers des Tiberius mit dem Kastell Höhbeck. Andererseits muß nun für die zeitweise Siedlungslücke auf dem Höhbeck eine neue Begründung gefunden werden.

Literatur:

T. Capelle, H. Jankuhn, G. Voelkel, Probegrabung auf einer slawischen Siedlung bei Rebenstorf, Kreis Lüchow-Dannenberg. NNU 31, 1962, 58–105 – P. Caselitz, F.-A. Linke u. B. Wachter, Ein frühgeschichtliches Gräberfeld bei Wedderien, Gemeinde Göhrde, Ldkr. Lüchow-Dannenberg. NNU 49, 1980, 175–211 – H.-J. Eggers, Zur Umwelt der Fürstengräber von Marwedel I und II. Kunde 16, 1965, 95–99 – W. Gebers, Grabungen im Bereich einer Siedlung der jüngeren römischen Kaiserzeit und der Völkerwanderungszeit in Rullstorf, Landkreis Lüneburg. In: K. Wilhelmi (Hrsg.), Berichte zur Denkmalpflege in Niedersachsen. Ausgrabungen 1979–1984. 1985, 191–196 – O. Harck, Nordostniedersachsen vom Beginn der jüngeren Bronzezeit bis zum frühen Mittelalter. 1973 – Ders., Das Gräberfeld auf dem Heidberg bei Billerbeck, Kr. Lüchow-Dannenberg. 1978 – Ders., Eine Siedlungsgrube der Völkerwanderungszeit aus Bergen a. d. Dumme, Kr. Lüchow-Dannenberg, Niedersachsen. Studien zur Sachsenforschung 3, 1982, 31–51 – K. Hauck, Götterglaube im Spiegel der goldenen Brakteaten. Ausstellungskatalog Sachsen und Angelsachsen. Helms-Museum, 1978, 185–218 – Chr. Hostmann, Der Urnenfriedhof bei Darzau in der Provinz Hannover. 1874 – W. Keetz, Der Urnenfriedhof bei Bahrendorf (Kreis Dannenberg). Lüneburger Museumsblätter 3, 1906, 31–39 – G. Körner, Der Urnenfriedhof von Rebenstorf im Amte Lüchow. 1939 – Ders., Marwedel II. Ein Fürstengrab der älteren römischen Kaiserzeit. Lüneburger Blätter 3, 1952, 34–64 – Ders., Die Vervollständigung des Fürstengrabes Marwedel II. Die Kunde N. F. 16, 1965, 99–106 – F., Krüger, Das Reitergrab von Marwedel. Festblätter des Museumsvereins für das Fürstentum Lüneburg Nr. 1, 1928, 1–43 – F. Kuchenbuch, Die altmärkisch-osthannöverschen Schalenurnenfelder der spätrömischen Zeit. Jahresschrift für die Vorgeschichte der sächsisch-thüringischen Länder. 1938. – W. Menghin, Die Langobarden. Archäologie und Geschichte. 1985. – A. Pudelko, Allgemeine Betrachtungen zur Vor- und Frühgeschichte des Höhbecks. Kunde 20, 1969, 106–123 – Ders., Vom Südrand der »Insel Krummendieck«. Kunde 30, 1979, 117–132 – C. Redlich, Handelszentren an der Elbe und die Marwedeler Fürstengräber. Studien zur Sachsenforschung 1, 1977, 325–342 – C. Schuchhardt, Verbrennungsstätten beim Darzauer Urnenfriedhofe. Zeitschrift des Historischen Vereins für Niedersachsen Jg. 1906, 5–24. – Ders., Die frühgeschichtlichen Befestigungen in Niedersachsen. 1924, 55–63 – G. Schwantes, Vorgeschichtliches zur Langobardenfrage. Nachrichtenblatt für Niedersachsens Vorgeschichte 2, 1921, 1–25 – E. Sprockhoff, Neues vom Höhbeck. Germania 33, 1955, 50–67 – Ders., Kastell Höhbeck. In: W. Krämer (Hrsg.), Neue Ausgrabungen in Deutschland. 1958, S. 518–531 – H. Steuer, Probegrabungen auf germanischen und slawischen Siedlungen im Hannoverschen Wendland. NNU 42, 1973, 293–300. – G. Voelkel, G., Die Goldbrakteaten von Nebenstedt. Hannoversches Wendland, 7, 1978/79, 41–46 – B. Wachter, Kurzberichte über Grabungen des Bodendenkmalpflegers im Landkreis Lüchow-Dannenberg 1976/77. Hannoversches Wendland 7 1978/79, 53–58

Wulf Thieme

Das Mittelalter – Germanen, Slawen, Deutsche

Späte Völkerwanderungszeit

Zum Ende des 5. Jahrhunderts setzt sich auch in Norddeutschland die Körperbestattung durch. Der Übergang von der Verbrennung der Toten und der Beisetzung in Urnen zur Körperbestattung läßt sich weder zeitlich noch räumlich im Gebiet zwischen Elbe und Drawehn genauer fassen. Es fehlen bisher Gräberfelder, die sich in das 6. und 7. Jahrhundert datieren ließen. G. Körner vermutet eine Weiterbelegung des Rebenstorfer Friedhofes, und einige beigabenlose Skelettgräber könnten ebenfalls in diese Zeit gehören (z. B. Prisser, Gedelitz).

Die fehlenden Datierungsmöglichkeiten wirken sich auch auf die zeitliche Einordnung aus. Auf Friedhöfen und Siedlungen des 5. Jahrhunderts erscheint eine recht einfache Keramik. Die auffälligen Gefäße der »Vahrendorfer Gruppe« wie Schalen mit Buckeln und Rippen, Buckelbecher und verzierte Becher und Töpfe mit Hängeböden fehlen östlich des Drawehns. Hier sind nur späte Schalenurnen mit waagerechten Einglättungen oder Rillenverzierungen vertreten, Standfußschalen zumeist in einer weniger scharf gegliederten Form, hohe und weitmundige unverzierte Töpfe und in größerer Zahl Kümpfe mit gerauhter Wandung, mit Knubben, Grübchenreihen oder Fingernageleindrücken. O. Harck unterscheidet auf der Basis geschlossener Fundkomplexe »ältere« Kümpfe mit Randwulst und geglätteter Oberfläche und »jüngere« Kümpfe mit kleinerem Randdurchmesser und geringerer Randstärke. Er schließt eine Datierung in das 6. Jahrhundert nicht ganz aus, wie sie aufgrund von Grabfunden in Mitteldeutschland vorgenommen wird. Doch nur weitere geschlossene Fundkomplexe aus Gräbern und Siedlungen könnten die Forschungslücke schließen helfen (Abb. 45).

Abb. 45   Späte Kümpfe aus Siedlungsgruppen von Lübbow/Rebenstorf. M 1:3.

Auch wenn sich über das 5. Jahrhundert hinaus archäologisch vorerst keine Siedlung datieren läßt, erscheint es nach den pollenanaly-
tischen Untersuchungen B. Lesemanns nicht nur denkbar, sondern
geradezu zwingend, daß wenige Gehöfte und Weiler über das alte
Siedlungsgebiet verteilt auch im 6. und 7. Jahrhundert von germanischer Bevölkerung bewohnt waren. Zwar gehen in der nachchristlichen Eisenzeit die Caluna-Anteile und alle anderen Nicht-
baumpollen zurück, verschwinden jedoch nicht völlig. Es muß
deshalb bis zum Beginn des mittelalterlichen Siedlungsausbaus, der
sich deutlich an der anthropogen bestimmten Waldzusammenset-
zung ablesen läßt, stets mit einer geringen und in ihrer Intensität
wechselnden Besiedlung über das 5. Jahrhundert hinaus gerechnet
werden. Ein vollständiger Siedlungsabbruch kann wegen der nicht
erkennbaren geschlossenen Walddecke für die fragliche Zeit nicht
stattgefunden haben, auch wenn eine Besiedlung archäologisch
noch nicht beweisbar ist.
Dagegen gibt es siedlungsarchäologische Hinweise auf eine mögliche Begegnung von zurückgebliebenen Langobarden und den slawischen Neuankömmlingen. Auf der Siedlung am Südhang des
Kleinen Feldberges bei Lübbow/Rebenstorf liegen zwischen Ab-
fallgruben und kleinen Hausgruben mit späten völkerwanderungszeitlichen Kümpfen Gruben mit slawischer Keramik, die ins
8. Jahrhundert zu datieren sind (Abb. 46). Südöstlich des großen
Rebenstorfer Friedhofes liegt eine slawisch-mittelalterliche Sied-

lung mit frühslawischer Ware, und in der Gemarkung Bösel finden sich in unmittelbarer Nachbarschaft spätvölkerwanderungszeitliche und frühslawische Siedlungen. Ähnlich nahe liegen vergleichbare Fundstellen in den Gemarkungen Gedelitz–Pölitz, Restorf, Tüschau/Saggrian/Tolstefanz, Dannenberg/Breese i. d. Marsch. Es fällt dabei auf, daß die wenigen klaren Hinweise auf eine Wohnplatzkonstanz sich sowohl im Inneren des Hannoverschen Wendlandes finden als auch an der Elbe. Erst bei einem räumlich und zeitlich weiter gesteckten Rahmen gesellen sich verbindende Fundplätze an der Jeetzel hinzu. Denn verlegt man die Zeitspanne bis in die späte römische Kaiserzeit zurück, vergrößert sich die Zahl derselben Wohnplätze um sechs Fundstellen, auf denen später auch die Slawen siedelten. Die Plätze sind im einzelnen typologisch noch nicht näher untersucht worden. Es könnten dabei Übergangserscheinungen herausgefiltert werden, wie sie z. B. Z. Vana für

Abb. 46   Frühslawische Keramik aus Grube 21 der Siedlung von Lübbow/Rebenstorf. M 1:2.

Mecklenburg annimmt (1970). Bei einem solchen Nachweis kann aus der zufälligen und ethnisch diskordanten Wohnplatzkontinuität eine Siedlungskontinuität mit ethnischer Symbiose werden, die die Ergebnisse der Pollenanalyse bestätigt, ebenso wie die Übertragung von vorslawischen und vorgermanischen alteuropäischen Gewässernamen, hier der Elbe und der Jeetzel.

Neben der Siedlungskonstanz zur slawischen Besiedlung stellt sich das Problem der Begegnung der Langobarden im 5.–7. Jahrhundert mit anderen germanischen Stämmen, den Thüringern, Sachsen und Franken in unserem Raum. Für die aus den historischen Nachrichten abzuleitenden aufeinanderfolgenden Herrschaften über das Gebiet zwischen Elbe und Drawehn fließen archäologische Quellen nur spärlich. Die Herrschaft der Thüringer um 500, die bis zur Weser- und Elbemündung und entlang der Elbe reichte, fand hier keinen archäologischen Niederschlag. Sachsen und Langobarden müssen früh enge Beziehungen besessen haben. Am Beginn der Markomannenkriege (166–180) sind Langobarden und Avionen beteiligt. Am Ende des 5. Jahrhunderts treten ein langobardisches und ein sächsisches Heer kurz nacheinander in Pannonien auf, und bei der Eroberung Oberitaliens 568 helfen dem Langobardenkönig Alboin Sachsen, die als alte Bundesgenossen bezeichnet werden. Ob die Einbeziehung des langobardischen Stammesgebietes an der Niederelbe in das sächsische in Form einer Eroberung erfolgte oder durch Bündnisse zustande kam, läßt sich kaum entscheiden. Nach M. Last (1977, 559 f.) verlief die Geschichte der Sachsen nicht gradlinig. Es gab mehrere Anläufe einer ethnischen Konzentration bis zum Sachsenstamm im 8. Jahrhundert. Gewaltsame und friedliche Ausdehnung können sowohl nebeneinander als auch nacheinander erfolgt sein. Ein Opferfund des 6. Jahrhunderts und mehrere Waffenfunde des 7. Jahrhunderts aus Flüssen passen in diesen Kontext. In den 11 Nebenstedter Brakteaten des 6. Jahrhunderts, die als Opfer in einem Moor niedergelegt wurden, können wir neben ähnlichen Funden aus Norddeutschland (Exportbrakteaten und nordisch beeinflußte Schmuckstücke) Zeugnisse des Vordringens der Sachsen sehen, die sich zum Führer einer Neugruppierung machten, zu der auch die bis dahin unter

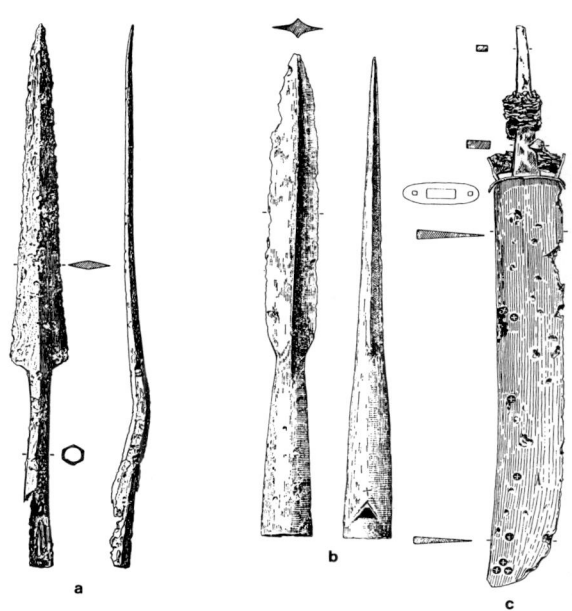

Abb. 47 Waffenfunde vom Seegeübergang bei Gartow (aus W. Nowothnig, 1958). a eiserne Lanzenspitze vom Typ Nehringen (7. Jh.), b mittelalterliches Speer-eisen, c eisernes Hiebmesser (8./9. Jh.). M 1:3.

thüringischer Oberhoheit stehende Restbevölkerung gehörte (K. Weidemann, 1976).

Dem eher friedlichen Vorgang eines Mooropfers sind zwei Waffen-funde an die Seite zu stellen, die ins 7. Jahrhundert gehören: Ein Langsax aus der Jeetzel bei Weitsche und eine Lanzenspitze vom Typ Nehringen aus der Seege bei Gartow-Quarnstedt (Abb. 47a). Dazu gesellen sich noch Waffenfunde aus der Jeetzel bei Hitzacker und von der Oerenburg, die ins 8. Jahrhundert und damit in einen anderen historischen Zusammenhang zu stellen sind. Ähnliches gilt auch für die Begegnung der Spät-Langobarden mit den Fran-ken, die – wenn überhaupt von irgendeiner Relevanz – sich im Rahmen der Auseinandersetzung mit slawischen Stämmen ab-spielte.

Das Problem einer Siedlungskontinuität für das 6./7. Jahrhundert hängt eng zusammen mit dem Aufbau eines tragfähigen und engmaschigen chronologischen Gerüstes, in dem archäologische Quellen mit historischen Quellen verknüpft werden können. Für das Mittelalter sind die klassischen archäologischen Methoden zur relativen Chronologie wie Typologie und Stratigraphie nur bedingt hilfreich, und auch die bisher bekannten Daten zur absoluten Chronologie aus naturwissenschaftlichen Methoden sind noch nicht hinreichend aussagekräftig. So umschließen die drei C^{14}-Daten von Holzkohleproben aus der Weinbergburg in Hitzacker einen Datierungsspielraum von 110, 120 und 190 Jahren.

Auch der Einsatz der Dendrochronologie führte bisher nicht zum ersehnten Erfolg. Sie konnte nur relative Daten für die Bauphase der Meetschower Burg liefern, weil ein Anschluß bzw. eine Verknüpfung mit absoluten Daten nach oben oder unten, mit jüngeren oder älteren Befunden noch nicht möglich ist. Neue Baumscheiben aus der Lüchower Burggrabung könnten Jahrringkurven von der Gegenwart bis ins 15. Jahrhundert erbringen. Der Weg bis ins frühe Mittelalter bleibt also noch recht lang.

Die letzte hier zu nennende Methode der absoluten Chronologie, die der Münzdatierung führt uns bislang ins 11. Jahrhundert zurück. Das so gezeichnete Bild von den Ergebnissen der Methoden kann einzeln betrachtet nur traurig stimmen, doch zusammengefügt ergänzen sich die Daten und ergeben eine Basis, die zu vorsichtigen bis kühnen Verknüpfungen der archäologischen Funde und Befunde mit historischen Ereignissen und handelnden Personen ermuntert.

Das sächsische und slawische Gräberfeld von Wedderien

Für eine Inbesitznahme des Raumes zwischen Elbe und Drawehn durch die Sachsen auf ihrem Weg nach Süden ins Nordthüringer Gebiet fallen die Belege im Vergleich zum Ilmenautal und der

Altmark recht spärlich aus. Nur die Nebenstedter Brakteaten und der Langsax von Weitsche könnten bisher dafür zeugen, während der Typ der Lanzenspitze von Gartow weit in den Osten verhandelt wurde. Deshalb gewinnt das Gräberfeld von Wedderien besondere Bedeutung, da es nicht nur für einen Durchzug von Kriegern spricht, sondern für Seßhaftigkeit von sächsischer Bevölkerung, wenn auch nur von kurzer Dauer. Nach den bisherigen Untersuchungen gehören zum sächsischen Reihengräberfriedhof des 8. Jahrhunderts 16 Gräber, davon fünf Männer-, drei Frauen- und sechs Kindergräber; zwei Gräber bleiben unbestimmt, da nur die Grabgruben angeschnitten wurden. Für einen kurzen Aufenthalt einer Restgruppe von nach Süden vordringenden Sachsen spricht trotz der nicht vollständigen Aufdeckung des Gräberfeldes und der geringen Individuenzahl, daß Kleinkinder (bis 2 Jahre) fehlen und die Altersgruppe von 20–40 Jahren unterrepräsentiert ist (P. Caselitz, 1980).

Die frühgeschichtliche Bedeutung des Wedderiener Fundplatzes resultiert weiterhin aus dem Vorhandensein von völkerwanderungszeitlichen Streufunden, die eine Siedlung des 5. Jahrhunderts vermuten lassen. Hier scheint eine mögliche langobardisch-sächsische Kontinuität vorzuliegen, die von der Einbindung Wedderiens in die -ingen Orte am Harlinger Bach bis Metzingen und Mützingen unterstrichen werden kann. Andererseits wird das sächsische Körpergräberfeld (Abb. 48 b, c) wenig später von einem slawischen Gräberfeld überdeckt, das mit einigen frühen Gräbern um 800 zu datieren ist und noch im 10. Jahrhundert belegt wird (Abb. 48 a). Auch die slawische Besiedlung in der Nachbarschaft läßt sich an Orte mit einer sehr alten slawischen Namensform verknüpfen. Östlich Wedderiens liegt Dragahn und südlich im Mützinger Trockental Bellahn und südlich davon Sallahn. Auffällig bleibt, daß sich die bisher bekannten Plätze einer möglichen Begegnung zwischen Germanen und Slawen außerhalb der später als typisches Rundlingsgebiet zu bezeichnenden Zone befinden.

Im übrigen ergibt sich jedoch eine nur geringe räumliche Übereinstimmung zwischen frühen archäologischen Belegen und einer älteren slawischen Orts- und Flurnamensschicht. Die archäolo-

Abb. 48 Wedderiener Gräberfeld. Links: Slawisches Gefäß aus Grab 5. M ca. 1:2.
Sächsische Skelettgräber. Rechts oben: Grab 1 von NO.
Rechts unten: c Grab 2 von N.

gisch und sprachgeschichtlich erschlossenen slawischen Altsiedelgebiete decken sich am deutlichsten zwischen Hitzacker und Dannenberg und um Lüchow, dagegen bis auf Saggrian/Tolstefanz nur sehr weiträumig westlich der Jeetzel, ebenso im Lemgow und im Öring. Besonders auffällig erscheint die Divergenz der Ergebnisse beider Methoden im Höhbeck-Gebiet, das für die frühslawische Zeit nach archäologischen Funden dicht besiedelt erscheint, in dem aber alte slawische Ortsnamen fehlen. Das gilt auch für das anschließende Elbtal zwischen Schnackenburg bis vor Dannenberg. Zwar zeigen Flurnamen eine ältere Namensschicht, die jedoch vielfach entstellt und abgeschliffen wurde. Sicher eine Folge der wechselnden kulturellen und ethnischen Einflüsse am verkehrsreichen Elbestrom, dessen Name selbst in alteuropäische Zeit zurückreicht.

Ein positives Ergebnis der Frage nach einer Siedlungskontinuität könnte die bisher isoliert dastehende Datierung der untersten Schicht auf der Weinbergburg in das 7. Jahrhundert abstützen und eine verständlichere Grundlage abgeben für den Verlauf der historischen Entwicklung in den folgenden Jahrhunderten. Mit dem 8. Jahrhundert betreten wir dann einen typologisch, stratigraphisch, mit C^{14}-Daten und durch historischen Bezug abgesicherten Boden. Aus der Karte (Abb. 49) geht hervor, daß die slawischen Siedlergruppen in breiter Front die Elbe überschritten haben, massiert aus dem Gebiet zwischen Löcknitz und Elbe auf den Höhbeck übergreifend. Ausgespart bleibt das Niederungsgebiet zwischen unterer Jeetzel und Elbe, die Lucie und der Gartower Forst, eine weite Talsandfläche. Der Drawehn wird überschritten, doch bis auf den Fundplatz Wedderien nicht besetzt. Die sächsischen Fundplätze dieser Zeit bleiben westlich des beschriebenen Gebietes. Eine Verzahnung beider Fundgruppen findet lediglich in Wedderien und um Barendorf, südöstlich Lüneburgs, statt.

Wenn wir uns das Vordringen der Slawen über die Elbe als Einsikkern in sehr kleinen Verbänden vorstellen, in einen Raum, der nahezu siedlungsleer und abseits politischer Aktivitäten vor ihnen lag, wird der Bau von Burgen nicht als vordringliche Aufgabe angesehen worden sein. Es dürften Verstecke, die durch Verhaue und andere Sperren gesichert waren, genügend Schutz geboten haben. Vielleicht gab es auch schon kleine Burgwälle in der Niederung. Eine derartige Annahme wird durch die Verbreitung von Ortsnamen bestätigt, die auf Sperren hinweisen, denn zwei Drittel davon finden sich im elbnahen Raum.

Im Laufe des 8. Jahrhunderts jedoch wird das Gebiet von Burgen gesichert, die mit C. Schuchardt als »das einzige politische Element« bezeichnet werden können, »das, was uns zeigt, wer Herr im Lande war, gegen welchen Feind man sich sichern mußte«. Die frühgeschichtliche Burgenforschung unterliegt einer ihr eigentümlichen Problematik. Denn neben den archäologischen Befund, wie im Gelände nachweisbare Reste von Befestigungsanlagen und

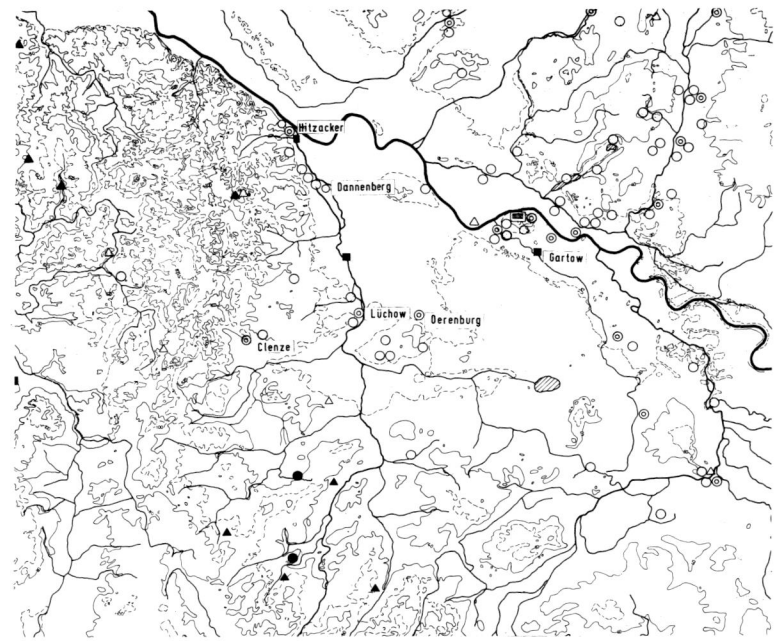

Abb. 49 Besiedlung um 800. Sächsische und slawische Fundstellen vom 7. bis frühen 9. Jahrhundert (Nachweis bei B. Wachter, 1980).

durch Ausgrabungen freigelegte Spuren, die die Gestalt der Burgen erkennen lassen und zusammen mit Fundstücken Rückschlüsse auf die Funktion einer Burg ermöglichen, treten nun auch schriftliche Zeugnisse. Doch die schriftliche Überlieferung aus zeitgenössischen Quellen oder aus späteren Angaben, die ältere Zustände widerspiegeln können, ist ähnlich vielschichtig wie der archäologische Befund. Aus dem Zusammenfügen beider Quellengattungen ergeben sich neuartige Einsichten und Fragestellungen, die sich vor allem auf die Funktion der Burgen beziehen.

Die hier zu behandelnden frühgeschichtlichen Burgen des 8.– 12. Jahrhunderts gehören nach H. Jankuhn in die dritte Epoche des Burgenbaus in Nordwestdeutschland, in die Auseinandersetzung zwischen Franken, Sachsen, Slawen und später mit den Deutschen.

Dabei stellen die Burgen des 12. Jahrhunderts den bisher wenig erforschten Anschluß an die Dynastenburgen des Mittelalters dar, dem in letzter Zeit jedoch wieder mehr Aufmerksamkeit gewidmet wird.

Wir können unterscheiden:

1. einphasige slawische Burgen (Schwedenschanze, Elbholz)
2. mehrphasige slawische Burgen, die früher oder später in deutsche Hand übergehen (Hitzacker-Weinberg, Meetschow, Lüchow, Clenze)
3. eine fränkische Burg, das Höhbeckkastell
4. deutsche Burgen mit unterschiedlichem Beginn.

Davon sind ihrer Lage nach drei Höhenburgen: Weinberg, Höhbeck-Kastell, Schwedenschanze; drei reine Niederungsburgen: Gartow-Elbholz, Meetschow, Oerenburg, und drei auf kleinen Anhöhen in der Niederung: Dannenberg, Lüchow und Clenze (Abb. 49).

Die slawischen Burgen müssen entstanden sein, als sich im Laufe des 8. Jahrhunderts die Stämme zahlen- und raummäßig vergrößerten, die politischen Verhältnisse kritischer wurden und die frän-

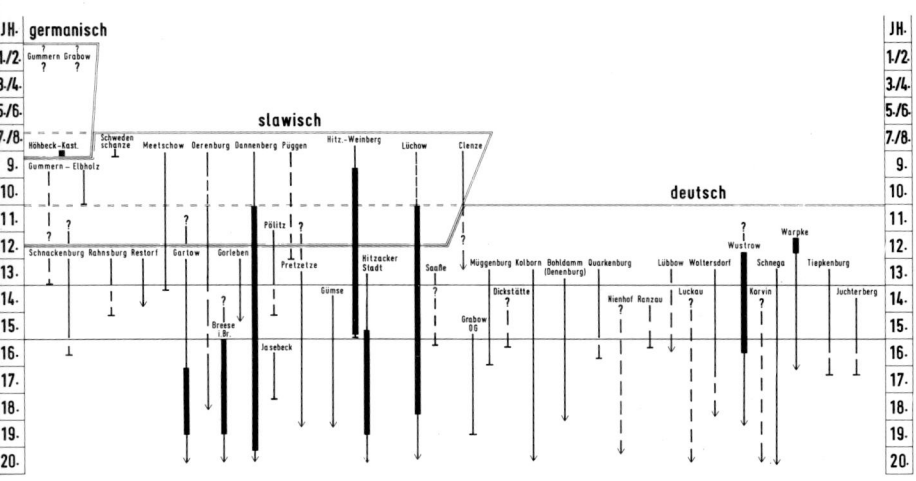

Abb. 50   Zeittafel der Burgen im Hannoverschen Wendland.

Abb. 51 Weinberg in Hitzacker/Elbe. Ausgrabung 1970–1975. Südteil des Planums in 3,20 m Tiefe. Im Hintergrund die Kastenkonstruktion der Wallbauphase I b, in der Mitte Hölzer und Wallfuß aus Feldsteinen des II. Walles und im Vordergrund des III. Walles.

kische Reichsmacht an die Elbe vorstieß. Zunächst werden die genannten Fluchtburgen in der Niederung entstanden sein. Der nur schwach gesicherte Posten auf dem *Weinberg in Hitzacker* wird nun zur Burg ausgebaut. Auf den Kieswall wurden mit Sand gefüllte Holzkästen gesetzt, um den Wall um mindestens 2 m zu erhöhen (Abb. 50). Die Kastenbauweise setzt technisches Können und ein hohes Maß an Bauorganisation voraus, so daß die Wallverstärkung die besonderen politischen Zustände in der zweiten Hälfte des 8. Jahrhunderts zu unterstreichen vermag. Aber auch die schon jetzt herausgehobene Stellung der Weinbergburg wird dabei sichtbar. Denn eine solch aufwendige Bauweise findet sich aus der frühen Zeit bisher im Wendland nicht wieder. Aus der spätslawischen Epoche konnte sie in Lüchow und Meetschow nachgewiesen werden. Östlich der Elbe finden sich Holzkastenkonstruktionen aus altslawischer Zeit im Gebiet der Lausitzer Stämme und jungslawische bei den Abodriten in Mecklenburg.

Der Wall in Holzkastenkonstruktion auf dem Weinberg kann noch bestanden haben, als die *Befestigungen auf dem Höhbeck* errichtet wurden. In den Jahren 808/810 berichten die Reichsannalen von Aufbau und Zerstörung eines Kastells Hohbuoki. Nach den Ausgrabungen von Schuchhardt und Sprockhoff läßt sich mit hoher Wahrscheinlichkeit die Viereckschanze auf dem Höhbeck mit dem fränkischen Kastell gleichsetzen. Allerdings wollen andere Forscher die Viereckschanze als Lager des Tiberius ansehen, das dieser 5 n. Chr. an der Elbe errichten ließ. Diese Frage hat W. Thieme ausführlich diskutiert (vergl. S. 123 f.). Nach der Zerstörung des

Abb. 52   Oerenburg, Gem. Klein Breese. Lanze vom Grunde des inneren Grabens vor dem slawischen Burgwall des 8. Jahrhunderts, Ausgrabung 1982/83.

Kastells durch die Wilzen 810 wurde es im folgenden Jahre im Zusammenhang mit einem Zug gegen die Linonen wieder aufgebaut. In die gleiche Zeit und wohl in denselben historischen Kontext gehört der Bau der sog. Schwedenschanze. Die als Brückenkopf zu deutende Befestigungsanlage liegt nur 1 km vom Kastell entfernt, und beide dienten – wenn auch mit unterschiedlicher Zielsetzung – zur Sicherung des Elbübergangs in Richtung Lenzen, wo mit großer Wahrscheinlichkeit die Hauptburg der Linonen lag. Für beide Anlagen gilt gleichermaßen eine sehr kurze Benutzungsdauer, so daß beide Anlagen für die weitere Geschichte des Wendlandes keine Rolle gespielt haben dürften.

Das gilt nicht für die gleichzeitige Oerenburg bei Klein Breese. Die Überraschung der Ausgrabung von 1982/1983 bildete bei einer bisher als mittelalterliche deutsche Burg bekannten Anlage die Aufdeckung eines gut gesicherten frühslawischen Ringwalles mit Graben, doppelter Palisade und Wall. Neben zahlreicher slawischer Keramik des 8. und 9. Jahrhunderts ragt der Fund einer vollständig erhaltenen Lanze mit 3,70 m langem Eschenschaft heraus, die auf der Sohle des frühslawischen Burggrabens lag (Abb. 52). Neben Kampfspuren weist der Schaft Einkerbungen unterhalb der Spitze auf (Abb. 53). Die eiserne Lanzenspitze besitzt ein weidenblattför-

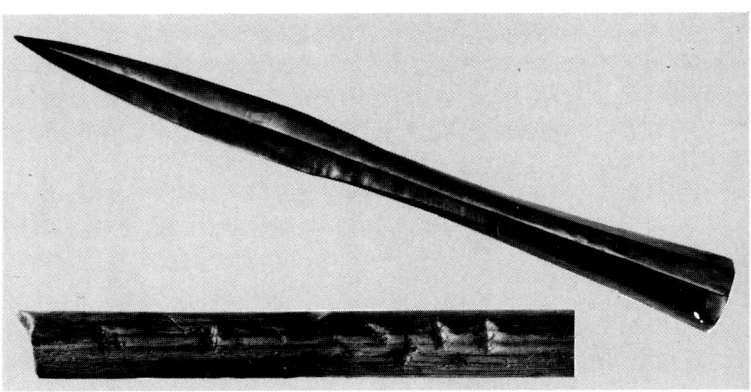

Abb. 53   Oerenburger Lanze. M 1:3 Lanzenspitze mit achtkantiger Tülle, Typ Egling (oben), Schaftteil mit Einkerbungen (unten).

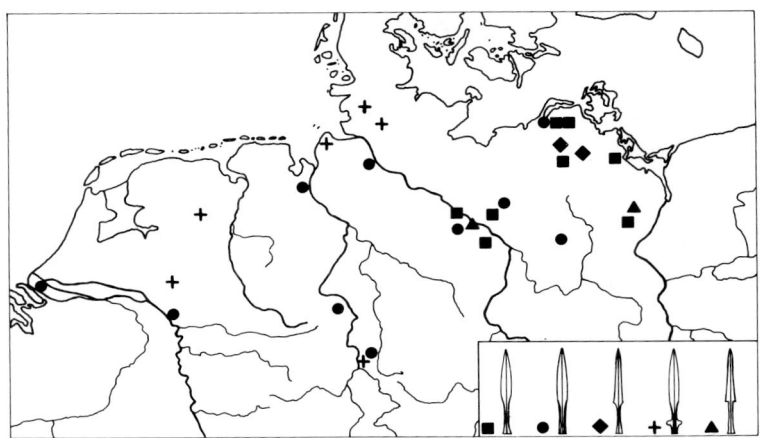

Abb. 54   Karte der Verbreitung von Lanzentypen, die mit den im Hannoverschen
Wendland gefundenen in Verbindung stehen (nach F. Stein, 1967 u. a.).

miges schmales Blatt mit einer langen achtkantigen Tülle. Sie
entspricht am besten den Lanzenspitzen vom Typ Egling, obwohl
die Tülle der Oerenburger Lanze nicht ein Drittel, sondern die
Hälfte der Gesamtlänge ausmacht (Abb. 53). Die Hauptverbrei-
tung dieses Lanzentyps liegt in Süddeutschland, besonders Würt-
temberg; im Norden tauchen sie nur vereinzelt auf (F. Stein, 1967,
T. 103). Werden auch Einzelfunde mit aufgenommen, ergibt sich
eine Verbreitung beiderseits der fränkisch-slawischen Grenze
(Abb. 54). Diese Verteilung verlockt, auch dem Fundzusammen-
hang der beiden anderen im Hannoverschen Wendland zeitgleichen
Lanzenspitzen nachzugehen. Die Gartower, vom Typ Nehringen,
besitzt ebenso wie die aus Hitzacker eine sechskantige Tülle, die im
Südkreis unbekannt ist. Diese Tüllenform zeigt sich an Flügellan-
zenspitzen der 2. Hälfte des 8. Jahrhunderts und ist auf den Norden
und Nordwesten beschränkt, während die älteren Lanzenspitzen
vom Typ Nehringen und die mit weidenblattförmigem Blatt ein
östliches Vorkommen aufweisen. Trotz der selektiven Darstel-
lungsmethode könnte in der Verbreitung der Lanzenspitzen mit
sechskantiger Tülle ein Hinweis auf den fränkischen Waffenhandel

141

mit den Slawen über das Hannoversche Wendland gewonnen werden. Die Form ist beiderseits der fränkisch-slawischen Grenze gleichermaßen gut vertreten. Vielleicht kamen die Lanzenspitzen über den im Diedenhofener Kapitular 805 genannten Handelsort Schezla in bzw. vor die Oerenburg und in die weitere Nachbarschaft.

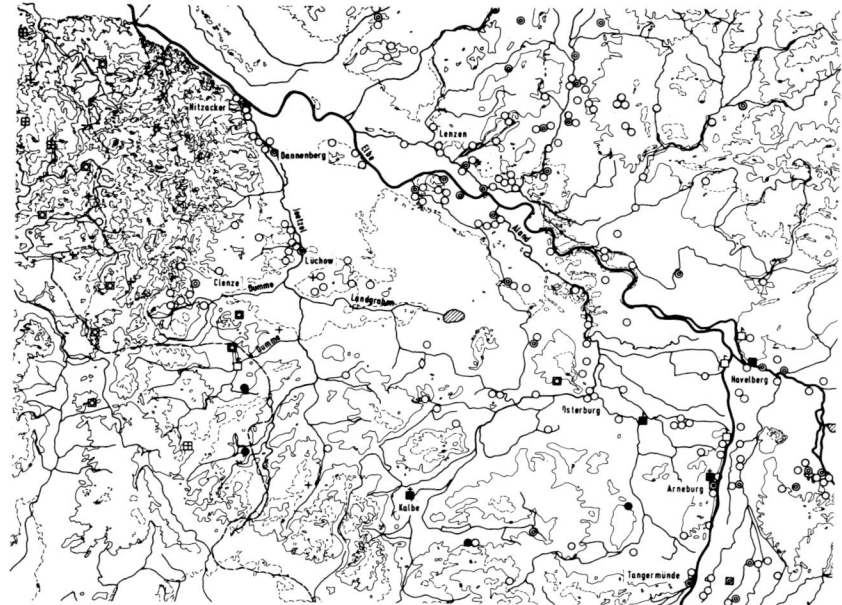

Abb. 55   Besiedlung des Hannoverschen Wendlandes und angrenzender Gebiete im 9.–10. Jahrhundert (Nachweis bei B. Wachter, 1984).

Der Oerenburger Burgwall des 8./9. Jahrhunderts scheint, den Funden nach zu urteilen, keine Fortsetzung im 10. Jahrhundert gefunden zu haben. Erst die spätslawische Zeit des 11./12. Jahrhunderts ist wieder gut belegt, wie der Übergang zur deutschen Burg des 12. Jahrhunderts.

In dem von Burgen gesicherten Gebiet zwischen Elbe und Drawehn kann es zur Herausbildung von Kleinstammstaaten gekommen sein, der ersten Phase staatlicher Organisation bei den Abodriten. Als Zeitraum für diesen Vorgang kämen die Jahre zwischen

142

822 und 929 in Betracht mit relativer politischer Ruhe von seiten des Reiches aus gesehen, ob das auch für die Slawen untereinander gilt, bleibt fraglich. Denn im 9./10. bis Anfang des 11. Jahrhunderts wurde die Burg Hitzacker zweimal zerstört und verstärkt wieder aufgebaut. Aber auf welche politischen Ereignisse die Zerstörungen zurückzuführen sind, ob auf innerslawische Machtkämpfe oder Auseinandersetzungen mit der deutschen Reichsmacht kann aus dem archäologischen Befund nicht beantwortet werden.

Zur Zeit Ottos I. verlagerte sich der Schwerpunkt des Reiches im Osten auf das Gebiet um Magdeburg. Im Zusammenhang mit den Feldzügen der Billunger sind u. a. zwei Burgen erwähnt, die bisher nicht eindeutig identifiziert werden konnten, aber gelegentlich mit Orten nahe der Elbe in Verbindung gebracht wurden: 955 Urbs

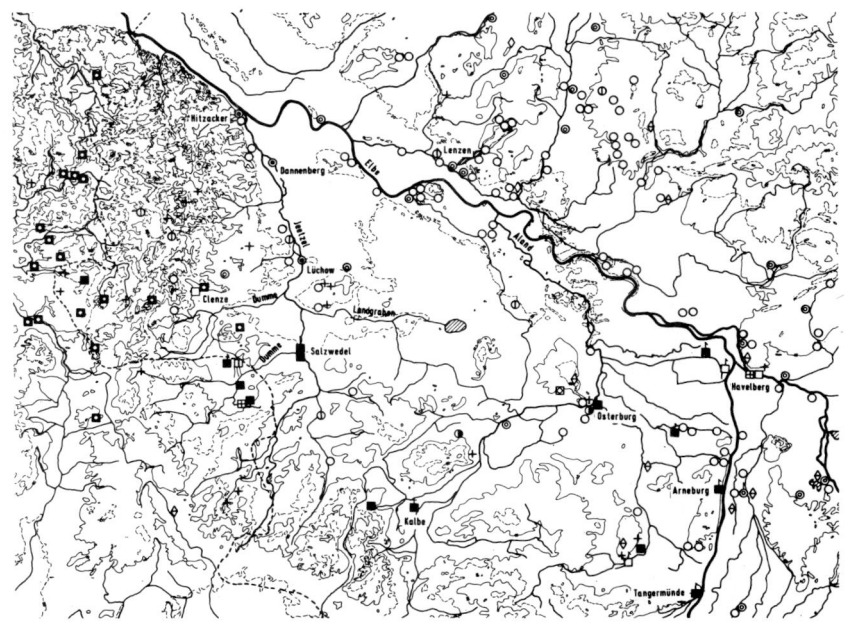

Abb. 56   Besiedlung des Hannoverschen Wendlandes und angrenzender Gebiete im 11.–12. Jahrhundert (Nachweis bei B. Wachter 1984).

Cocarescemiorum mit Kacherin östlich von Dannenberg (Brüske 1955) und ebenfalls bei Windukind 955 Suithleiscranne mit Dannenberg (Keseberg 1973). Beide Deutungen entbehren jeder Überzeugungskraft. Sicheren Boden gewinnen wir erst wieder mit der Beschreibung der Schlacht von 929 und der Kapitulation der Burg Lenzen, dem Höhbeck gegenüber. Die wendländischen Slawen oder die Drawänopolaben, wie ihr wissenschaftlich geprägter Name lautet, scheinen gar nicht oder für den Chronisten nicht erwähnenswert in die Kämpfe verwickelt gewesen zu sein. Der Schwerpunkt der Auseinandersetzung scheint in der Altmark und östlich davon gelegen zu haben. Die beiden Schatzfunde aus dem Kreis Salzwedel, von Leetze und Schernikau, vom Ende des 10. Jahrhunderts können davon zeugen.

Nach der Schlacht bei Lenzen 929 wurden zur Sicherung des Erfolges Burgwarde eingerichtet: an der Elbe Tangermünde und Arneburg, in der Prignitz Havelberg, Wittstock und Putlitz. Der Lutizenaufstand von 983 zwingt zum Rückzug aus dem ostelbischen Raum, und an der Elbe, nördlich von Magdeburg, wird eine Burgenkette erkennbar, die von der Hildagesburg über Wolmirstedt, Tangermünde, Arneburg bis Werben reicht, dann eine große Lücke aufweist und erst bei Artlenburg, Bardowick gegenüber, weitergeführt wird. Die Aussparung des Elbabschnittes von der altmärkischen Wische bis zum wendländischen Drawehn einschließlich kann nicht zufällig sein. Sie wird durch den im 11. Jahrhundert aus den Urkunden zu erschließenden Besitzstand in der Altmark und im südwestlichen Wendland, der Swinmark, ebenso unterstrichen wie durch die im 11. Jahrhundert erwähnten oder archäologisch nachweisbaren Burgen (Abb. 55): Osterburg, Salzwedel, Osterwohle südlich der Grenzgrabenniederung, die die Elbburgen ab Werben nach Westen ergänzt.

Die Einbeziehung dieses von deutscher Beherrschung ausgesparten Raums in einen slawischen Staat, dem Reich der Abodritenherrscher oder der Lutizen, ist andererseits nicht zu belegen. Die Karte für das 11. bis Anfang 12. Jahrhundert zeigt für alle bisherigen slawischen Siedlungsbereiche eine geringfügige Abnahme der Zahl von Siedelplätzen und auch an Burgen (Abb. 56). Die Aufgabe von

Burgen ist ein allgemeinslawischer Vorgang. Im Vorfeld der Staatenbildung erreichen die westslawischen Burgen zwar ihre größte Dichte, doch im Zuge der Bildung von festeren staatlichen Organisationsformen seit dem 9./10. Jahrhundert werden Flucht- und Volksburgen aufgegeben oder zu Adels- und Fürstensitzen umgewandelt. Ein Vorgang, der sich um den Höhbeck gut verfolgen läßt. Von den drei slawischen Burgen der Frühzeit bleibt nur die Fluchtburg bzw. befestigte Siedlung Meetschow bestehen, die um 1000 in eine kleine Herrenburg umgewandelt wurde. Ein ähnlicher Vorgang könnte sich auch auf der Oerenburg abgespielt haben. Für die geringere Zahl an dörflichen Siedlungen werden die Erklärungen problematischer, besonders auf dem Hintergrund der erheblich höheren Zahl an slawischen Flur- und Ortsnamen, die sich allein aus der Verlegung von Dorfstellen nicht erklären lassen.

Burghandwerk auf dem Weinberg in Hitzacker

Ähnlich wie die Linonen haben die Drawänopolaben versucht, sich ihre Selbständigkeit zu erhalten, aber eingedenk ihrer Lage militärisch wohl noch zurückhaltender. Die Zerstörung der Befestigungsanlagen auf dem Weinberg in Hitzacker im 10. Jahrhundert könnte als Beleg dafür gewertet werden, daß ihnen ihre Zurückhaltung nicht immer kriegerische Auseinandersetzungen ersparte. Der Wiederaufbau der Burg in neuer Technik und mit Bauten an der Innenfront des Walles beweist ihre Standfestigkeit. Ein sich entfaltendes Burghandwerk und weitreichende Handelsbeziehungen seit dem 11. Jahrhundert sprechen für eine hervorragende Stellung der Burg im Wendland (Abb. 8).
Zu den besonderen handwerklichen Fähigkeiten, die auf der Weinbergburg ausgeübt wurden und sich aus dem Fundgut erschließen lassen, gehört die Bearbeitung von Horn- und Knochenmaterial, belegbar an vielen Beispielen vom Rohstoff, über Rohlinge bis zum fertigen Stück (Abb. 14.1). Zu den Produkten dieses Handwerks zählen Dreilagenkämme, Pfrieme, Nähnadeln und verzierte Knochenplatten, dazu Schachfiguren, zwei Türme, die aber aus strati-

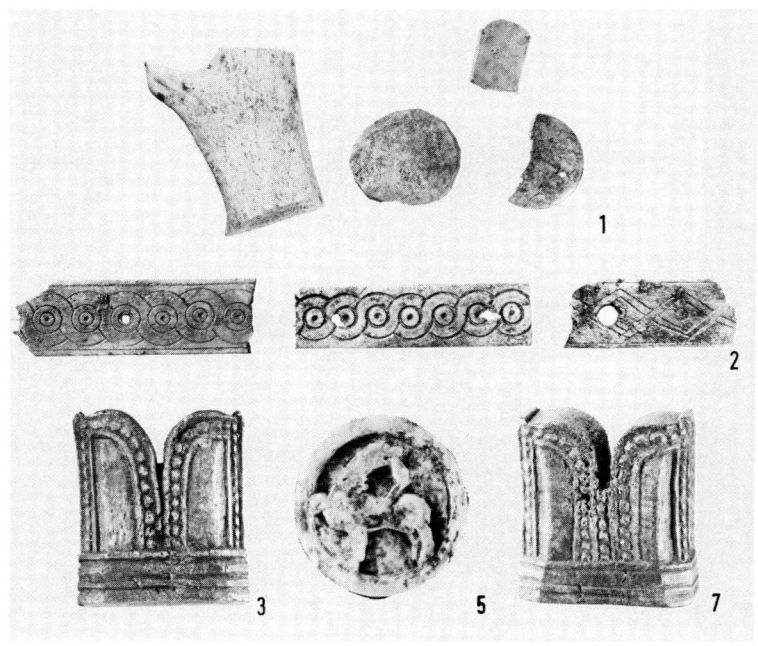

Abb. 57   Weinberg in Hitzacker/Elbe. Horn- und Knochenverarbeitung im 11./
12. Jahrhundert. 1 M 1:4, 2–4 M 1:2, 5 M 1:1.

graphischen Gründen in die zweite Hälfte des 12. Jahrhunderts
gestellt werden müssen (Abb. 57.2–5).
Bronzeguß und -bearbeitung erschließen sich aus dem Fund einer
Bronzegußplatte (Abb. 58.7) und einem unbearbeiteten Bronze-
blechstück, beide aus Glockenbronze. Aus derselben Schicht
stammt ein fertiger Bronzeblech-Fingerring. Von anderen, wohl
importierten Bronzefunden seien hier genannt: Gürtelschnallen
mit plastischen Verzierungen, verschiedene Beschlagstücke, kerb-
schnittartig mit tierkopfähnlichen Enden verziert (Abb. 58.1, 4).
Ein vergoldeter Messerscheidenbeschlag aus Bronze (Westimport)
gehört in diesen Zusammenhang (Abb. 58.2). Ein winziges Gold-
blechstück kann wegen seiner Lage, seiner ausgezackten Form und

blasigen Oberfläche als Werkstück angesprochen werden und zu Vergoldungen oder zur Herstellung von Goldschmuck benutzt worden sein. Etwas tiefer wurde die goldene Perle eines Beerenohrringes gefunden.

Zum häufig benutzten Schmuck gehören Glasringe: 47, entweder vollständige Ringe oder Stücke davon, konnten auf dem Weinberg geborgen werden, darunter 22 Fingerringe, meist zweifarbig in gelbgrün und sechs Glasperlen in gelb, grün, blau und durchsichtig (Abb. 58.3). Weiterhin fanden sich Glasplättchen und Glasflußreste und inmitten dieser Fundstelle eine Holzkiste, in der unter großen Feldsteinen die zerschlagenen Reste einer Ofenkuppel lagen. Anzahl und Art der Glasfunde sprechen für eine eigene Herstellung von Glasschmuck, nicht für Rohglasproduktion.

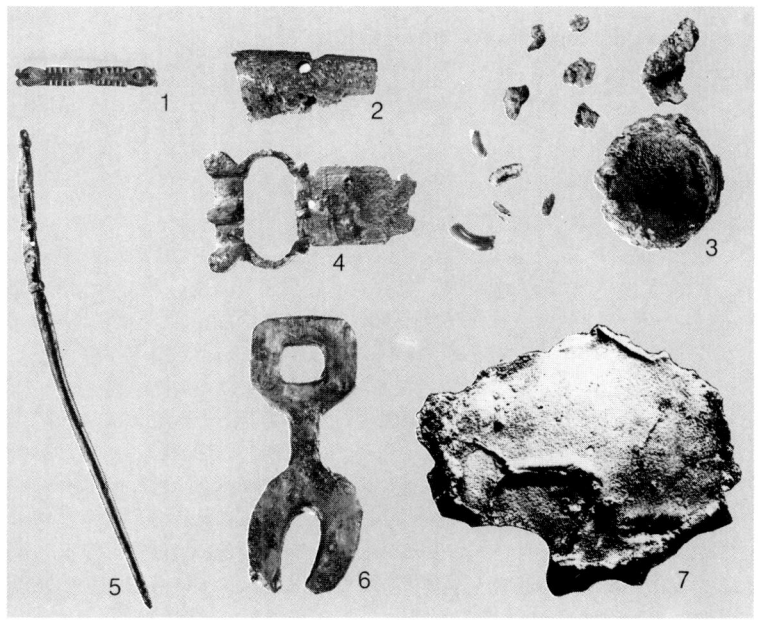

Abb. 58   Weinberg in Hitzacker/Elbe. Bronze- und Eisenfunde des 11./12. Jahrhunderts. 1–6 M ca. 1:2, 7 M ca. 1:4.

Neben den hier besprochenen Burghandwerken muß von Anfang an mit der Herstellung von Keramik auf der Burg selbst oder in unmittelbarer Nähe gerechnet werden, wenn auch ein Teil der Ware mit Tributleistungen oder als Import auf die Burg gelangte. Für eine eigenständige Gliederung der slawischen Keramik des Hannoverschen Wendlandes erscheint mir die Quellenbasis wenig aussagefähig. Frühere Versuche (Grenz und Harck) führten nur neue Bezeichnungen ein, ohne Unterscheidungen zur Keramikgliederung Mecklenburgs durch Schuldt herausstellen zu können. Die Frühphase der slawischen Keramik wird von den unverzierten Gefäßen der Sukower Gruppe bestimmt (Abb. 59), doch fast gleichzeitig treten Feldberger Formen und vereinzelt Menkendorfer Keramik auf, die ab der 2. Hälfte des 9. Jahrhunderts vorherrscht (Abb. 60). In Einzelstücken ist die Woldegker Gruppe vertreten und der Fresendorfer Typ in einer – wie mir scheint – eigenständigen Variante, die bisher in Hitzacker-Weinberg und in Oerenburg vertreten ist: Töpfe mit einziehendem Rand; das Gefäß-

Abb. 59   Oerenburg, Gem. Klein Breese. Unverziertes slawisches Gefäß.
M ca. 1:2.

Abb. 60 Hitzacker/Elbe. Slawisches Gefäß, Typ Menkendorf. M ca. 1:2.

oberteil ist mit umlaufenden Leisten versehen, die mit Dellen, seltener mit Kerben verziert sind oder im Wechsel unverziert bleiben (Abb. 61). Ähnlich wie in anderen Gebieten kann ein Qualitätsverfall der Keramik beobachtet werden, der besonders an der Feldberger Ware abzulesen ist. Die aufgezeigte Tendenz läßt sich nun auch bei der spätslawischen Ware beobachten. Neben ausgeprägt schönen Exemplaren der Teterower, Weisdiner und Bobziner Gruppe und auch bei der Warder Gruppe treten daneben eine Reihe von recht einfachen Gefäßtypen auf, die nicht auf der schnelldrehenden Töpferscheibe hergestellt wurden.

Obwohl das Ende der slawischen Keramik in Hitzacker nicht absolut datiert werden kann, geben das Fehlen von Bodenmarken und von einer vergleichbaren Spätphase slawischer Keramik wie die Ringaugentöpfe Lübecks und wie die Schalen mit innerer Gurtung, die in Oldenburg das 12. Jahrhundert repräsentieren, Anhaltspunkte für eine unterschiedliche Entwicklung mit einem frühen und fast abruptem Auslaufen slawischer Keramikproduktion im Hannoverschen Wendland.

149

Abb. 61   Weinberg in Hitzacker/Elbe. Wendländische Keramik. M 2:3.

Deutsche Keramik

Nur auf den wegen ihres Gesamtfundbestandes als hervorragend
für das 10.–12. Jahrhundert zu bezeichnenden Burgen in Hitzacker
und Dannenberg findet sich mit wachsendem Anteil deutsche Ku-
geltopfware in allen Entwicklungsstufen neben der dominierenden
slawischen Keramik. Bei der Burggrabung in Lüchow deutet sich
eine ähnliche Fundsituation an. Dagegen fehlt auch nach den umfangreichen Burggrabungen auf den kleineren Burgen in Meetschow und der Oerenburg und bei der Probegrabung in Clenze der
frühe Kugeltopf. Deutsche Keramik taucht dort erst mit der grauen
Irdenware des 12./13. Jahrhunderts auf. Das gleiche gilt, soweit
nach Untersuchungen und Fundbergungen bekannt, für slawische
Siedlungsplätze und in Rundlingsdörfern. Eine Ausnahme bilden
zwei Kugeltöpfe des 10. Jahrhunderts von einer Brückenstelle bei
Restorf. Die Fundverteilung erklärt sich aus der Feststellung, daß
der Kugeltopf einen Fortschritt der Kochtechnik darstellt, der sich
zunächst auf den größeren Burgen durchsetzt und ab dem 11. Jahr-

hundert auch im Grenzraum nahe den deutschen Produktionsgebieten.

Nichtslawische Keramik tritt in Hitzacker-Weinberg mit den
Schichten des 9. Jahrhunderts auf, die ihre Parallelen besonders in
der Hamburger Geestkeramik finden. Ab 10. Jahrhundert finden
sich alle Stufen der Entwicklung der Kugeltöpfe, von der grobgemagerten Irdenware (oder weichen Grauware) bis zur harten, grauen Irdenware im 12. Jahrhundert. Die Leitform ist zunächst der
braunrote bis graue Kugeltopf mit meist runder, aber auch schon
profilierter Randgestaltung. Diese Gefäße wurden weit verhandelt.
Die Analyse der Randformeneigenschaften ergibt eine relative
Gleichförmigkeit des Keramikbestandes. Vielleicht ein Hinweis
auf eine geringe Eigenproduktion oder den Import der Kugeltöpfe.
In der nächstfolgenden Schicht (2. Hälfte des 12. Jahrhunderts) ändert sich das Bild schlagartig mit einer erstaunlichen Formenvielfalt
von über 80 unterscheidbaren Randausprägungen. Dazu gesellen
sich kumpf- und tonnenartige Gefäße. Wahrscheinlich entstehen
nun mehr und näher gelegene Produktionsstätten. Als ausgespro

Abb. 62   Dannenberg/Elbe. Ottonische Keramik. M 2:3.

151

chene Importware des Westens findet sich seit Ende des 10. Jahrhunderts gelbtonige Irdenware mit leicht körniger Oberfläche und roter Bemalung, die Pingsdorfer Keramik bzw. ihre Derivate. Ebenfalls seit dem 10. Jahrhundert zeichnen sich Konvergenzerscheinungen zwischen slawischer und deutscher Keramik ab, zuerst als »ottonische« Keramik (Abb. 62), dann Gefäße mit kurzen, abgestrichenen und zipfligen Rändern.

Metallverarbeitung

Eisenschlacken finden sich zuerst in den Siedlungsschichten des 11. Jahrhunderts, so daß die Verarbeitung von Eisen auf der Burg selbst seit dieser Zeit anzunehmen ist. In der Nähe des Weinberges (2,5 km südlich) wird durch Oberflächenfunde eine weitere Verarbeitungsstätte angezeigt. Von der Weinbergburg stammt ein kunstvoll mit Silber verarbeiteter Reitersporn.

Die weitreichenden Beziehungen der slawischen Burgherren des 11. und zu Beginn des 12. Jahrhunderts lassen sich neben den schon genannten Handelsverbindungen auch an zwei Silbermünzen zeigen, die beide in die zweite Hälfte des 11. Jahrhunderts gehören: einem niederelbischen Agrippiner, dessen Prägeort wahrscheinlich Bardowick ist, und einem späten Sachsenpfennig, wie er in vielen Varianten im deutsch-slawischen Grenzgebiet nach Magdeburger Vorbildern nachgeahmt wurde, so daß Münzherr und -stätte anonym bleiben. Hinzu kommt der Fund eines Bleigewichtes in Form einer runden Platte. Das Gewicht beträgt 99 g und dürfte nach deutschen Maßen 1/4 Pfund (4 Unzen) repräsentieren.

Tierhaltung und Ackerbau

Auf allen Burgen wurde der Fleischkonsum mit rund 90 Prozent und z. T. darüber durch Haustiere gedeckt. (B.-M. Kocks, 1978; H. Walcher, 1978; H. Ziegler, 1985). Der Anteil der Vogelknochen liegt um oder unter 3 Prozent aller Tierknochen. Der Anteil der

Wildvögel unter den Vogelknochen beziffert sich in slawischer Zeit für Hitzacker auf 20 Prozent und für Dannenberg nur auf 10 Prozent, nimmt danach aber ab. Als Hausvogel dominiert das Huhn, bei den Wildvögeln naturgemäß die Wasservögel (J. Boessneck, 1982). Der Anteil an Fischen auf der Speisekarte der Burgbewohner in Hitzacker beträgt für die slawische Zeit 1,6 Prozent, nimmt wie die Vogelknochen im Verlauf des Mittelalters jedoch ab, bemerkenswert für einen Platz an der Mündung der Jeetzel in die Elbe. Bei der Bewertung der Zahlen muß allerdings die höhere Vergänglichkeit der Fischreste in Betracht gezogen werden, so fehlt z. B. ein Beleg für den Aal, der mit Sicherheit auch damals schon als Speisefisch geschätzt wurde. Seit dem 11./12. Jahrhundert tauchen Seefische im Fundgut auf, und seit dem 12. Jahrhundert erhöht sich der Anteil der Wertfische (v. d. Driesch, 1982).

Als Hauptfleischlieferant muß in Hitzacker und Meetschow für alle Zeitstufen das Schwein gelten, gefolgt von Schaf, Ziege und dem Rind. In Dannenberg, Oerenburg und Clenze scheint das Rind den ersten Platz einzunehmen. In der Umgebung der Dannenberger Burg und der Oerenburg lagen zweifelsohne mehr Weideflächen für Rinder. Sonst gab es bei den anderen Burgen ein nahezu ausgewogenes Verhältnis zwischen Rinderweiden und Eichenmischwäldern für die Schweinemast. Darin mag ein Hinweis liegen auf die Herkunft des verzehrten Fleisches. In Meetschow stammten die Schweine sicher aus den Siedlungen am Höhbeckrand, der Burg gegenüber, und in Hitzacker vom Ostrand des Drawehns. Für ein Abgabeverhältnis spricht außerdem, daß auf dem Weinberg mehr Eber- als Sauenknochen gefunden wurden (Kocks 1978, 209). Daneben muß aber auf dem Weinberg auch eine eigene Schweineaufzucht betrieben worden sein, bei der Kleinräumigkeit der Burg eine erstaunliche Tatsache.

Aufschluß über den Ackerbau geben pflanzliche Großreste aus einem Haus des 10. Jahrhunderts in Hitzacker-Weinberg, danach wurde hauptsächlich Roggen und Gerste angebaut, auch in Meetschow machen etwas später diese beiden Getreidearten den Hauptanteil aus; geringer sind Emmer, Zwergweizen, Hafer und Rispenhirse vertreten. Da entsprechende Funde aus Siedlungen bisher

153

nicht vorliegen, könnten sich die Befunde auch auf Abgabe- und Speichergewohnheiten beziehen (Willerding, 1979). Pollenanalytische Befunde legen nahe, daß neben dem Getreideanbau der Viehwirtschaft eine erhebliche Bedeutung zukommt.

Hausbau

Aus den Siedlungsgrabungen lassen sich bisher Dorfformen mit locker gestreuten Gehöften vermuten, in denen Blockbauweise vorherrschte, in einer Hausecke befanden sich Feldsteinherde (Jankuhn 1962; Steuer 1973). Bei den Burggrabungen sind ebenfalls Häuser in Blockbautechnik angetroffen worden, die in das 10. Jahrhundert gehören, außerdem Grubenhäuser und Häuser mit aufwendigem Wandaufbau. In der Oerenburg wurde ein kleiner Speicher von 2 × 2 m mit Spaltbohlenwänden aus dem 8./9. Jahrhundert aufgedeckt und in einer Siedlung der Meetschower Burg gegenüber ein ähnlicher Bau aus dem 11. Jahrhundert.

Frühstädtische Siedlungen

Mit der Entfaltung eines Burghandwerks in Hitzacker und Dannenberg, das auf die Befriedigung eines gehobenen Bedarfs ausgerichtet war, stellt sich die Frage nach der Entwicklung von frühstädtischen Siedlungen. In Hitzacker weisen bisher nur die reichen Funde aus den Burggrabungen auf dem Weinberg auf eine Besiedlungsweise hin, die den dörflichen Rahmen überschritt. Denn die weit gestreuten Funde unterhalb der Burg, an der Jeetzel entlang geben nur allgemeine Kenntnisse über eine Siedlung seit dem 9. Jahrhundert (vgl. S. 178 f.). In Dannenberg wurde bisher intensiver nur im Vorburgbereich gegraben, so daß nur dort eine frühstädtische Entwicklung greifbar wird (vgl. S. 185 ff.). In Lüchow sind erst in den letzten Jahren bei Baugrubenbeobachtungen und bei der Burggrabung Hinweise auf eine frühe Siedlungsgeschichte erkennbar geworden (vgl. S. 216 ff.). In allen anderen Städten und

Flecken des Hannoverschen Wendlandes lassen sich ähnliche Ansätze nicht bemerken.

Ablösung der slawischen Herrschaft – deutsche Grafschaftsverfassung

Die Ablösung der slawischen Herrschaft kann nach den bisherigen Befunden auf der Weinbergburg, in Meetschow, Lüchow und der Oerenburg friedlich, d. h. ohne große Zerstörungen vor sich gegangen sein. Deutsche Ritter- und Grafengeschlechter werden im Verlauf der ersten Hälfte des 12. Jahrhunderts und im Rahmen einer neuen Grafschaftsverfassung den Wechsel vollzogen haben. Ein Wechsel, der vor dem Auftreten Heinrichs des Löwen beginnt.
1144 wird Graf Hermann v. Lüchow, 1153 Graf Volrad v. Dannenberg und 1162 der Ministeriale Thiedericus von Hitzacker genannt. Die Lüchower Grafen saßen vorher in Warpke, südlich von Clenze. Die Dannenberger Grafen stammen aus dem Geschlecht der Edlen von Salzwedel. Beide Familien waren in der Altmark reich begütert und gründeten dort ihre Hausklöster. Ihr Vorstoß aus der nördlichen Altmark ins Wendland folgte einem Zug der Zeit. Heinrich der Löwe griff im Rahmen seiner Ostpolitik ebenfalls ein und besetzte die Burg Hitzacker mit einem herzoglichen Amtsträger. Dieser Vorgang scheint eine Bestätigung der hervorragenden Stellung der Weinbergburg unter slawischer Herrschaft zu sein.
Im Gefolge der Grafen oder unabhängig von ihnen drangen Ritter aus der Altmark in das Wendland vor. Von den 21 dafür in Frage stehenden Burgstellen sind nur vier teilweise untersucht worden (Restorf, Pölitz, Quarkenburg und Rahnsburg), zumeist von A. Pudelko. Zu diesen Anlagen sind noch ehemals slawische Burgen zu zählen, die von deutschen Rittern besetzt wurden, wie in Meetschow und vermutlich in Clenze und Oerenburg. Ihre Verteilung beschränkt sich auf das südliche bis mittlere Wendland. Sie finden sich auch in der Lucie, während der Nordwesten, besonders der Drawehn, ohne derartige Burgen bleibt.
Der Wechsel von der Herrschaftsorganisation des slawischen Adels zur Deutschen Grafschaftsverfassung unter Beteiligung der Mini-

sterialität bedeutete das Ende der materiellen Kultur der Slawen, nicht aber ihrer Sprache und Grabsitten. Das zeigen Gräberfelder mit heidnischen Bräuchen, wie den Charonspfennig, in Spranz, Növenthien und Bösel, die bis zur Pastorisierung, der Durchführung kirchlicher Organisation im ländlichen Raum, im 13. Jahrhundert belegt wurden.

Mit den Grafen begann die dritte Phase der Besiedlung des Wendlandes, nach den Langobarden und den Slawen, nun die Deutschen. In den Altsiedelgebieten an Elbe und Jeetzel wurden im Zuge eines Siedlungsausbaus Rundlinge als erste Kolonisationsform gegründet und später, nach einem Wüstungsvorgang, Straßendörfer im Öring und um Clenze. Im Bereich der Niederen Geest läßt sich eine geschlossene Aufsiedlung mit Rundlingen erkennen. Die Herkunft der Neusiedler ist umstritten. Für die schon früher besiedelten Zonen kann es sich im wesentlichen um eine Binnenkolonisation gehandelt haben. An der Besiedlung von Teilen der Flußmarsch und dem Drawehn können auch Umsiedler aus dem Ostelbischen Raum oder dem Altreich, besonders aus der Altmark, beteiligt gewesen sein.

Literatur:

J. Boessneck, Vogelknochenfunde aus der Burg auf dem Weinberg in Hitzacker/ Elbe und dem Stadtkern von Dannenberg/Jeetzel (Mittelalter). Neue Ausgrabungen und Forschungen in Niedersachsen 15, 1982, 345–394 – T. Capelle, H. Jankuhn u. G. Voelkel, Probegrabungen auf einer slawischen Siedlung bei Rebenstorf, Kreis Lüchow-Dannenberg. Nachrichten aus Niedersachsens Urgeschichte 31, 1962, 58–108 – P. Caselitz, F.-A. Linke u. W. Berndt, Ein frühgeschichtliches Gräberfeld bei Wedderien, Gem. Göhrde, Ldkr. Lüchow-Dannenberg. Nachrichten aus Niedersachsens Urgeschichte 49, 1980, 175–211 – A. v. d. Driesch, Fischreste aus der slawisch-deutschen Fürstenburg auf dem Weinberg in Hitzacker. Neue Ausgrabungen und Forschungen in Niedersachsen 15, 1982, 395–423 – O. Harck, Nordostniedersachsen vom Beginn der jüngeren Bronzezeit bis zum frühen Mittelalter. Materialhefte zur Ur- und Frühgeschichte Niedersachsen 7, 1972/73 – B.-M. Kocks, Die Tierknochenfunde aus den Burgen auf dem Weinberg in Hitzacker/Elbe und in Dannenberg (Mittelalter) I. Die Nichtwiederkäuer. Diss. München 1978 – G. Körner, Der Urnenfriedhof von Rebenstorf im Amte Lüchow. Die Urnenfriedhöfe in Niedersachsen, Bd. II, 3 u. 4, 1939 – M. Last, Burgen des 11. und frühen 12. Jahrhunderts in Niedersachsen. In: H. Patze (Hrsg.), Die Burgen im Deutschen Sprachraum. 1976, 383–513 – Ders., Niedersachsen in der Merowinger- und Karolingerzeit. In: H. Patze (Hrsg.), Geschichte Niedersachsens, Bd. 1, 1977, 3543–652 – A. Leube, Die Langobarden. In: Die Germanen, Bd. II: Die Stämme und Stammesverbände in der Zeit vom 3. Jahrhundert bis zur Herausbildung der politischen Vorherrschaft der Franken. 1983, 584–631 – W. Meibeyer, Siedlungsgeographische Untersuchungen an linearen Ortsgrundrißformen im Hannoverschen Wendland. In: J. Stadelbauer (Hrsg.). 1979, 121–148 – W. Nowothnig, Frühgeschichtliche Waffenfunde aus Niedersachsen. Kunde, N. F. 9, 1968, 101–110 – A. Pudelko, Ein alter West-Ost-Übergang durchs Elbtal in Anlehnung an den Höhbeck. Kunde, 16, 1965, 158–165 – H. K. Schulze, Das Wendland im frühen und hohen Mittelalter. Niedersächsisches Jahrbuch für Landesgeschichte 44, 1972, 1–8 – F. Stein, Adelsgräber des elften Jahrhunderts in Deutschland. 1967 – H. Steuer, Probegrabungen auf germanischen und slawischen Siedlungen im Hannoverschen Wendland. Nachrichten aus Niedersachsens Urgeschichte 42, 1973, S. 293–300 – Z. Vana, Einführung in die Frühgeschichte der Slawen. 1970 – B. Wachter, Frühgeschichtliche Burgen und frühe Städte im Hannoverschen Wendland. Rapports du IIIe Congrès International d'Archéologie Slave, Bratislava 7–14 septembre 1975, Tome 1, 1979, 883–891 – H. F. Walcher, Die Tierknochenfunde aus den Burgen auf dem Weinberg in Hitzakker/Elbe und in Dannenberg (Mittelalter), II. Die Wiederkäuer. Diss. München 1978 – K. Weidemann, Das Land zwischen Elbe und Wesermündung vom 6.–8. Jh. Führer zu vor- und frühgeschichtlichen Denkmälern, Bd. 29. Das Elb-Weser-Dreieck I, Mainz 1976, S. 227–250 – U. Willerdings, Vegetation und Ackerbau im Hannoverschen Wendland während des Mittelalters. Rapports du IIIe Congrès International d'Archéologie Slave, Bratislava 7–14 septembre 1975, 905–915 – R. Ziegler: Die Tierknochenfunde von der Oerenburg bei Klein Breese, Gem. Woltersdorf, Ldkr. Lüchow-Dannenberg. Nachrichten aus Niedersachsens Urgeschichte 54, 1985, 163–198

Berndt Wachter

Die Rundlingsdörfer

Der Landkreis Lüchow-Dannenberg (im folgenden verkürzt Wendland genannt) ist das an Rundlingsdörfern reichste Teilgebiet Niedersachsens. Die westlich und südlich benachbarten alten Landkreise Lüneburg, Uelzen, Gifhorn sowie Helmstedt weisen allerdings ebenfalls Rundlinge in nicht unerheblicher Zahl auf. Diese sind freilich in der Öffentlichkeit weit weniger bekannt, weil in ihnen historische Bauernhausbauten nur in geringerem Maße erhalten geblieben sind, als das im Wendland der Fall ist, wo die ins 19. Jahrhundert, aber vereinzelt durchaus auch weiter zurückreichenden kunstvoll gezimmerten und geschmückten alten Fachwerkhäuser eine besondere kulturhistorische Anziehung auf Besucher ausüben. Der Begriff des Rundlings wird daher nicht selten mit erhalten gebliebenen repräsentativen traditionellen Mittellängsdielenhäusern in Zusammenhang gebracht.

Dieses geschieht aber zu Unrecht. Denn mit dem Begriff des Rundlings verbindet sich primär ausschließlich eine Siedlungsgrundrißform ohne Bezug zu Art, Gestalt und Alter der Bebauung. Allein die Grenzen der in der Ortslage befindlichen Hofgrundstükke, die Lageorientierung der Siedlung im Gelände (mit Bezug zur feuchten Niederung, zum trockenen ackerfähigen Land und zum Wegenetz) sowie die Bauernklassenstruktur der Höfe entscheiden über die Zuordnung zu einer Siedlungs(grundriß)form wie Rundling, Straßendorf, Haufendorf o. ä. Die Tatsache, daß es historisch zufällige, wirtschaftlich für das Wendland nachteilige jüngere Entwicklungsprozesse gewesen sind, welche das alte Baubild hier länger als anderswo konserviert erhalten haben, ist für die Benennung der Dörfer im ostniedersächsischen Gebiet als Rundlinge unerheblich, zwingt aber die Rundlingsforschung zu einem quellenmäßigen Rückgriff auf eine frühere Zeit, als moderne Eingriffe in die Siedlungen noch wenig an den aus dem Mittelalter überkommenen Dorfformen verändert hatten: Die im Rahmen der Verkoppelung (Separation) meist in der ersten Hälfte des 19. Jahrhunderts entstandenen genauen Flurkarten (Maßstäbe 1:3200 oder 1:2133 1/3) sind der geeignetste Ansatz für die Erfassung und siedlungsgeographische Erforschung unserer Siedlungsformen. Auf ihnen als der wichtigsten Quellengrundlage baut die Untersuchung von Verbreitung, siedlungsgeographischer Struktur und genetischen Prozessen aller Dörfer und so auch der Rundlingsdörfer in unserem Raum auf.

Als Ergebnis der Durchmusterung aller Flurkarten bzw. der darin enthaltenen Ortsgrundrisse im östlichen Niedersachsen ergibt sich eine definitorische Formbeschreibung des Rundlings nach allgemeinen ›wesentlichen‹ Formelementen: Die Hofstellen haben keil- oder sektorenförmigen Grundriß und ordnen sich in Halbkreis-, Hufeisen- oder unterschiedlich regelmäßiger Vollkreisform um einen Dorfinnenraum, dessen individuelle Formgestaltung von einer kreisförmigen Platzanlage (mit unmittelbar daran anstoßenden Gebäuden) bis zu einer schmalen Sackgasse reichen kann. In aller Regel hat der Rundling nur *eine* Zuwegung, die zumeist auf das Ackerland hin ausgerichtet ist. Die Zahl der (ursprünglichen) (Vollhufen-)Stellen beträgt zumeist unter zehn. Mittelalterliche Kirchen liegen stets außerhalb am Rande des Dorfes. Vereinzelt kommen Kapellen im Bereich des Hofringes vor (Abb. 63).

Diese allgemeinen ›wesentlichen‹ Formelemente, die als definitorisch notwendig gelten, sind einerseits zu ergänzen durch regional vergesellschaftet auftretende ›unwesentliche‹ Formvarianten (welche z. B. Krenzlin (1931) zur Unterscheidung der wenig glücklich benannten sog. »echten«, »unechten« Rundlinge, Sackgassendörfer etc. veranlaßten), andererseits durch die bei jedem Dorf anzutreffenden individuellen Formvarianten. Bei den Rundlingsdörfern kann in diesem Sinne z. B. ausnahmsweise durchaus ein den Hofring querender zweiter (evtl. jüngerer oder durch topographische Umstände bedingter) Zugang bei sonst vollständigem Vorliegen der notwendigen Formelemente akzeptiert werden.

Die Verbreitung von Rundlingsdörfern in Niedersachsen sowie in der angrenzenden Altmark (nach Buttkus, 1951) ergibt sich für die

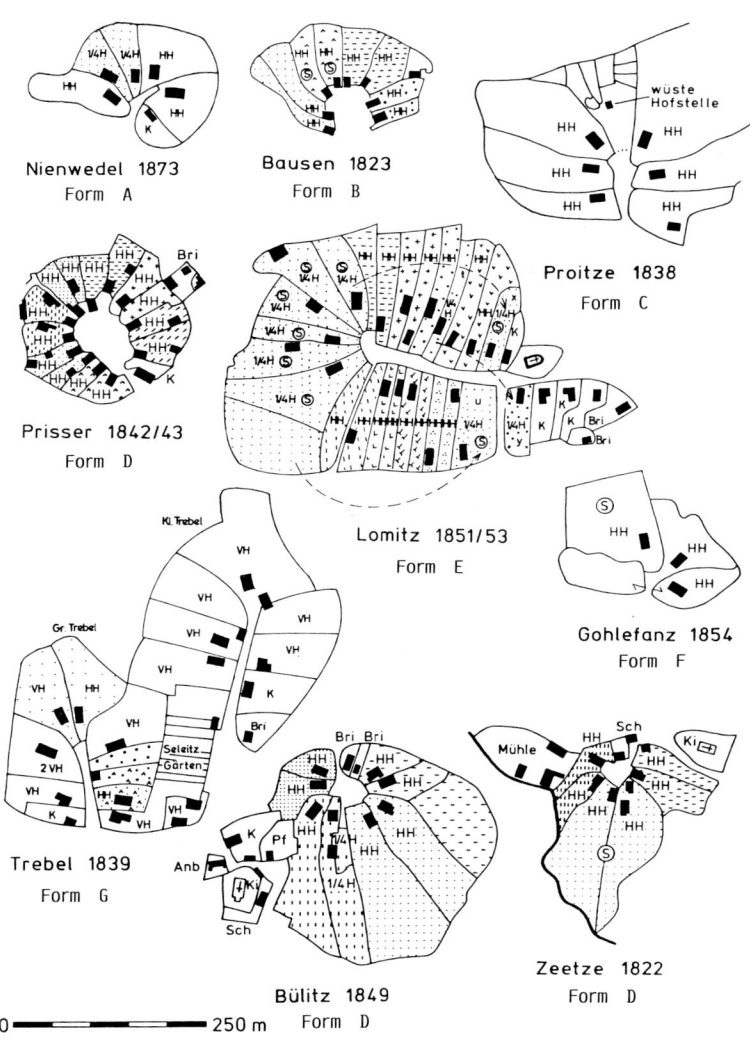

Abb. 63 Variationsformen (Formentypen) des Rundlings im Kreisgebiet Lüchow-Dannenberg (vgl. Abb. 66).

160

Zeit ca. 1800 bis 1850 aus Abb. 64. Sie sind an den östlichen Teil des Landes gebunden, wo sie sich zusammen mit den altmärkischen Vorkommen in das Gesamtverbreitungsgebiet der Rundlinge in Mitteleuropa einreihen, das von der Ostsee in einem unterschiedlich breiten, z. T. unterbrochenen Streifen vergesellschaftet mit anderen Dorfformen bis zum Erzgebirge reicht. Dieser Verbreitungsraum gehört zum Gebiet der mittelalterlichen Ostkolonisation, als deren westlichster Bereich er an das sog. Altsiedelland anstößt (Meibeyer, 1964).

In den östlichen Teilen der Landkreise Lüneburg und Uelzen setzen sich die wendländischen Rundlingsvorkommen fort, ohne jedoch die Ilmenau nach Westen nennenswert zu überschreiten. Ähnlich bestimmen Rundlinge in den nördlich der Aller gelegenen Kreisteilen von Gifhorn und Helmstedt östlich der Ise fast ausschließlich das mittelalterliche Siedlungsbild. Südlich der Aller sind Rundlingsdörfer nur sporadisch anzunehmen. Besonders interessant erweisen sich jedoch zwei kleine Gruppen westlich von Braunschweig bei Bortfeld und im Schunterbogen nordwestlich von Königslutter. Denn diese besitzen zwar alle charakteristischen Formmerkmale des Rundlings, kontrastieren aber in der auffälligsten Weise mit dem Siedlungsbild der Umgebung. Sie stehen nicht in räumlichem Zusammenhang mit den geschlossenen Vorkommen nördlich der Aller. Nicht in allen Fällen ist eine Ansprache als Rundling trotz der vorgegebenen Merkmale objektiv sicherzustellen. Daher wurden »rundlingsverdächtige«, unsicher zu entscheidende Fälle besonders angemerkt. Wegen ihres räumlich mit Hinweisen auf ehemalige Siedlungstätigkeit von Slawen (z. B. Orts- und Flurnamen) parallelen Auftretens sind die Rundlingsdörfer nicht nur für eine slawisch beeinflußte, sondern von verschiedenen Autoren sogar für eine den Slawen bzw. Wenden ursprünglich volkstümlich eigene Siedlungsform gehalten worden. Darüber hinaus erregte auch die charakteristische Grundrißform hinsichtlich Entstehung und Zweckbestimmung besonderes Interesse, das sich als Forschungsproblem in vier Fragen zusammenfassen läßt (Meibeyer, 1972):

1. Ist der Rundling eine planmäßige Siedlungsform, die ihre ur-

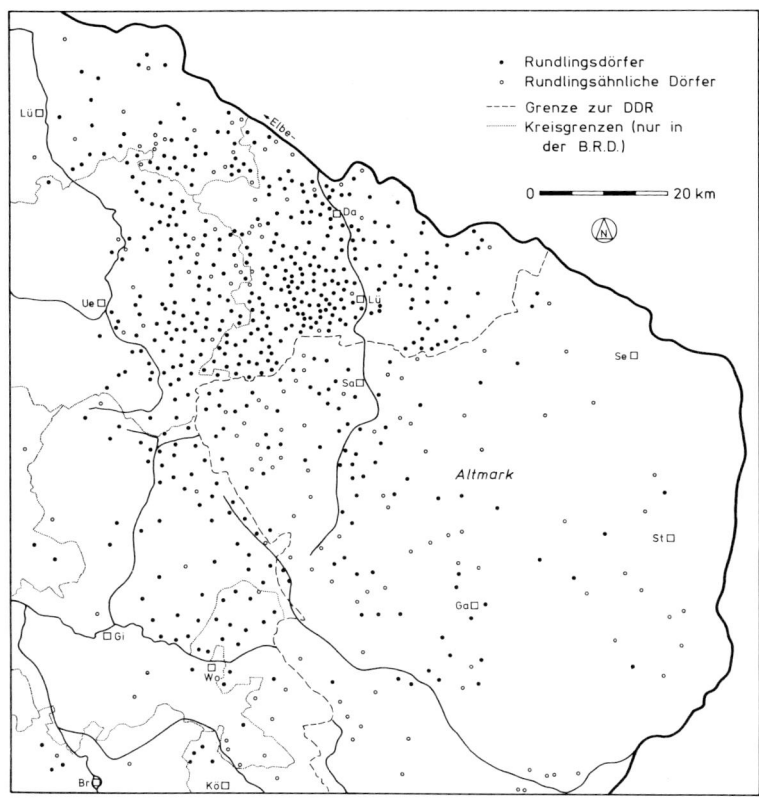

Abb. 64 Die Verbreitung von Rundlingsdörfern im östlichen Niedersachsen und
der Altmark (nach Buttkus, 1953).

sprüngliche Gestalt in einem einheitlichen Gründungsakt erhalten
hat? Gibt es darüber hinaus (sekundäre) Entwicklungsprozesse?
2. Läßt sich mit der Grundrißform des Rundlings eine primär
beabsichtigte Funktion, insbesondere Verteidigungsfunktion verbinden?
3. Wann und unter welchen Umständen kam es zur Entstehung
der Rundlingsdörfer?
4. In welcher Beziehung stehen die Rundlingsdörfer zu den
Slawen?

162

Es liegt auf der Hand, daß die Klärung dieser Fragen ein interdiszi-
plinäres Anliegen ist, welches über die siedlungsgeographische
Fragestellung und Methodik hinaus die Mitwirkung insbesondere
der Geschichtswissenschaft, der Siedlungsarchäologie und der Sla-
wistik erfordert, die in der Tat, wenn auch mit unterschiedlichem
Einsatz, Beiträge zur Lösung des Rundlingsproblems eingebracht
haben.

Die hier ausgebreiteten Ergebnisse des siedlungsgeographischen
Ansatzes basieren auf der archivalisch fundierten Rückschreibung
der Ortsgrundrisse mit dem Ziel der Ermittlung ihrer ältesten
faßbaren topographisch-genetischen Grundriß- und Höfesituation
aufgrund von retrospektiven Fluranalysen sämtlicher ca. 650 in
Frage kommenden Siedlungsplätze des Gesamtraumes (Meibeyer,
1964). Darüber hinaus erlaubt die Methode des geographischen
Vergleichs über den großen Bearbeitungsraum Erkenntnisse über
genetische Verknüpfungen von mit den Rundlingsdörfern möglicherweise in Beziehung stehenden anderen räumlich faßbaren
Merkmalen wie z. B. unterschiedliche Hinweise auf slawisches
Volkstum oder Strukturmerkmale in den Flurauteilungen der
Dörfer. Entsprechende genetische Zusammenhänge sind in kleinräumigen Untersuchungen wesentlich schwerer zu begründen, wo
nicht die Möglichkeit gegeben ist, sie durch weiträumig nachzu-
weisende Kongruenz der räumlichen Verbreitung verschiedener
Sachgegenstände als signifikant zu belegen. Wünschenswert bleibt
nach wie vor die systematische Aufdeckung eines Rundlingsdorfes
durch eine archäologische Flächengrabung.

Das Ergebnis der retrospektiven siedlungsgeographischen Analyse
ergibt als ältest faßbare Form der Rundlinge einen einheitlichen
Grundriß, der sich als eine nicht abgeschlossene hufeisenförmige
Anlage von Höfen so ergibt, daß im Regelfall die Öffnung bzw. der
Zugang zum trockenen Ackerland weist, während der Bogen an
die feuchte Niederung angelehnt ist (Abb. 65). Im Bogen, also
inmitten der Höfe gegenüber dem Zugang, liegt der durch mehr
Landbesitz besonders ausgezeichnete Schulzenhof. Die Grundlage
der Agrarverfassung bildet die Hufe, welche hier kein regional
einheitliches Flächenmaß darstellt, wohl aber – wenn auch dorf-

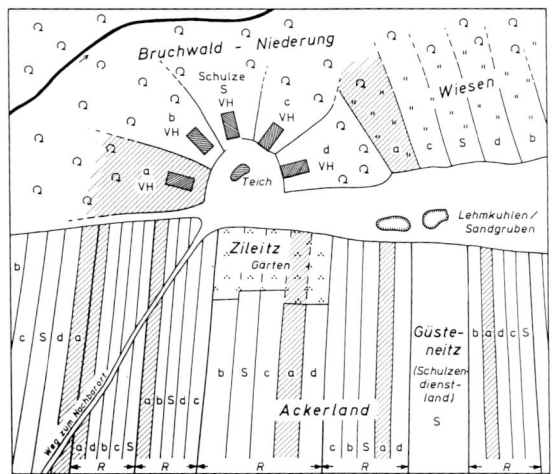

Ortslage mit 5 gleich ausgestatteten (Voll-)Hufnern.

Der Schulzenhof liegt in der Hofrunde gegenüber dem Dorfeingang; das Flurstück »Güsteneitz« gehört ihm als besonderes Schulzendienstland allein.

Gleichmäßige Aufteilung des Akkerlandes in Riegenschläge (R), welche zwar ungleich breit sein können, aber jeweils in 5 gleich breite Streifen geteilt, jedem Hof die gleiche Landmenge sichern.

Rundlingsdorf mit Gemarkungsausschnitt wenige Jahrzehnte nach seiner Anlage (Schemazeichnung!).

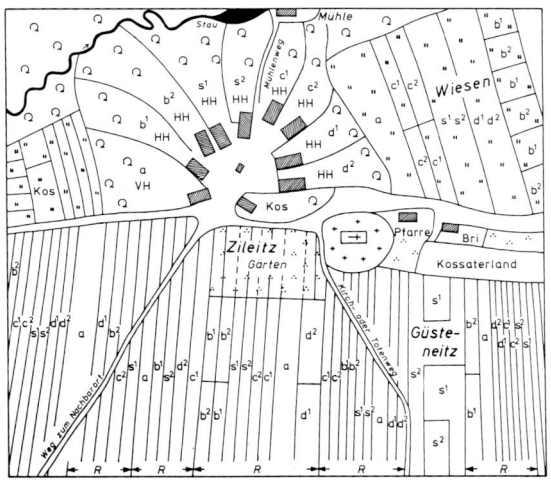

Ortslage erweitert durch Hofteilungen, Kirchanlage, Zusiedlung von Kossater, Brinksitzer und Pfarre sowie einer Wassermühle.

Veränderung des weit offenen Hufeisens zu einer abgeschlossenen Platzform (mit Hirtenhaus darauf).

Veränderung des Flurbildes durch unterschiedliche Art von Teilungsverfahren des Ackerlandes, jedoch unter Beachtung und Beibehaltung des Riegenschlagsystems.

Der Kossater hat separat liegendes Land, die Pfarre kein Hufenland sondern nur einen Garten.

Das gleiche Rundlingsdorf im 19. Jh. vor der Verkoppelung (Schemazeichnung!).

Abb. 65   Schematische Darstellung eines Rundlingsdorfes kurz nach seiner Anlage und im 19. Jh. mit charakteristischen Elementen seiner Formentwicklung in Ortslage und Flur.

weise verschieden groß – innerhalb jedes Dorfes für jeden ursprünglichen Vollhof die jeweils gleiche Landmenge sicherstellt
(Einhufensystem). Nur der Schulzenhof besitzt entweder zusätzli-
ches Land (»Güsteneitz«) oder eine oder mehrere weitere Hufen.
Die Abfolge der Besitzparzellen innerhalb der streifig aufgeteilten
Fluren unterliegt einem als rational planmäßig erkannten Vertei-
lungssystem (Riegenschlagflur), das trotz mannigfaltiger sekundä-
rer Veränderungen im Laufe der Zeit (insbesondere durch Hofteilungen, -zusammenlegungen, Wüstfallen und Aufteilung von Höfen) dennoch mit Hilfe der Fluranalyse (oft recht mühevoll) rekonstruiert werden kann. Diese planmäßigen Strukturelemente innerhalb der Flur und ihrer Organisation sowie die Einheitlichkeit der
rekonstruierten Grundrißformen der Rundlingsdörfer legen eine in
einmaligem Gründungsakt vollzogene planmäßige Anlage der
Rundlingsdörfer nahe. Die räumliche Kongruenz der Verbreitung
von Rundlingsdörfern und der charakteristischen Riegenschlagflu-
ren über den großen Raum unterstreicht diese auch im Einzelfall
sich immer wiederholende Erkenntnis. Zudem »verzahnt« die au-
genscheinlich absichtlich an spektakulärer Stelle im Hofrund ange-
setzte Schulzenstelle über ihre besondere Landausstattung (Mehr-
hufe[n] oder »Güsteneitz«) den planmäßigen Charakter von Orts-
und Fluranlage. Die rekonstruierbare »Urform« des Rundlings läßt
die bei zahlreichen Rundlingen in späterer Zeit anzutreffende
scheinbar gewollte Geschlossenheit der rundplatzartigen Anlage
noch vermissen. Das bedeutet aber, daß die immer wieder aufkom-
mende Vermutung, es handele sich bei den Rundlingen (vor allem
des Wendlandes) um Schutz- oder Verteidigungsanlagen, nicht
haltbar ist. Die gerade zum trockenen, begehbaren Lande hin offene Anlage eignet sich in gar keiner Weise für Verteidigungszwecke.
Die angesprochene geschlossene Rundform ist als Ergebnis einer
späteren sekundären Entwicklung anzusehen (regionale Formva-
riante), auf die im nachfolgenden noch einzugehen sein wird. In
Übereinstimmung mit F. Engel (1953) wird der Ursprungsgrund-
riß als zeitbedingte »Modeform« angesehen.
Als Zeitraum für die Ansetzung der Rundlinge als planmäßige
dörfliche Siedlungen mit auf dem Einhufensystem basierenden

Fluren kommt die Zeit der frühen Ostkolonisation um die Mitte des 12. Jahrhunderts in Betracht. Wenn darüber – wie auch über die Gründung von einzelnen Orten – keine direkten Nachrichten überkommen sind, so deutet z. B. nach Schulze (1963, 87) »die territoriale Geschlossenheit des Herrschaftsbereiches um Lüchow darauf hin, daß dieser nicht durch die allmähliche Summierung von Herrschaftsrechten, sondern durch einen einmaligen Akt entstanden ist«. Die Grafschaften Lüchow und Dannenberg wurden nach dem 1147 erfolgten Wendenkreuzzug als Kolonisationsgebiete von den Grafentitel annehmenden adligen Geschlechtern im Gefolge Heinrichs des Löwen erst gegründet und von deren Ministerialen als Lokatoren planmäßig aufgesiedelt. Als dabei angewandte Grundrißform der neuen Siedlungen wurde offensichtlich die Rundlings-»Urform«, das Hufeisen, gewählt. Ähnlich wie im hier berührten wendländischen Gebiet muß der Kolonisationsvorgang auch unter anderen Landesherren bzw. ihren Lokatoren in anderen Gebieten abgelaufen sein. Dabei deutet sich bei der großräumig sehr ähnlichen Grundvorstellung von der Form der neuen Siedlungen (Hufeisenform als »Modeform«) in den einzelnen Teilgebieten doch gelegentlich die individuelle »Handschrift« einzelner Lokatoren an, welche dann in spezifischen regionalen Formelementen und -varianten zum Ausdruck kommt. Der Versuch einer Datierung der Rundlingsdörfer (und entsprechender Wüstungsplätze) mit Hilfe von örtlicher Keramik entspricht diesem zeitlichen Ansatz durchaus. Überraschenderweise wurde jedoch in keinem einzigen Falle bisher in einem niedersächsischen Rundlingsdorf slawische Keramik, geschweige denn ein entsprechender Siedlungshorizont angetroffen.

Mit diesem Befund fehlender slawischer Keramik in den Rundlingsdörfern selbst, während in mehreren Teilen des Wendlands einschließlich der Städte Dannenberg, Hitzacker und Lüchow (Wachter, 1984) slawische Fundstellen bekannt sind, scheint es nur schwer vereinbar, daß mit Hilfe von slawischen Orts- und Flurnamen, aber auch der Zehntbefreiung sowie vereinzelt sogar durch urkundliche Überlieferung in *allen* Teilen des ostniedersächsischen Rundlingsgebietes einschließlich der erwähnten beiden kleinen

Rundlingsgruppen südlich der Aller deutliche Hinweise auf ehemalige Anwesenheit von slawischer Bevölkerung vorhanden sind! Freilich sind auch außerhalb des Wendlands sowie von Teilen der Altmark archäologische, materielle Spuren von Slawen außer vereinzelt im östlichen Bereich der Kreise Uelzen (Reihengräberfeld von Növenthien) und Lüneburg nicht nachgewiesen.

Eine Lösungsmöglichkeit für diese Frage bietet sich derart an, daß angenommen werden muß, daß die große Zahl der slawischen Bevölkerung, die ohne Frage seit Mitte des 12. Jahrhunderts in den Rundlingsdörfern gewohnt hat, dorthin sehr wahrscheinlich erst im Zuge der Kolonisation (möglicherweise als Kriegsgefangene nach den transelbischen Auseinandersetzungen?) gekommen ist. Anders ist z. B. die einschlägige Fundleere in den Rundlingsgebieten der Kreise Gifhorn und Helmstedt sowie südlich der Aller kaum erklärbar. Die deutlich den Rundlingsdörfern nachträglich hinzugefügt erscheinenden Kirchen (Abb. 63) dürften ebenso wie die später meist beibehaltene Befreiung vom Kirchenzehnt auf eine nichtchristliche Kolonisationsbevölkerung hindeuten, die, wie der Növenthiener Friedhof zeigt, noch bis ins 13. Jahrhundert nichtchristliche Bestattungen vorgenommen hat. Diese in den Rundlingen angesiedelte slawische Bevölkerung hat offenbar zu der gleichen Zeit keine charakteristische slawische Keramik (mehr) benutzt. Es ergibt sich eine Unterschiedlichkeit zwischen dem Wendland und dem übrigen Kolonisationsgebiet in der Weise, daß trotz der in beiden Räumen gleichermaßen durchgeführten Kolonisation mit Rundlingsdörfern, anscheinend nur im Wendland (sowie allenfalls im engsten Nachbargebiet) vor der Kolonisationszeit slawische Bevölkerung (in geringer Zahl?) überhaupt nachweisbar ist, während die übrigen Gebiete, bis dahin wohl nahezu bevölkerungsleer, nur mit herbeigeholter slawischer Bevölkerung unter deutscher Herrschaft aufgesiedelt wurden.

Über den Ablauf und die räumliche Organisation der Kolonisation gibt es keine direkte Überlieferung. Wohl aber gestatten die durch Kulturlandschaftsanalyse gewonnenen Beobachtungen die Aussage, daß die Kolonisation zumindest gebietsweise unter betont rationalen, geradezu als landesplanerisch gezielt zu bezeichnenden

Vorstellungen ablief. So wurde z. B. der nördlich Wolfsburg gelegene Werder mit wendischer Bevölkerung in Rundlingen (slawische Flurnamen, Zehntfreiheit, urkundliche Erwähnung) aufgesiedelt. Gleichzeitig wurde Vorsfelde als deutscher Kirch-, Marktund Verwaltungsort (ohne slawische Beteiligung) mit schematisch-planmäßigem Grundriß als administratives Zentrum der neuen ausschließlich an natürliche Grenzen angelehnten Gebietseinheit geplant und angelegt (Meibeyer, 1965 u. 1975).

Fast alle hier zur Lösung des Rundlingsproblems erarbeiteten Aussagen beruhen u. a. darauf, daß gezielt methodische Möglichkeiten benutzt werden, die sich aus der Untersuchung eines größeren Raumes mit einer Vielzahl von Siedlungsindividuen als Grundlage für eine sich somit gleichsam selbst überprüfende vergleichende Analyse anboten. Über die gründliche topographisch-genetische Untersuchung im Einzelfall hinaus wurde dadurch erst die Unterscheidung von Erkenntnissen mit allgemeiner Gültigkeit für die Rundlingsfrage von solchen Aussagen möglich, die lediglich sekundären, etwa regionalen oder gar nur ortsindividuellen Bezug haben. In diesem letzteren Sinne weicht das Wendland, wiewohl oft als Verbreitungsgebiet der für »typisch«, »klassisch« oder »echt« gehaltenen Rundlinge angesehen, gerade mit seinen viel aufgesuchten Dörfern z. B. im Gebiet der sog. Niederen Geest (Krenzlin, 1931) zwischen Clenze und Lüchow (Abb. 63, Form D) formal und sekundär-genetisch von den sonst üblich verbreiteten, bis zur Verkoppelungszeit mit erhaltenem Hufeisengrundriß eher typischen Rundlingen (Abb. 63, Form A) im übrigen Verbreitungsgebiet ab. Die im Wendland zuvor ansässige und zweifellos in die Kolonisation im 12. Jahrhundert einbezogene slawische Bevölkerung prägt sich in der Siedlungsstruktur der Dörfer nirgends erkennbar aus. Angesichts der relativ wenigen bekannten Siedelplätze vorkolonisatorischer Slawen im Vergleich zu der späteren dichten Kolonisationsbesiedlung muß davon ausgegangen werden, daß diese, ohnehin nur eine Minderheit, zusammen mit den neu ins Land gebrachten transelbischen Slawen gleichermaßen als Siedler in den neu angelegten Rundlingsdörfern angesetzt wurden. Die Anwesenheit von Slawen vor ca. 1150 im Wendland hat das Siedlungsbild im

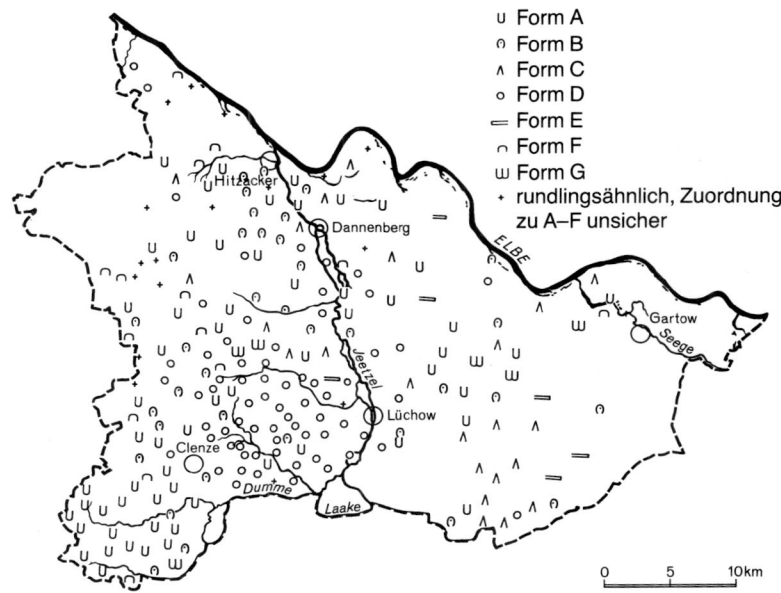

Abb. 66   Die Verbreitung von Variationsformen des Rundlings (vgl. dazu die Grundrißform – Beispiele in Abb. 63).

Vergleich zum übrigen Rundlingsgebiet nicht beeinflußt. Selbst Siedlungsplatzkontinuität wurde außer in Städten und Burgen nirgends beobachtet.

Die Varietät der im Wendland regional unterschiedlichen Rundlingsformen (Abb. 66) ist z. T. das Ergebnis individuellen Gestaltungswillens schon der Lokatoren: Die von Krenzlin (1931) als »unecht« bezeichneten Rundlinge des Lemgow kennzeichnen einige gemeinsame Eigenschaften (Lage näher am Höhenrand, enger Dorfinnenraum, breiterer Zugang, fehlender Güsteneitz und dafür Mehrhufenbesitz der Schulzenhöfe), welche durch ihre Konzentration auf die Dörfer einer kleinen geschlossenen Region diese als das

Kolonisationsgebiet eines (unbekannten) Lokators abgrenzbar machen. Ebenso lassen sich die mit den Parochien von Plate und dem Flecken Bergen/Dumme räumlich zusammenfallenden besser faßbaren Lokatorenbereiche der adligen Herren von Plotho (oder Plato) und vor de Berge mit Hilfe spezifischer struktureller oder physiognomischer Elemente in Ort und Flurstruktur nachweisen (Meibeyer, 1975). Auch die einander benachbarten Doppelrundlinge Liepe und Trebel im Ostteil des Kreises bezeichnen als mit diesen Siedlungen primär verbundene Merkmale in die Ursprungszeit zurückreichenden, die Rundlingsform modifizierenden bewußten Gestaltungswillen (Abb. 63, Form G).

Von anderer Art sind die sekundär-genetischen Veränderungen. Als solche sind die im Westteil des Wendlands in den agrarökologisch wenig günstigen Endmoränengebieten der Göhrdestaffel anzutreffenden Klein- und Kümmerformen von Rundlingen (Abb. 63, Form F) anzusehen, deren Hofzahl oft durch Wüstungsprozesse so dezimiert ist, daß die ehemalige Hufeisenanlage im 19. Jahrhundert bestenfalls noch erahnt werden kann. Aus wüstgefallenen Orten zugesiedelte Hofstellen haben dagegen vereinzelt auch Großformen entstehen lassen, die durch Stellenzahl und Grundrißbild scharf mit den Nachbarsiedlungen kontrastieren: Satemin ist durch die Zusiedlung der Wüstungshöfe von + Kl. Satemin im 14. Jahrhundert von sieben auf zwölf Vollhufen angewachsen (Abb. 67), Güstritz umfaßte nach der Aufnahme von vier Hufen aus + Breese schließlich zehn Vollhufen. Individuelle Züge wurden in das Siedlungsbild vor allem aber durch die verheerenden Dorfbrände gebracht, denen die nach den Hofteilungen dicht bebauten Rundlinge nicht selten – nach Ausweis auch der Hausinschriften – zum Opfer gefallen sind. Beim Wiederaufbau wurde zunehmend im 18. und 19. Jahrhundert der Grundriß z. B. durch Auflockerung und Umsetzung von Höfen häufig erheblich verändert.

Als vollendetste Rundlingsdörfer gelten die in der Niederen Geest zwischen Clenze und Lüchow gelegenen, durch oft nahezu kreisrunde Dorfplätze und sehr enge Zugänge ausgezeichneten Dörfer (Abb. 66). Es läßt sich durch das Zurückverfolgen ihrer Entwick-

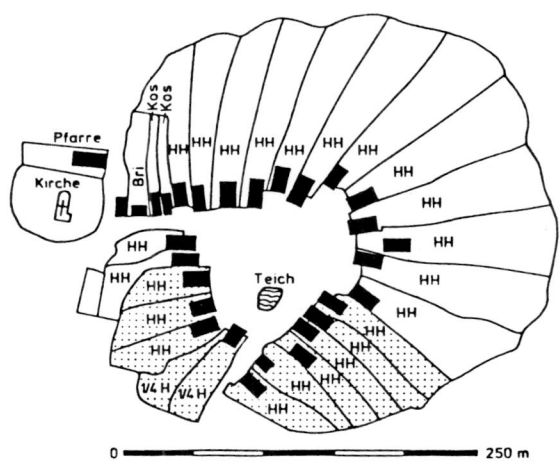

Abb. 67   Das Kirchdorf Satemin mit zugesiedelten Höfen aus der Wüstung Kl. Satemin (hervorgehoben).
Abkürzungen für Stellenbezeichnungen in Abb. 63, 65, 67:
VH = Vollhufner, HH = Halbhufner, K = Kossater, Bri = Brinksitzer, Anb = Anbauer, Pf = Pfarre, Sch = Schule, (S) = Schulzenfunktion

lung zeigen, daß sie auf die gleiche offene Hufeisen-Ursprungsform zurückgehen wie die übrigen. Die Entwicklung von Bussau und Jameln (Abb. 68) zeigt, daß zunächst – vor 1450 – jeweils ein minderbäuerlicher Kossater zu den vorhandenen Hufnern hinzukam und mit seiner Stelle erst den Hofzugang verengte. Im 15./ 16. Jahrhundert kam es dann (wahrscheinlich infolge grund- oder landesherrlicher Initiative) zu intensiven Hofteilungen, durch die das Grundrißbild stark verdichtet und vielfältig individuell variiert wurde. Spätere Zusiedler (Brinksitzer, Anbauer) sind meist ohne weitergehenden Einfluß auf das Grundrißbild geblieben. Die für diese Rundlingsdörfer charakteristische Abgeschlossenheit ist also keineswegs primär, sondern erst in fortgeschrittenem Stadium ihrer Entwicklung zustande gekommen. Dabei ist nicht zu übersehen, daß im späten bis ausgehenden Mittelalter bei der Ansetzung der Kossater bzw. auch im Gefolge der Hofteilungen in diesem Gebietsteil eine Verengung der Dorfzugänge offenbar gezielt ange-

171

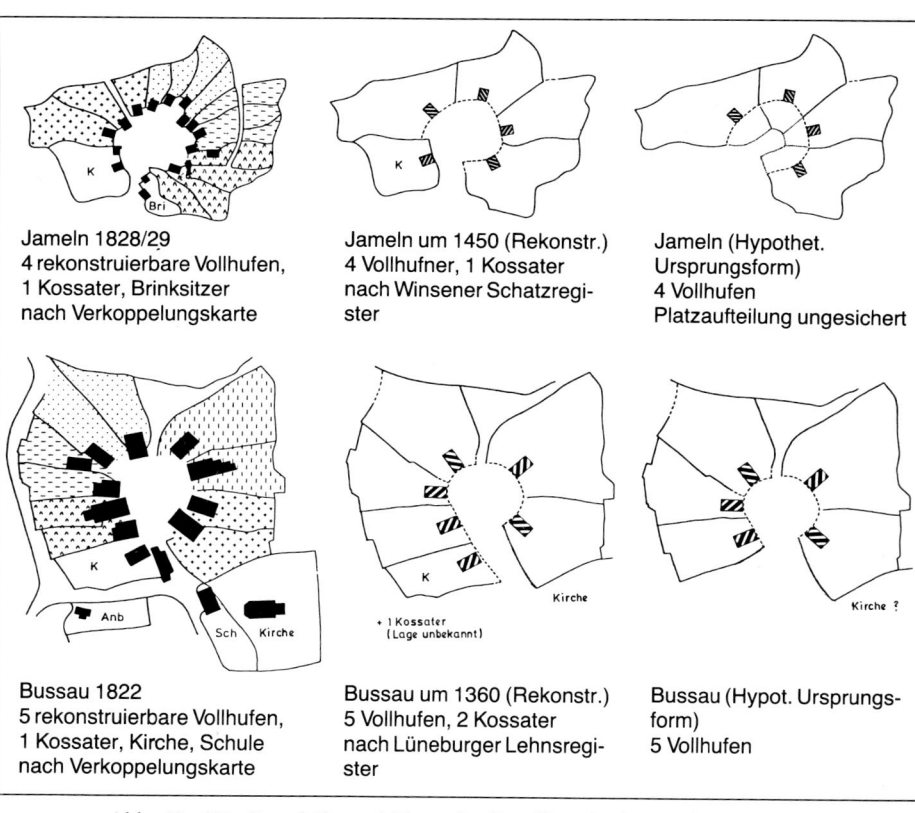

Jameln 1828/29
4 rekonstruierbare Vollhufen,
1 Kossater, Brinksitzer
nach Verkoppelungskarte

Jameln um 1450 (Rekonstr.)
4 Vollhufner, 1 Kossater
nach Winsener Schatzregister

**Jameln (Hypothet.
Ursprungsform)**
4 Vollhufen
Platzaufteilung ungesichert

K

Bri

K

K

Kirche

Kirche

Kirche ?

+ 1 Kossater
(Lage unbekannt)

K

Anb

Sch

Kirche

Bussau 1822
5 rekonstruierbare Vollhufen,
1 Kossater, Kirche, Schule
nach Verkoppelungskarte

Bussau um 1360 (Rekonstr.)
5 Vollhufen, 2 Kossater
nach Lüneburger Lehnsregister

Bussau (Hypot. Ursprungsform)
5 Vollhufen

Abb. 68   Die Grundrißentwicklung der Rundlingsdörfer Jameln und Bussau bis
zur Verkoppelung. Die älteren Grundrißzustände sind aus den jüngeren jeweils
durch Eliminieren der stattgefundenen Veränderungen, d. h. Fortlassen jüngerer
Stellen und Grenzen hervorgegangen. Die Stellung der Gebäude ist nur für den
jüngsten Zustand authentisch, sonst hypothetisch angenommen.

strebt wurde. Wenn auch bisher nicht hinlänglich geklärt wurde,
weshalb eine solche sekundäre Sonderentwicklung zumal in dieser
agrarökonomisch siedlungsgünstigsten Gegend des Wendlands
sich vollzogen hat, so bleibt dennoch festzustellen, daß hier keine
für die Rundlingsanlage im primärgenetischen Sinne charakteristi-

172

schen Formen vorliegen, deren aktuelles Siedlungsbild womöglich als Ansatzpunkt für genetische und funktionale Interpretationsversuche der Rundlingsdörfer überhaupt dienen kann.

Literatur:
H. Buttkus, Dorfformen in den Landschaften des ehem. Regierungsbezirks Magdeburg. In: Ber. z. dt. Landeskde., Bd. 9, 1951 – F. Engel, Erläuterungen zur historischen Siedlungsformenkarte Mecklenburgs und Pommerns. In: Zschr. f. Ostforschung, H. 2, 1953 – A. Krenzlin, Die Kulturlandschaft des hannöverschen Wendlandes. Forsch. z. dt. Landes- u. Volkskde., Bd. XXVIII, 4, 1931 – W. Meibeyer, Die Rundlingsdörfer im östlichen Niedersachsen. Braunschweiger Geogr. Studien 1, 1964 – Ders., Die Siedlungen des Vorsfelder Werders. In: Braunschweig. Heimat, 3, 1965 – Ders., Der Rundling – eine koloniale Siedlungsform des hohen Mittelalters. In: Nieders. Jahrbuch f. Landesgesch., Bd. 44, 1972 – Ders., Zur räumlichen Organisation der Kolonisation im östlichen Niedersachsen. In: Ber. z. dt. Landeskde., Bd. 49, 1975 – H. K. Schulze, Adelsherrschaft und Landesherrschaft. Mitteldeutsche Forschungen, Bd. 29, 1963 – Ders., Das Wendland im frühen und hohen Mittelalter. In: Nieders. Jahrbuch f. Landesgesch., Bd. 44, 1972 – B. Wachter, Die wirtschaftlichen und politischen Verhältnisse des 10. Jahrhunderts im Hannoverschen Wendland und angrenzenden Gebieten. In: Zschr. f. Archäologie, Bd. 18, 1984

Wolfgang Meibeyer

Objektbeschreibungen

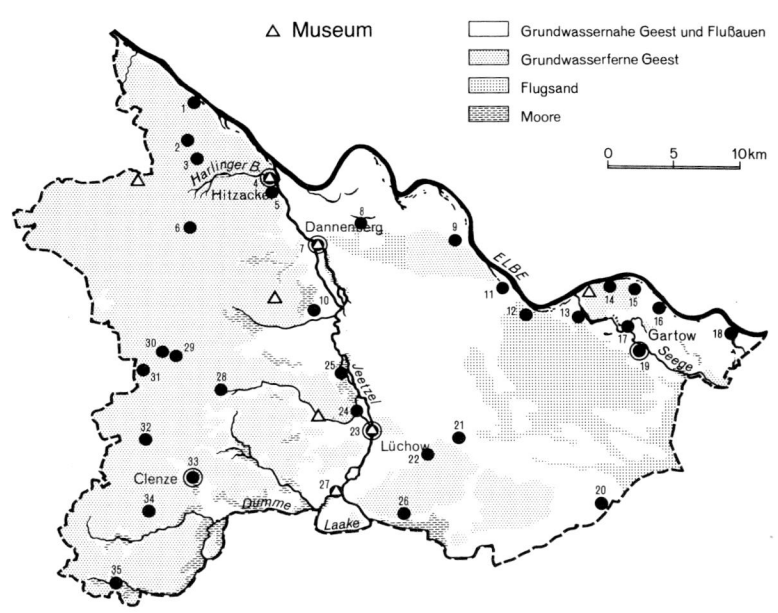

1 Drethem	10 Breese im Bruche	19 Gartow	28 Kukate
2 Leitstade I	11 Pretzetze	20 Schletau	29 Wittfeitzen
3 Leitstade II	12 Pölitz	21 Oerenburg	30 Gohlau
4 Hitzacker	13 Meetschow	22 Woltersdorf	31 Hohenvolkfien
5 Marwedel	14 Höhbeck-Kastell	23 Lüchow	32 Reddereitz
6 Plumbohm	15 Schwedenschanze	24 Plate	33 Clenze
7 Dannenberg	16 Elbholz	25 Grabow	34 Spithal
8 Gümse	17 Restorf	26 Lübbow	35 Warpke
9 Langendorf	18 Schnackenburg	27 Wustrow	

Abb. 69   Übersichtskarte für Objektbeschreibungen

1. Der Schalenstein von Drethem

Der Bauer Anton Lenz, Drethem, holte 1968 einen größeren Findling aus einem Acker südostwärts vom Friedhof heraus. Das Objekt lag mit seiner Oberfläche 40 cm tief unter der Erdgleiche. Auf Veranlassung von Baudirektor Quis wurde der Stein vom Landkreis angekauft und damit für seinen Schutz gesorgt. Dem Bemühen der Gemeinde Drethem um einen guten Standort kam der Bundesgrenzschutz entgegen. Ein Kranwagen beförderte den tonnenschweren Stein zu seinem jetzigen Platz an der Elbuferstraße. Dem vom Kniepenberg herabkommenden Wanderer fällt er, links an der Straße kurz vor Drethem stehend, sofort auf. Seine am oberen Steinende befindlichen Schälchen sind zur Straße gerichtet (Abb. 70). Als Schalenstein erkannt wurde er von Frau Dr. Ingeborg Burmester, Hamburg-Othmarschen.
Fundort: Meßtischbl. Neuhaus/Elbe 2731 R.[44] 30160, H.[85] 96880
Schalen: 44, Durchmesser 3–7 cm, Tiefe 0,8–2,5 cm. Da die verwa-

Abb. 70   Der Schalenstein von Drethem.

schen bzw. verwitterten Eintiefungen in engem Verbund mit den klar erkennbaren Schalen stehen, sind sie auch als solche anzusehen.

Maße: Höhe 1,90, Breite 1,90, Tiefe 1,00 m.

Gestein: Granit mit streifiger Gneisbildung, Glimmer und Feldspat.

Literatur:
G. Voelkel, Kultsteine im Kreis Lüchow-Dannenberg, Hannoversches Wendland 5, 1974/75, 19 ff.

Bernd-Rüdiger Goetze

Die Megalithgräber von Wietzetze

2. Leitstade I:

Zufahrt: In Wietzetze (9 km nw Hitzacker) Straße in Richtung Hitzacker; nach etwa 1 km rechts (s) ein Feldweg in Richtung Tollendorf; nach etwa 700 m links (o) des Weges ein Hünenbett im Wald. (Samtgemeinde Hitzacker, TK 25: 2831; R 44 29 400, H 58 93 990).

Das 50 m lange Hünenbett ist noch relativ gut erhalten. Sein Erddamm ist zwar an einigen Stellen angegraben, dennoch wird er noch vom überwiegenden Teil seiner ehemaligen Umfassungssteine eingerahmt. Die Kammer befindet sich nahe dem NW-Ende des Bettes und ist zum größten Teil im Damm verborgen. Sprockhoff nimmt an, daß möglicherweise noch alle Tragsteine der Kammer vorhanden sind und daß ehemals vier Joche vorhanden waren.

3. Leitstade II

Zufahrt: Von Grab 1 den Feldweg weiter Richtung Tollendorf (s) bis er den Bahndamm kreuzt; vor dem Bahndamm etwa 300 m nach links (o) folgen. Das Grab grenzt unmittelbar nördlich an den Bahndamm an.

Dieses Hünenbett hat einen trapezförmigen Grundriß (Länge 45 m, Breite 7 bzw. 5 m). Die Längsseiten seiner Umfassung sind größtenteils intakt, die Schmalseiten sind umgestürzt. Einer der Steine

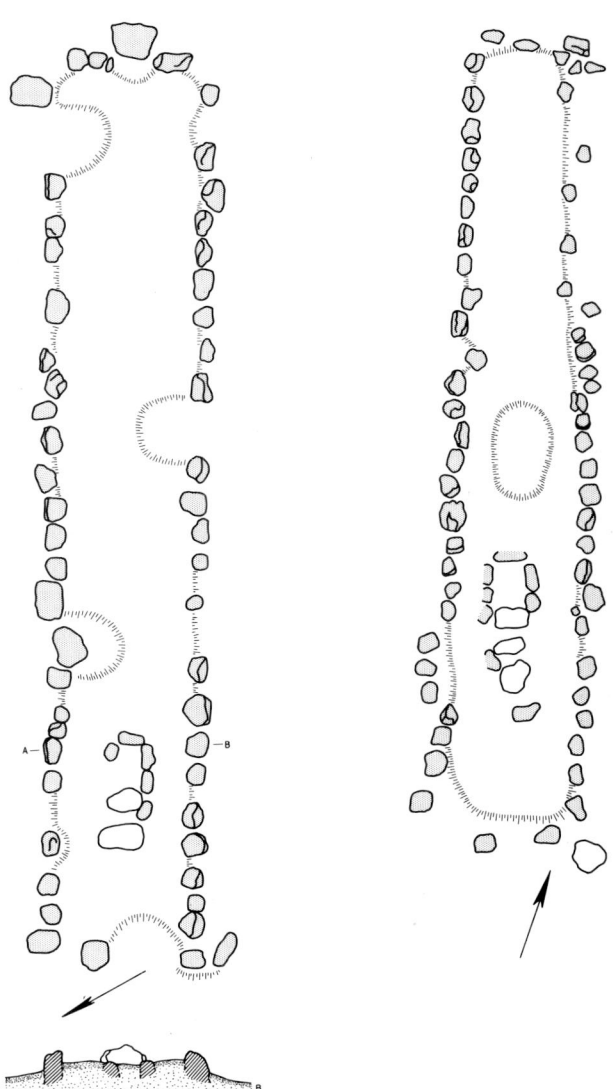

Abb. 71   Zwei Megalithgräber. Leitstade I und II.

177

fand 1924 beim Bau des Kriegerdenkmals in Wietzetze Verwendung. Die Kammer in der südlichen Hälfte der Umfassung ist zum Teil zerstört. Sie zeigt noch drei Deck- und einige Tragesteine, ein anderer Teil ist noch im Erdreich verborgen.

Literatur:
E. Sprockhoff, Atlas der Megalithgräber Deutschlands, Teil 3: Niedersachsen – Westfalen, 1975, 724–725

Bernd-Rüdiger Goetze

4. Hitzacker

Die Siedlungsgeschichte um die Burg Hitzacker verlief großräumig. Sie umfaßte sowohl die nordöstliche Kuppe des Elb-Drawehns als auch das unterhalb liegende Jeetzelmündungsgebiet bis zum Harlinger Bach. Die noch heute sichtbare und in weiten Abschnitten mächtige Landwehr markiert das alte Siedlungsgebiet Hitzackers, obwohl ihr Alter ungewiß bleibt. Die Burg mit Siedlungs- und Wallschichten vom 7. bis ins 15. Jahrhundert liegt auf dem nordöstlichsten, nach allen Seiten abfallenden Vorsprung des Drawehn-Höhenzuges (Abb. 72). Auf einer der Burg benachbarten Kuppe stehen noch Reste einer romanischen Feldsteinkirche. Bei einer Wandstärke von etwa 1,30 m war der Bau 9,20 m breit und insgesamt 35,40 m lang. Die Kirche St. Johannis auf dem Berge dürfte in Verbindung mit Siedlungsfunden gesehen werden, die sich auf der burgseitigen Jeetzelterrasse unterhalb des Weinberges und weiter jeetzelaufwärts finden. Erste Ausgrabungen im südlichen Teil dieser Siedlung 400 m jeetzelaufwärts zeigen eine nicht lückenlose, aber langfristige Besetzung vom Neolithikum bis in das 12./13. Jahrhundert. Die slawische Epoche ist bis jetzt mit mittelslawischen Scherben vertreten. Charakteristisch für den Platz sind eine überwältigende Menge von sich ständig überschneidenden Gruben. Es muß sich um einen immer wieder gern aufgesuchten Siedlungsplatz handeln, der als Vorläufer für die spätere Stadt auf der Jeetzelinsel unterhalb der Burg gelten könnte. Denn

178

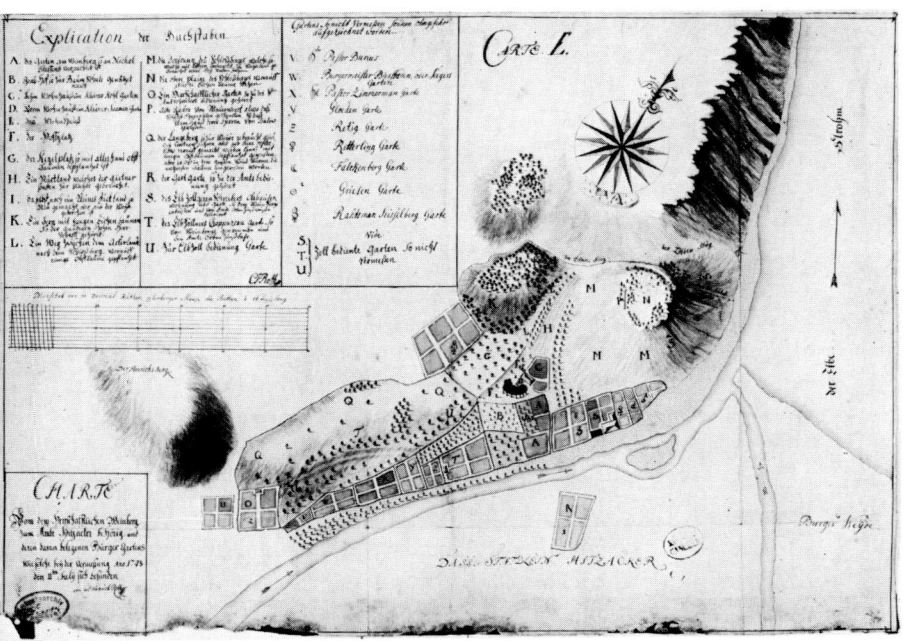

Abb. 72   Hitzacker mit dem Weinberg nach einer Karte von C. F. Roth von 1784.
Niedersächsisches Hauptstaatsarchiv in Hannover (C IIIc 4/1qa).

die zeitliche Gliederung des Fundgutes von der jüngeren Steinzeit
bis zum hohen Mittelalter entspricht einer Wanderung der Siedlung
von Süd nach Nord, jeetzelabwärts.

Von der Stadtinsel, dem von Jeetzelarmen umflossenen Stadtkern
Hitzackers, liegen spätslawische Scherben aus einer Baugrube vor,
die eher an eine frühstädtische Entwicklung an dieser Stelle denken
lassen. Doch Ansätze für ein frühstädtisches Handwerk fanden sich
nur auf der Burg selbst.

Knapp 100 Jahre nach der Nennung eines Ministerialen Heinrichs
des Löwen, des Burgherren auf dem Weinberg, wird nach dem
Vergleich (Verzicht) von 1258 Hitzacker askanisch. Kurz darauf
wird auf der Jeetzelinsel die Stadt gegründet, wahrscheinlich unter
Umsiedlung der Bewohner von der burgseitigen Terrasse, weil

dort die Besiedlung abbricht. Für ein knappes Jahrhundert sind Burg und Stadt askanisch, bis beide als Pfänder von Hand zu Hand wandern und schließlich nach dem Lüneburger Erbfolgekrieg 1388 endgültig welfisch werden.

Mit der Stadtgründung beginnt für Burg und Kirche auf den Drawehnhöhen der Abstieg in die Bedeutungslosigkeit. Die Stadtkirche St. Johannis übernimmt zunehmend die Funktionen der Bergkirche, und die Burg wird als Sitz des »Raubritters« Hermann Ribe 1296 erobert und zerstört. Auch der Wiederaufbau kann nicht verdecken, daß dem »hus up dem berge« mit dem »hus in der stat« (1325) eine entscheidende Konkurrenz erwachsen ist. Die Stadtburg im südöstlichen Jeetzelbogen gelegen, umfaßte als Amt das Gebiet bis zur Marschtorstraße, Markt und Drawehntortorstraße, ein viermal so großes Areal wie die Burg auf dem Weinberg. Auch wenn S. A. Wolf gefolgt und das Drawehntor jeetzelaufwärts in Höhe der Kirchstraße gesucht wird, bleibt der Burgbezirk doppelt so groß. Er schloß stets die beiden Stadttore Hitzackers, das Marsch- und Drawehntor, in seine Befestigung mit ein (Abb. 73).

Von der Bürgerstadt und der Burg durch die Hunte (im Verlauf der Deichstraße) getrennt, lagen auf einem Werder adlige Lehnsgüter, als Hausstellen vergeben. Wolf vermutet hier eine alte slawische Siedlung, die über eine Brücke mit der Weinbergburg verbunden gewesen sein könnte. Für die Hunte bieten sich mehrere Deutungen an: künstlicher Durchstich, Jeetzel- oder Elbarm. An diesem heute nicht mehr erkennbaren Wasserlauf liegt das Alte Zollhaus, heute Museum. Gegenüber Ecke Haupt-/Zollstraße lag bis zum großen Brand von 1548 das Rathaus.

Trotz Elbzoll und dem Schutz zweier Burgen hat die Stadt daraus keinen Vorteil gewinnen können. Der häufige Besitzerwechsel mit unterschiedlichen Blickrichtungen verhinderte über Jahrhunderte eine stärkere Verflechtung mit dem Hinterland. Der Charakter einer engräumigen Inselstadt, geprägt von Fachwerkhäusern, bleibt bis in unsere Zeit erhalten. Auch die einschneidenden Veränderungen in den Jahren, als Hitzacker für kurze Zeit Residenzstadt wurde, brachten keine Wende. 1604 trat Herzog Julius Ernst von

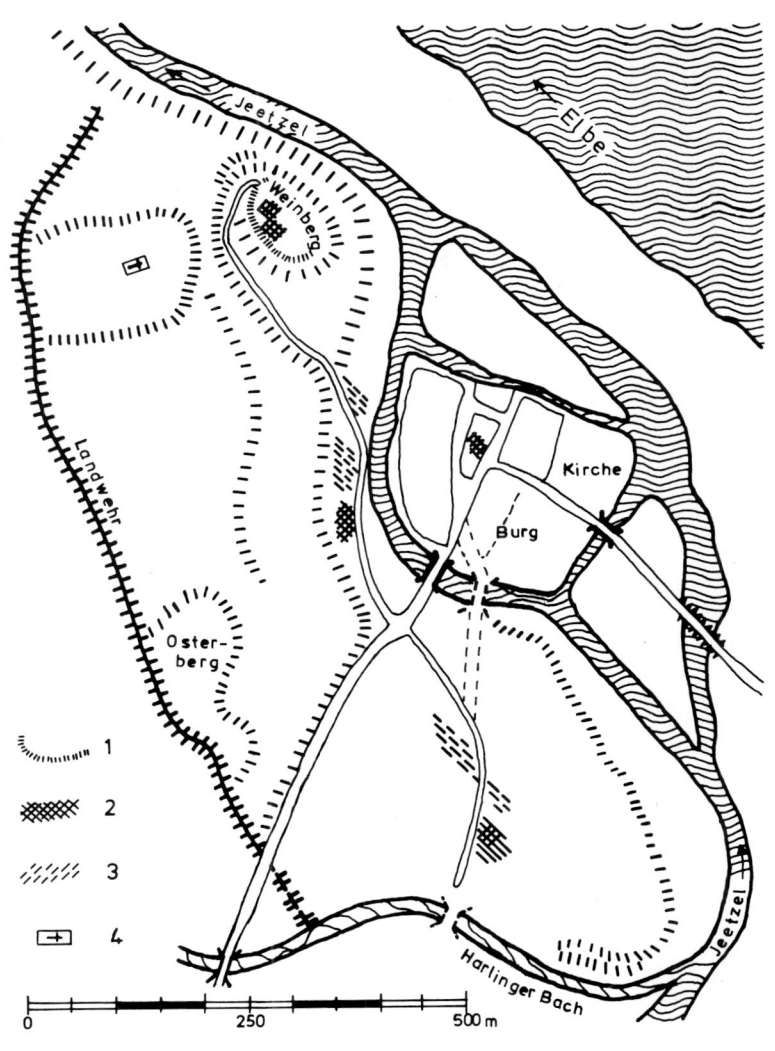

Abb. 73 Hitzacker im Mittelalter.

Braunschweig-Lüneburg, Fürst der abgeteilten Herrschaft Dannenberg seinem jüngeren Bruder das Amt Hitzacker ab. Im Burgbezirk unter Hinzukauf weiterer Hausstellen wurde ein Schloßgebäude errichtet, das sehr prächtig der Merianstich von 1654 zeigt. Neben Marstall, Korn- und Brauhaus, Weinmeisterhaus und Münze entstand eine Lateinschule (Kirchstraße) und die Bibliothek (Drawehntertorstraße 1 + 3), in der der Grundstein zur weltberühmten Bibliotheca Augusta in Wolfenbüttel gelegt wurde. Denn 1635 tritt August d. J. die Nachfolge im Fürstentum Wolfenbüttel an.

Literatur:
S. A. Wolf, Zur Geschichte der Stadt Hitzacker und ihrer Bürgerhäuser 1258–1958. Hitzacker 1957

Berndt Wachter

5. Die Fürstengräber von Marwedel

Zufahrt: Die Fürstengräber von Marwedel liegen auf der östlichen Kuppe einer »Scharfenberg« genannten Anhöhe, rund 900 m südlich vom Bahnhof Hitzacker. Über den Bahnübergang 1 km auf der Asphaltstraße in Richtung Sarenseck. Dann links in einen schlecht befahrbaren Feldweg hinein, der nach 600 m zum Ziel führt. Die Höhe ist schon von weitem gut erkennbar durch eine Radar-Anlage der Bundeswehr. Nebenbei genießen wir dort eine der eindrucksvollsten Fernsichten des Wendlands. Die Grabstätten sind auf Initiative der Stadt Hitzacker kürzlich wieder hergerichtet und gut gekennzeichnet. (Samtgemeinde Hitzacker, TK 25: 2832; $R^{44}36\,580$, $H^{58}89\,320$).

Grab I: Mitte Oktober 1928 stieß ein Arbeiter beim Kiesabbau in ca. 2 m Tiefe auf Metallgefäße. Durch Zufall wurde der Fund dem Museum Lüneburg bekannt und daraufhin unverzüglich eine Nachgrabung unternommen. Auf diese Weise wurden neben Skelettresten auch die Spuren etlicher organischer Substanzen überliefert, von denen sich jedoch entsprechend dem damaligen Stand der Technik nichts erhalten hat. So konnten zu Füßen und in der Gürtel-Gegend des nahezu nord-südlich orientierten Leichnams Lederreste ausgemacht werden, offenbar wurde auch eine Holzschale bemerkt, die sofort zerfiel. Vermutet wird ebenfalls eine

182

Fellkappe, an welcher »die beiden Hörner eines kleinhörnigen Rindes« befestigt waren. Im Bereich der Bestattung wurden Spuren von Holzkohle festgestellt, deren Natur nicht mehr zu deuten ist. Eine Steinpackung oder Grabkammer war nicht nachweisbar, kann jedoch früheren Abgrabungen zum Opfer gefallen sein. Die übermittelten Funde: ein Bronzeeimer (H. 26 cm), eine Bronzeschale (H. 13 cm, Durchm. 39 cm), eine große Kasserolle (H. 15,6 cm), eine Schöpfkelle, eine Siebkelle, ein Becher, Beschläge von zwei Trinkhörnern, zwei kräftig profilierte silberne Fibeln, eine bronzene Ringfibel, zwei silberne Riemenzungen, diverse Reste bronzener und silberner Beschläge, ein halbmondförmiges bronzenes Messer, ein bronzenes sichelförmiges Messer, eine bronzene Schere, eine Knochennadel, ein bronzener Stuhlsporn, ein frei geformtes pokalförmiges Tongefäß mit Stufenmäander in Rollrädchentechnik auf dem Schulterumbruch (H. 16 cm, Durchm. 9,6 cm), ebensolche Schale, außen verziert in Rollrädchentechnik – unter einem horizontalen Band Zickzack mit ablaufenden Fransen – (H. 8,4 cm, Durchm. 20 cm), alles Museum Lüneburg, Nachbildungen Walther-Honig-Museum, Hitzacker (Nach F. Krüger).

Grab II: Am 13. Juli 1944 wurden nördlich der Fundstelle von Grab I bei erneutem Kiesabbau wieder Bronzegefäße aufgeworfen und bekannt. In einem kurzen Militärurlaub eilte im September Dr. Körner vom Museum Lüneburg zur Neuentdeckung und konnte in einer ersten Untersuchung die Gefäße und weitere Kleinfunde bergen. Im September 1945 war dann endlich Zeit für eine gründliche Nachgrabung, die den Sachverhalt weitgehend aufklären konnte. Ab 70 cm unter der Oberfläche kam im Ausmaß von 2 × 2 m eine Steinpackung zutage, die bis in 1,5 m Tiefe hinabreichte. Unter den etwa 165 Steinen der Packung befand sich auch ein zerschlagener Mahlstein. Von dem Leichnam selbst waren nur Spuren skeletthaltiger Erde, feinste Knochenteile und Zahnkronen erhalten, was immerhin eine Körperbestattung sicherstellte. Hierfür sprechen auch Ansätze von Leichenschatten im Bereich des linken Oberarms. Da die Bronzegefäße im Fußteil des Grabes bereits 1944 unbeobachtet entfernt worden waren, kann zu deren Lage wenig gesagt werden. Am Oberkörper fanden sich die Fibeln und ein goldener Fingerring. Die übermittelten Funde: ein bronzener Eimer, eine bronzene und eine silberne Kasserolle, eine Kelle mit Sieb, ein silberner Becher, Fragmente eines Glasbechers, Beschläge von zwei Trinkhörnern, eine silberne Kniefibel, fünf Ringfibeln – Bronze mit Silberblech – ein goldener Fingerring, zwei Stuhlsporen, vier Zierknöpfe, Reste eines Lederschuhs. 1965 wurden von dem ersten Entdecker des Grabes noch eine silberne Kasserolle und ein silberner Becher nachgereicht, die ursprünglich als »Souveniers« einbehalten worden waren (Nach G. Körner). Die Funde befinden sich im Landesmuseum Hannover, Nachbildungen im Walter-Honig-Museum, Hitzacker.

Literatur:
F. Krüger, Das Reitergrab von Marwedel. Festblätter des Museumsvereins für das Fürstentum Lauenburg 1, 1928, 5ff. – G. Körner, Marwedel II, ein Fürstengrab der älteren römischen Kaiserzeit. Lüneburger Bl. 3, 1953, 34ff.

Bernd-Rüdiger Goetze

6. Der »Opferstein« von Plumbohm

Zufahrt: Von Metzingen (an der B 216, 10 km wnw von Dannenberg) Straße in Richtung Wedderien (s). Nach rund 2 km Abzweig links (o) in den kleinen Ort Plumbohm, dort ersten Feldweg links (n), der nach etwa 400 m nur 10 m rechts vom Stein vorbeiführt (Gemeinde Göhrde, TK 25: 2831; R 44 29 920, H 58 87 700).

Zwischen Bäumen liegt ein gewaltiger Findling (2,20 m × 5 m × 3 m), der z.T. noch in der Erde steckt. Ein Teil des Steines ist abgespalten, die Bruchfläche steht senkrecht zum Boden. Auf seiner Oberfläche zeigt der Findling Spuren menschlicher Bearbeitung in Form von tiefen Rillen. Einesteils zeigen die Rillen rechteckige und runde Formen, anderenteils führen sie in Geraden auf die Abbruchkante zu oder verlaufen über den Rücken des Steines. Teilweise sind die Flächen zwischen den Rillen intentionell »abgeschlagen« oder abgemeißelt worden. Ob es sich bei drei weiteren Vertiefungen um Schälchen handelt, kann wegen der Verwitterung nicht mehr entschieden werden.

Abb. 74 Der Opferstein von Plumbohm.

Literatur:
H. A. Lauer, Archäologische Wanderungen in Ostniedersachsen. 1979, 104–105

Bernd-Rüdiger Goetze

7. Dannenberg

Dannenberg liegt inmitten der Aufreihung wendländischer Jeetzel-
städte und nutzte den Übergang südlich der Elbwässer und -arme
von den Höhen des Drawehns hinüber zur Langendorfer Geestinsel
nach Gartow/Höhbeck. Die Burg wurde wie Vorburg und Stadt
auf einer Talsandinsel angelegt. Die Burg schmiegt sich in eine
Jeetzelschlinge und war durch einen Graben von der Siedlung
getrennt. Beide Sandkuppen bieten nicht allzuviel Platz, 50 und
100 m im Durchmesser und wurden bis zum Rand hin bebaut. Dies
führte nach Ansteigen der Elbhochwässer im Stadtbereich zu viel-
fachen Schwierigkeiten (Abb. 75).

185

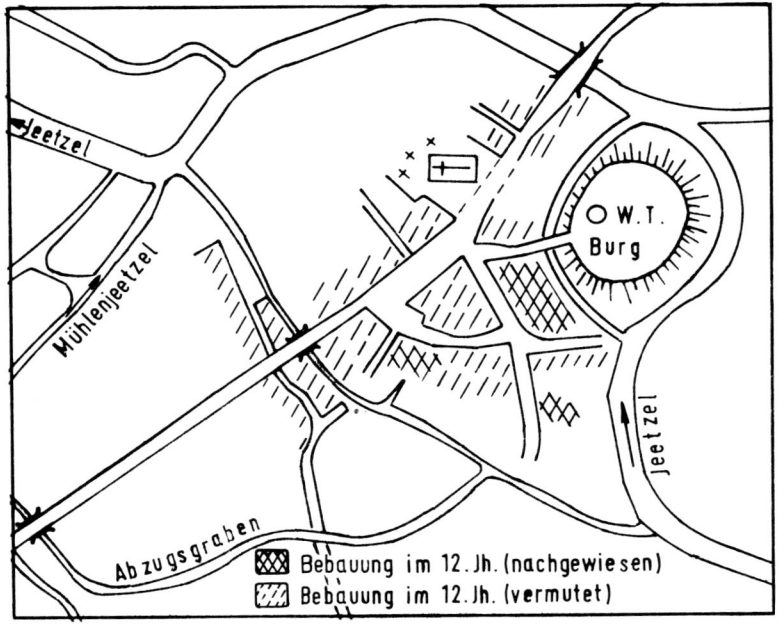

Abb. 75   Dannenberg im 12. Jahrhundert.

Nach den Funden in der Vorburgsiedlung beginnt die kontinuierliche Besetzung des Platzes spätestens um 800. Herausragende Funde aus der Grabung unter dem jetzigen Busbahnhof lassen seit dem 11. Jahrhundert hier einen bedeutenden slawischen Adelssitz vermuten. Eine Bestätigung kann in der Übernahme der Burg durch Graf Volrad (1153, erste Erwähnung) aus dem Hause der Edlen von Salzwedel gesehen werden. Die Auswirkungen auf Burg und Siedlung lassen sich nur in groben Zügen beschreiben. Der einzige Zeuge jener Zeit ist der Waldemarturm, der aus Ziegeln errichtete Bergfried, dessen Feldsteinfundament in spätslawische Schichten eingetieft ist. Er kann erst – nachdem der Ziegelbau auch im Wendland Schule machte – zu Beginn des 13. Jahrhunderts vom zweiten Dannenberger Grafen, Heinrich (1169–1209), gebaut worden sein. Die spätslawische Besiedlung umfaßte das Gebiet zwischen Jeetzelschlinge und kleiner Jeetzel, dabei wurde nur entlang der Straße eine Sandkuppe verlassen. Große Flächen im Norden und Südwesten blieben bis zur Jeetzel frei und konnten wegen des feuchten Untergrundes nur als Gärten und Wiesen genutzt werden. Noch heute mißt der Stadtkern Dannenbergs von der Ostecke des Marktes aus gesehen 100 bis 150 m nach beiden Seiten. Schon die Kirche nordöstlich des Straßenmarktes lag außerhalb der Talsandinsel, wohl ein Zeichen dafür, daß die günstigen Siedelplätze schon vor dem Herrschaftswechsel vergeben waren. Wegen des moorigen Untergrundes und der wechselnden Grundwasserstände begnügte sich die Johanniskirche lange Jahrhunderte hindurch mit einem Dachreiter. Dennoch mußten immer wieder neue Stützpfeiler gesetzt und Pfeilerummantelungen vorgenommen werden, um Bauschäden aufzufangen. Erst die umfassenden Baumaßnahmen der Jahre 1963/64 haben die Einsturzgefahr endgültig gebannt. Während der Bauarbeiten durchgeführte archäologische Beobachtungen zeigten, daß der Fußboden der gotischen Kirche des 15. Jahrhunderts um 1,50 m tiefer lag als heute. Der bemerkenswerte Schnitzaltar dieser Zeit wurde nach der Renovierung wieder aufgestellt. In Umrissen konnten die Feldsteinfundamente einer romanischen Vorgängerkirche von etwa 9 m Breite ermittelt werden.

Mit dem Beginn der deutschen Herrschaft sind weitere Veränderungen des Siedlungsgefüges der Frühstadt verbunden, wie die Ausweisung von Lehnsgütern (Sattelhöfen), die zwar auch am Rand der Altsiedlung angelegt wurden (nördlich der Rosmarienstraße), aber z. T. in sie eingreifen (nach Ausgrabungsbefunden am Schloßgraben). Die notwendige Neuverteilung und Erweiterung kann nur westlich der Kleinen Jeetzel um den Adolfsplatz an der Fischerstraße erfolgt sein. Das Suburbium wird im 12./13. Jahrhundert entstanden sein, jedoch nicht unbedingt in einem Zuge. Seine Funktion erschließt sich aus der Lage, dabei kann der Adolfsplatz als früher Stapelplatz gedeutet werden, und der kleine Hafen in der Fischerstraße wurde bis in die dreißiger Jahre unseres Jahrhunderts benutzt. Das Suburbium wurde in die folgende Stadterweiterung nach Westen mit einbezogen, die sich als Dammsiedlung an der Langen Straße erstreckte und im 13. Jahrhundert erfolgt sein

Abb. 76   Ansicht Dannenbergs von Süden um 1840.

dürfte. In einer Baugrube (Langestr. 15) konnten Teile eines Knüppeldammes in etwa 4 m Tiefe beobachtet werden und unter den Hausgrundstücken meterdicke Aufhöhungen von dunkler, anmooriger Erde, die beim Aushub der Mühlenjeetzel und des Stadtgrabens anfielen und auf kurzem Weg nutzbringend Verwendung fanden (Abb. 76).

Die Stadterweiterung nach Osten fällt in die Zeit, als Dannenberg Residenz einer Nebenlinie des welfischen Herzogtums war (1569–1671). Nach dem Großbrand von 1592, bei dem die Schloßgebäude mit in Gefahr gerieten, verfügte Herzog Heinrich eine Verlegung der Hausstellen westlich des Schloßberges (heute Busbahnhof) jenseits der Kolkbrücke, in die neu entstehende Marschtorstraße. Doch erst nach dem Großbrand von 1608 verwirklichte sein Sohn Julius Ernst den Plan. Der Zwang zum Ausbau Dannenbergs entlang einer Straße ergab sich mit der zunehmenden Eindeichung der Elbniederung, die in den nicht eingedeichten Gebieten steigende Hochwässer zur Folge hatte. Alte Hausstellen im Süden und Norden der älteren Siedlungsfläche wurden aufgegeben und an die höher gelegene Hauptdurchgangsstraße verlegt. Erst mit der Jeetzeleindeichung ab 1952 änderten sich die siedlungsgeographischen Bedingungen für Dannenberg grundlegend.

Literatur:
B. Wachter, Aus Dannenberg und seiner Geschichte. Uelzen 1983

Berndt Wachter

8. Gümse

Lage: 4 km nordöstlich von Dannenberg, der Rundling Gümse, Ortsteil von Breese i. d. Marsch, Burgstelle am Südufer des Gümser Sees (Privat-Grundstück).

Die Burg Gümse ist auf dem Merianstich von 1654 als Fachwerk- haus von Wall und wasserführendem Graben umgeben dargestellt, eine Brücke führt zu der östlich gelegenen Meierei mit Scheuern und Ställen. Das heutige Hauptgebäude ruht auf einem, sicherlich alten Feldsteinsockel von 9 × 9 m. Der Wall ist eingeebnet, doch sind die aufgefüllten Gräben im Westen und Süden noch gut zu erkennen. Die Hoffläche (äußerer Wallfuß) mißt 60 × 65 m, daraus errechnet sich eine Innenfläche von 30 × 35 = ca. 1200 m². Die Burg scheint seit dem 14. Jahrhundert im Besitz des Lüneburger Burgmannsgeschlechts v. d. Berge zu sein. 1431 ist Werner v. d. Berge »to Ghümmetze« belegt. 1593 fällt das Amt (adlige Vorwerk Gümse) an Herzog Heinrich, Fürst zu Dannenberg. Die Lage der Burg am Gümser See (Abb. 77), einem alten Elbarm mit Verbin- dung zur Elbaue bei Wulfsahl und zur Tauben Elbe bei Penkefitz, stellt sie in eine Reihe mit den im 12. Jahrhundert von altmärki- schen Rittern gegründeten Burgen an der Elbe. Einen archäologi- schen Hinweis können bisher lediglich Streufunde von grauer Ir- denware des 13. Jahrhunderts geben, da die Burg noch nicht unter- sucht wurde.

Im näheren Umfeld der Burg wurden eine Reihe von urgeschichtli- chen Funden entdeckt, von der Bronzezeit bis in die Eisenzeit um Chr. Geb. In den letzten Jahren wurde eine eisenzeitliche Siedlung auf dem sog. Gümser Weinberg ausgegraben. Das bemerkenswer- teste Fundstück war ein germanischer »Feuerbock«, ein mit Ritzli-

189

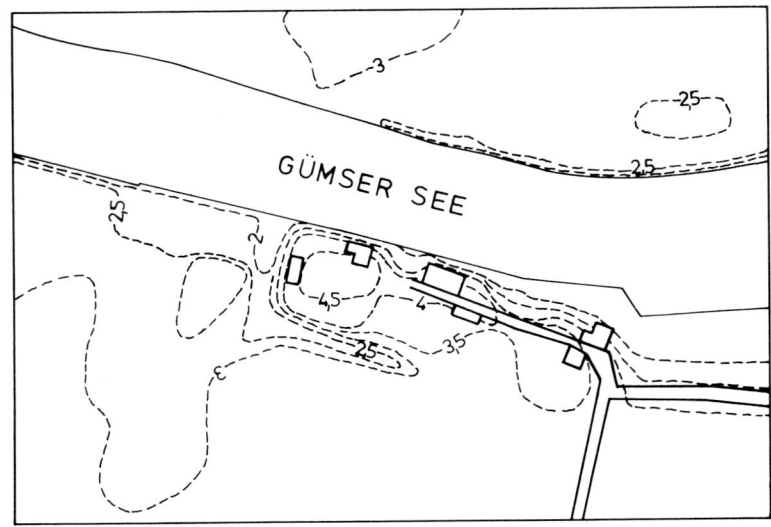

Abb. 77   Burgplatz Gümse, Höhenlinien M 1:5000.

nien verzierter Tonziegel. Die Siedlung war von mittelalterlichen Hochäckern überdeckt.

Literatur:
Manecke, Topographisch-historische Beschreibungen der Städte, Ämter und adeligen Gerichte im Fürstentum Lüneburg. II 104f. u. 434f. – Kiecker, Die alte Feste Gümse. Am Webstuhl der Zeit. In: Elbe-Jeetzel-Zeitung v. 10. 2. 1956 – B. Wachter, Lüchow und die Oerenburg. Schwerpunkte im Bericht des Bodendenkmalpflegers für 1982/83. Hannoversches Wendland 9, 1983/84, 53ff.

Berndt Wachter

9. Langendorf

Ende 1971 wurde eines der ältesten Häuser des Landkreises in Langendorf, 10 km östlich Dannenberg, am Nordrand einer Geestinsel abgebaut. Der Wiederaufbau des Zweiständerhauses von 1656 in einem Freilandmuseum konnte nicht verwirklicht werden. Das

190

Haus wird aber in Kürze von der Stadt Dannenberg am Nordufer des Thielenburger Sees in Dannenberg im Halbrund anderer Hallenhäuser wiedererstehen.

Auf der Hofstelle des sog. »Ohmschen Hauses« in Langendorf wurde 1973 eine Grabung durchgeführt, um die Geschichte von Haus und Hof zu erhellen. Aus Zeit und Geldmangel konnte keine Flächenabdeckung vorgenommen werden (Abb. 78), so daß die älteren Schichten nicht klar voneinander zu trennen waren. Den Funden von grauer Irdenware nach reicht die Hofgeschichte bis ins 13. Jahrhundert zurück. Die Hausschichten (C) des 13. bis 15. Jahrhunderts waren an den freigelegten Stellen stets durchmischt. Die Herdstelle lag etwa an gleicher Stelle wie die späteren und wies drei Phasen auf, jedoch fehlte eine zweite Herdstelle wie bei Haus A und B. Für eine längere Benutzungsdauer sprechen die vielfach aufgebrachten Lehmschichten.

Ein Lackprofil der Herdstelle wird bei der Neuaufstellung an originaler Stelle eingefügt. Die Ausmaße der älteren Häuser unterscheiden sich von den Nachfolgebauten durch eine geringere Breite. Klarer erfaßt werden konnte das Haus (B) des 15./16. Jahrhunderts. Anlage und Größe stimmen mit nur geringfügigen Abweichungen mit dem Haus (A) von 1656 überein. Das Haus B besaß schon zwei Feuerstellen, die etwas nach Westen verschoben waren. Diese wirtschaftliche Trennung von Hofbesitzer und Altenteiler muß während des Bestehens von Haus B erfolgt sein. Das Haus muß einem Brand zum Opfer gefallen sein, wahrscheinlich 1627 beim Durchzug von Wallensteins Truppen. »Danach soll der Festungskommandant von Dömitz Soldaten per Kahn nach Langendorf geschickt haben, um aus den Trümmern der Bauernhäuser alles zu bergen, was sich als Brennmaterial verwenden ließ.« Beim Neuaufbau 1656 wurde der Brandschutt beiseite geräumt und eine 0,30 m starke Sandschicht aufgebracht, in die Fundamentsteine gebettet wurden. Die gleiche Sandschicht überdeckt eine bis dahin offene Wasserstelle oder ein Dungloch rd. 10 m nördlich des Hauses. Der Abstand der Hausstelle zur heutigen Straße beträgt 35 m. Auch andere ältere Häuser wahren einen ähnlichen Abstand, so daß hier »vor Ausprägung des heutigen Straßendorfes Langendorf eine

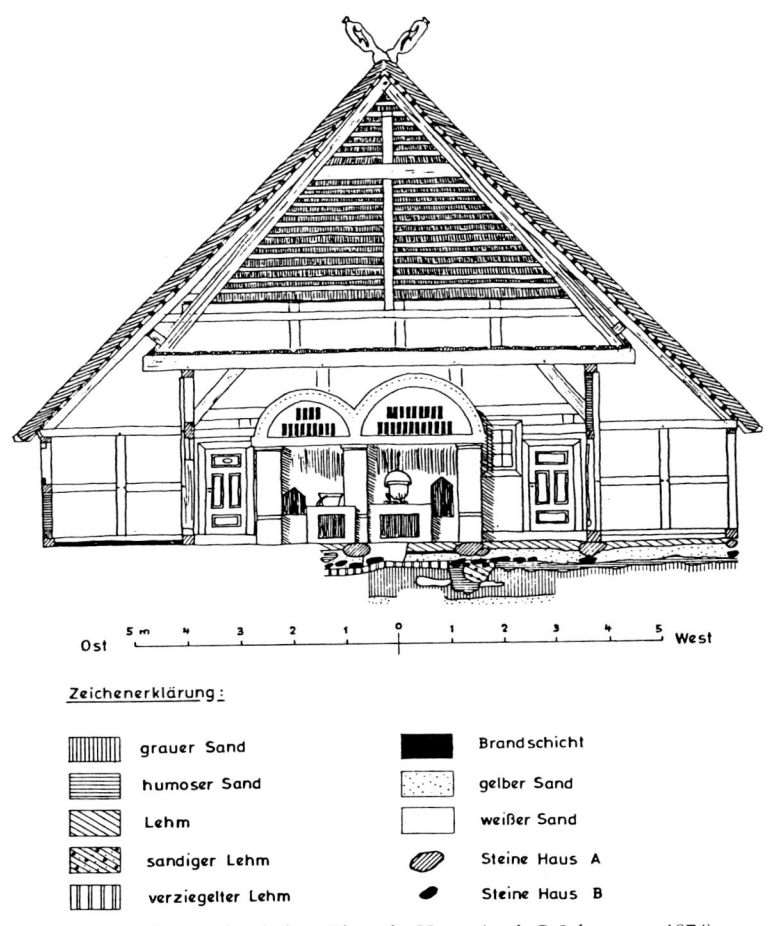

Ost ⊢5 m   4   3   2   1   0   1   2   3   4   5⊣ West

Zeichenerklärung:

	grauer Sand		Brandschicht
	humoser Sand		gelber Sand
	Lehm		weißer Sand
	sandiger Lehm		Steine Haus A
	verziegelter Lehm		Steine Haus B

Abb. 78   Schnitt durch das »Ohmsche Haus« (nach C. Johannsen, 1974).

rundlings- oder angerdorfartige Siedlung gelegen haben könnte«.
Die Dorfkerngrabung in Langendorf konnte die an die Archäologen gestellte Aufgabe der Rundlingsforschung nicht klären helfen,
ob Rundlinge aus autochthoner Wurzel entstanden sind oder planmäßige Gründungen darstellen. Dem Problem soll mit Ausgrabungen in Groß und Klein Gaddau nachgegangen werden.

Als das Ohmsche Haus entstand, wurden aus der Langendorfer Geestinsel 1,5 km oberhalb des Ortes am Elbufer Erden abgebaut. Eine Alaunsiederei bestand von 1577 bis um 1700, mußte dann wegen Holzmangels eingestellt werden. Den dort anstehenden schwarzgrauen Ton verwendeten die Töpfer aus Dannenberg und Neuhaus zur Gefäßherstellung und Glimmersand für die Glasur.

Urgeschichtliche Funde aus der Langendorfer Gemarkung sind seit dem 18. Jahrhundert bekannt. 1883 schreibt J. H. Müller »Im Sandfelde bei Langendorf nach Gusborn zu lagen vordem die Scherben von Urnen, vom Winde entblößt, fuderweise.« Leider ist von den frühen Funden wenig auf uns gekommen.

Literatur:
A. Pudelko u. B. Wachter, Dorfkerngrabung in Langendorf, Kreis Lüchow-Dannenberg. Hannoversches Wendland 4, 1973, 91–94 – K. Giese, Das Dünenfeld auf der Langendorfer Geest-Insel. Hannoversches Wendland 2, 1970, 99–104 – J. H. Müller u. J. Reimers, Vor- und frühgeschichtliche Altertümer der Provinz Hannover 1883, 135

Berndt Wachter

10. Breese im Bruche

Die in Dannenberg beginnende B 248 führt am Ostrand der Geest nach Süden. In 5 km Entfernung zweigt eine Straße nach Osten zum kleinen Rundlingsdorf Breese im Bruche. Hier stehen noch, einmalig im Hannoverschen Wendland, die 3 Haustypen nebeneinander, die die ländliche Bauentwicklung ausmachen: ein Zweiständer (1708), ein Dreiständer (1750) und ein Vierständer (1823). An ihnen läßt sich nicht nur die spezifische ländliche Bauentwicklung unserer Region ablesen, sondern auch die Problematik moderner Nutzung (Abb. 79). Am Nordende des Dorfes liegt das Gut, das die später gräfliche Familie Grote 1517 erwarb. Der erhöhte, viereckige Schloßplatz, von Gräben umzogen, läßt eine ältere Burganlage vermuten. Das Schloß des 17./18. Jahrhunderts wurde 1958 bis auf den östlichen Seitenflügel abgebrochen. 1592 ließ Otto Grote die Rennaissance-Kapelle als eigene Hofkirche erbauen, ein

Abb. 79   Breese i. Br. Rundling mit Zweiständer-, Vierständer- und Dreiständer-
haus (von links).

rechteckiger Ziegelbau auf Feldsteinfundament mit einer Sakristei
in Fachwerk. Im reich ausgestatteten Inneren ein Kanzelaltar
(1717), eine Taufe (um 1600), Empore und Patronatspriechen. Den
Hauptschmuck bildet das völlig ausgemalte Tonnengewölbe. Bil-
der der Propheten und Apostel, dazu Bibelsprüche und die 64
Ahnenwappen des Stifterpaares verbinden ein volles theologisches
Programm mit dem Stammbaum der Familie. Die Ausstattung mit
Epitaphen weist die Kapelle als Grablege der Familie Grote aus. Sie
»ist eine Kostbarkeit unter den Kirchen und Kapellen im Wendland
und einer seiner kunstreichsten Räume«.

Literatur:
A. Kelletat, Gutskapelle Breese im Bruche. Uelzen 1985

Berndt Wachter

11. Pretzetze, Gem. Laase

Lage: Unmittelbar an der Nordseite der hier auf dem Deich geführten Straße Dannenberg – Gartow, zwischen den Orten Grippel und Laase.

Das heute fast quadratische Burgplateau von 42 × 39 m an einem Elbarm gelegen ragt etwa 2–3 m aus der Niederung heraus. Ein Teil der alten Burg wird bei einer späteren Deichverstärkung im 19. Jahrhundert überdeckt worden sein. Der Name Pretzetze läßt sich auf slv. preseka = durchgehauener Weg zurückführen, und ist in Verbindung mit der Anlage von Sperren zu sehen. Auf Karten des 18. Jahrhunderts taucht der Name Pretzetzer Damm auf, wie er vielfach für Sperrburgen verwendet wird. Trotz einer vermutlich slawischen Vergangenheit wird die Burg 1330 erstmals erwähnt »hus de pritzeze«. 1376 wurde die Burg drei Tage von Truppen Kaiser Karls IV. belagert und unter Einsatz von Schußwaffen erobert, »branden dat hus in dem middage, dat dar nicht enblef wenn de wal, (dan es war ein holzern gebew und doch sehr fest van wasser)«. Die Burg wurde danach stets als Zubehör zum Schlosse Dannenberg genannt und war bis vor kurzem als staatliches Forstgehöft genutzt.

Literatur:
A. Pudelko, Frühe Burgen im Seegetal. 1. Jahresheft d. Heimatkdl. AK, Lüchow 1969, 53 – Bastian, Neue Forschungen zur slawischen Befestigung. Probleme des frühen Mittelalters in archäologischer und historischer Sicht, Berlin 1966, 141–154

Berndt Wachter

12. Pölitz, Gem. Gedelitz

Lage: Im Hochwasserbereich zwischen Deich und Elbe am »Pölitzer Haken« gelegen, nördlich der Straße Dannenberg – Gartow, auf halbem Wege zwischen Laase und Gorleben.

Die Burg wurde noch nicht untersucht, deshalb bleibt ihre Größe schwer bestimmbar. Auf einer Karte von 1723/24 ist sie als Rundhügel dargestellt (Abb. 80), der wahrscheinlich bei den Flußregu-

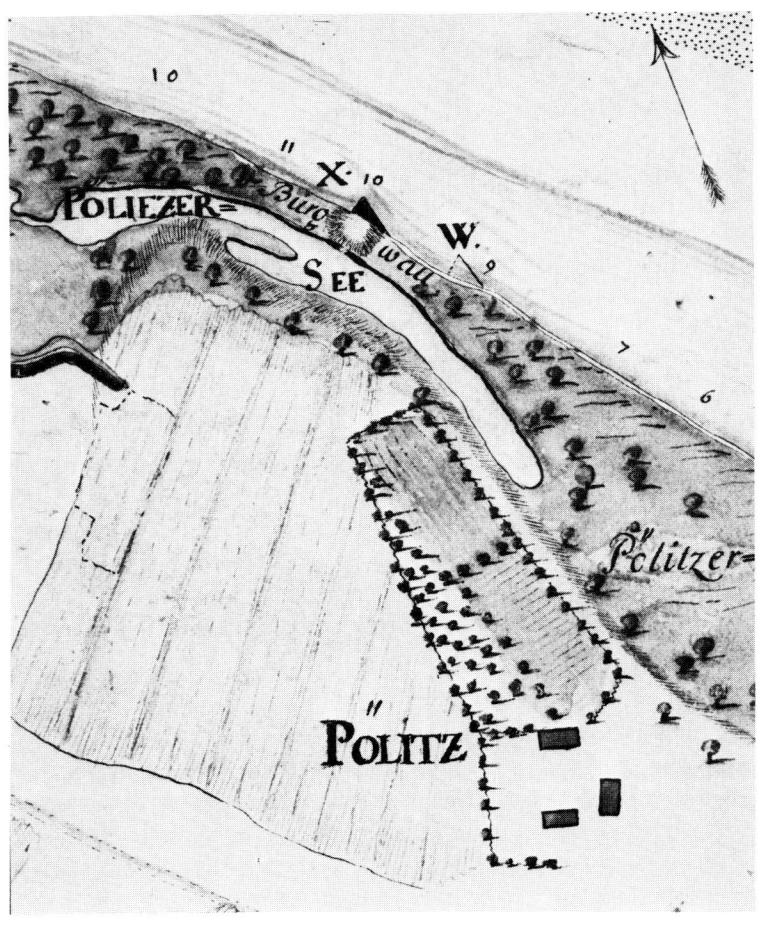

Abb. 80 Ausschnitt aus einer Karte von 1723/24. Niedersächsisches Hauptstaatsarchiv in Hannover (31i/31m).

lierungen am Ende des vorigen Jahrhunderts bzw. um 1930 eingeebnet wurde. Als Oberflächenfunde konnte mittel- bis spätslawische Keramik und graue Irdenware des 12./13. Jahrhunderts geborgen werden. Bei einer Deichverstärkung 1966 wurden Teile eines
Körpergräberfriedhofs mit 18 Bestattungen freigelegt, soweit fest-

stellbar alle in West-Ost-Richtung. Die erste historische Erwähnung erfährt Pölitz 1362 »das gherychte... tu Pulitze« zu einer Zeit, als die Burg wohl wegen der steigenden Hochwässer aufgegeben werden mußte. Die Burg muß wie ihre Nachbarburgen im 12. Jahrhundert angelegt worden sein. Ob die slawischen Funde auf dem Ostufer des Pölitzer Hakens zu einer Vorgängeranlage oder einer Siedlung gehört haben, bleibt ungewiß. Zahlreiche Funde, vorwiegend graue Irdenware auf dem Westufer des Pölitzer Hakens weisen auf ein mittelalterliches Dorf, das ebenfalls aufgegeben werden mußte und zu einem Vorwerk weiter südlich schrumpfte.

Literatur:
A. Pudelko, Alte Verkehrswege und die Befestigungen der Gartower Landschaft. Kunde NF 10, 2050, 139 – Ders., Burplatz Pölitz. Die Kunde NF 17, 1966, 130–137

Berndt Wachter

13. Die slawisch-deutsche Burganlage von Meetschow

Zufahrt: Auf der Landstraße von Gorleben Richtung Gartow. Ca. 2 km hinter Gorleben links abbiegen Richtung Vietze bis Meetschow. Vor dem Ortsausgang in Meetschow zweigt rechts ein unbefestigter Weg ab, der quer über den Deich führt. An der ersten Weggabelung links bis zum Ufer des Laascher Sees. Links am Seeufer entlang erreicht man nach ca. 500 m die Vorwälle und nach weiteren 150 m den Burghügel (Samtgemeinde Gartow, TK 25: 2934; R 4459400, H 5880260). Bei Hochwasser sind Hügel und Wälle von der Straße von Meetschow Richtung Vietze aus, die ein Stück auf dem Deich entlang führt, östlich desselben zu sehen.

Am südlichen Höhbeckrand liegen auf einer Halbinsel zwischen dem Laascher See im Osten und dem Leipgraben im Westen die Reste der Burganlage in Form eines flachen Hügels sowie zweier Wälle. Im Süden sperren die Halbinsel Vorwälle und Gräben, die zum größten Teil zerstört sind. Westlich des Burgplatzes befindet sich eine alte Furt durch die Seege.
Nach kleineren Probegrabungen (1958/59) und Bohruntersuchungen des Vorgeländes (1964) durch A. Pudelko brachten Grabungen der Universität Göttingen (1973) unter Leitung von H. Steuer Aufschlüsse über Alter, Befestigungsaufbau und Ausbauphasen der

197

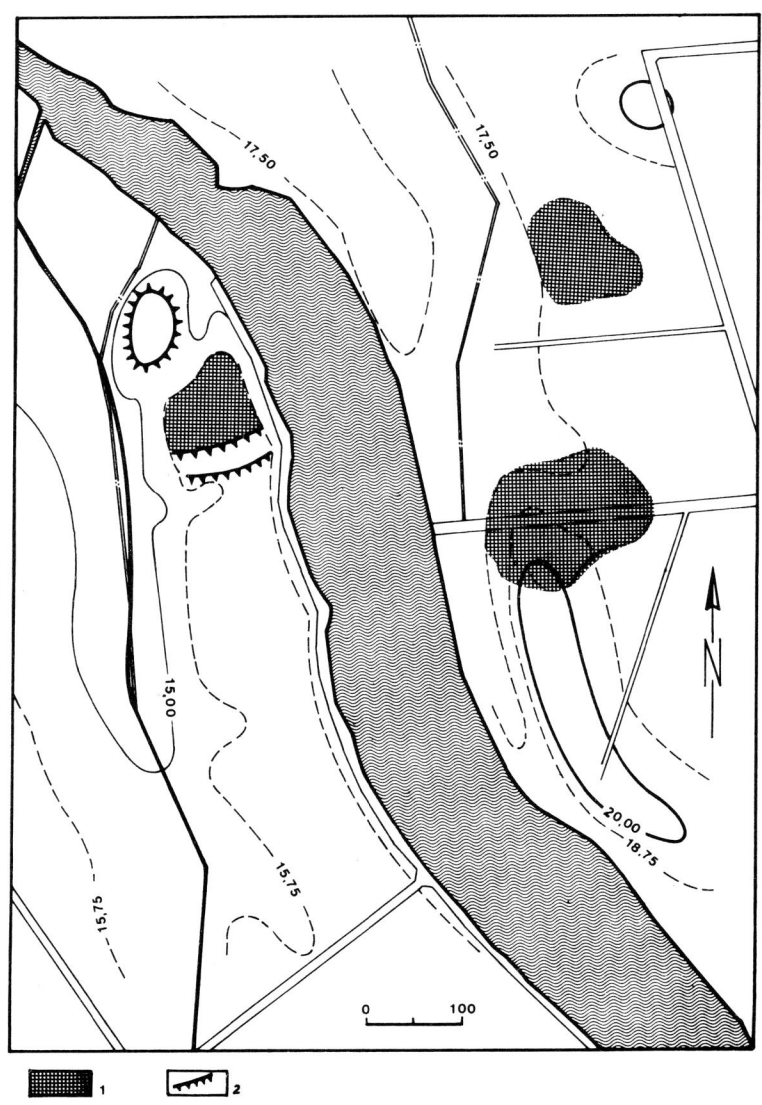

Abb. 81 Die slawisch-deutsche Burganlage bei Meetschow 1 und die beiden slawischen Siedlungsstellen Brünkendorf 13. 1 besiedelte Flächen, 2 Befestigungs-anlagen.

198

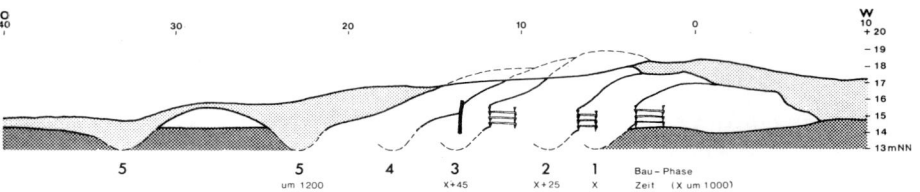

Abb. 82 Meetschow. Schnitt durch die Burganlagen. 1 gewachsener Boden, 2 künstliche Aufhöhung im Burginnern und natürliche Auelehmablagerung nach dem Deichbau vor der Burganlage, 3 Kastenkonstruktionen. Die Bezifferung der fünf Ausbauphasen steht jeweils unter den zugehörigen Befestigungsgräben.

Meetschower Burg (Abb. 82). Demnach beginnt die Besiedlung des Platzes auf dem äußeren Teil der Halbinsel mit einer slawischen Ansiedlung von ca. 175 m × 120 m Ausdehnung, die in der Zeit um 800 begann und bis ins 10. Jahrhundert bestand. Sie war zeitweilig mit Abschnittswällen befestigt. Datierungshinweise liefert unverzierte frühslawische sowie Menkendorfer Keramik. Infolge steigenden Grundwasserspiegels mußte die Siedlung aufgegeben werden. Etwa um 1000 wird an der Stelle des noch sichtbaren Burghügels der erste slawische Burgwall angelegt, eine Anlage von rund 20 m Durchmesser, die durch einen durch Holzkästen versteiften Wall mit vorgelagertem Graben geschützt wird. Diese Anlage besaß einen durch Holzroste erhöhten Innenraum und bestand rund 50 Jahre, in denen sie zwei Ausbauphasen erlebte. Die Hölzer der Kastenkonstruktion, die im Grundwasser gestanden haben, waren gut erhalten, was eine dendrochronologische Bestimmung des Abstandes der Ausbauphasen erlaubte (Bauphasen 1–3, Abb. 82). Nachdem die Burg offensichtlich für einige Zeit verlassen war, wurde sie erneut mit einer Wall-Graben-Konstruktion befestigt, diesmal mit Palisadenversteifung des Walles (Bauphase 4, Abb. 82). Zu den Bauphasen 1 bis 4 gehört spätslawische Keramik. Die Burganlage ist am wahrscheinlichsten als kleine slawische adlige Herrenburg anzusehen.
Nach einer erneuten Auflassung der Burg läßt die Anlage, die um 1200 auf dem Burgplatz entstand, ein neues Befestigungskonzept

erkennen: Der Innenraum wurde erheblich vergrößert zu einer Fläche von ca. 80 m Durchmesser, wozu die alten Wälle gekappt wurden (Bauphase 5, Abb. 82). Die Befestigung besteht jetzt in einem doppelten Graben, der mit Wasser gefüllt gewesen sein dürfte. Das neue Konzept, das einer Turmhügelburg nach westlichem Vorbild (Motte) entspricht, weist auf neue Herren, wahrscheinlich deutsche Ministerialen. Dem entspricht die zugehörige »deutsche« Keramik. Ein Reitersporn aus der Zeit um 1300 sowie rheinische Importkeramik des 13. und 14. Jahrhunderts unterstreichen ritterliches Milieu. Zur Aufgabe der Burg zwang wahrscheinlich der Deichbau zu Beginn des 14. Jahrhunderts und die damit verbundenen Hochwasser. Aus dieser Zeit stammt eine Münze Markgraf Waldemars von Brandenburg (1305–1319). Im Umland der slawischen Burg muß mit zugehörigen Dörfern gerechnet werden, wie fünf Siedlungsplätze mit slawischer Keramik bei Vietze am Ostufer des Laascher Sees und bei Laasche nahelegen. An der Siedlungsstelle »Brünkendorf 13« (Abb. 81) wurden Bohrungen und Probegrabungen durchgeführt. Auffälligerweise bricht die offene Siedlung direkt gegenüber der Burg gleichzeitig mit der slawischen Burganlage ab.

Literatur:
A. Pudelko, Zur slawischen Besiedlung des westlichen Elbufers zwischen Schnakkenburg und Langendorf, Kr. Lüchow-Dannenberg. NNU 41, 1972, 103–126 – H. Steuer, Slawische Siedlungen und Befestigungen im Höhbeck-Gebiet. Kurzer Bericht über die Probegrabungen 1972 und 1973. Jahresheft des heimatkundlichen Arbeitskreises Lüchow-Dannenberg 4, 1973, 75–86 – Ders., Die slawische und deutsche Burganlage bei Meetschow, Kreis Lüchow-Dannenberg. Arch. Korrespondenzblatt 6, 1976, 163–168 – H. Reichstein, W. Schenkel u. H. Steuer, Zur Auswertung der Funde aus der slawisch-deutschen Burganlage von Meetschow, Gemeinde Gorleben, Kr. Lüchow-Dannenberg. I. Ein EDV-Programm zur Erstellung von Fund-Registern, erläutert am Beispiel der Burganlage von Meetschow (Schenkel/Steuer). II. Tierknochen aus der Burganlage von Meetschow (Reichstein). NNU 45, 1976, 177–220

Monika Bernatzky-Goetze

14. Das Höhbeck-Kastell bei Vietze

Zufahrt: In Vietze auf der Straße, die am Museum nach Osten abbiegt bis an den Wald, dann links am Waldrand entlang, in 700 m Entfernung die Schanze am Steilufer der Elbe.

Etwa 25 m über der Elbniederung erhebt sich das rund 170 × 70 m große Plateau der Viereckschanze. Wall und Graben der westlichen Schmalseite können noch heute ein eindrucksvolles Bild der alten Wehranlage und ihrer einstigen Stärke vermitteln. Die beiden schmalen Durchlässe im Westwall sind weder ursprünglich angelegte noch von Grabungen stammende, sondern moderne Durchstiche. Für die nördliche Längsseite war nur ein kleinerer Wall erforderlich, da hier der Steilhang zur Elbe ausreichend Schutz bot. Ähnliches gilt für die Ostseite, die durch ein tief eingeschnittenes Trockental gesichert war. Der südliche Längswall wurde im vorigen Jahrhundert abgetragen, um den Graben davor zuzuschütten zur Anlage eines Weges in Richtung Talmühle (Abb. 83).
Auf dem Höhbeck-Kastell haben berühmte Archäologen gegraben: C. Schuchhardt in den Jahren 1897 und 1920 und besonders E. Sprockhoff 1954, 1956, 1958 und 1961/64. Den Ausgrabungen

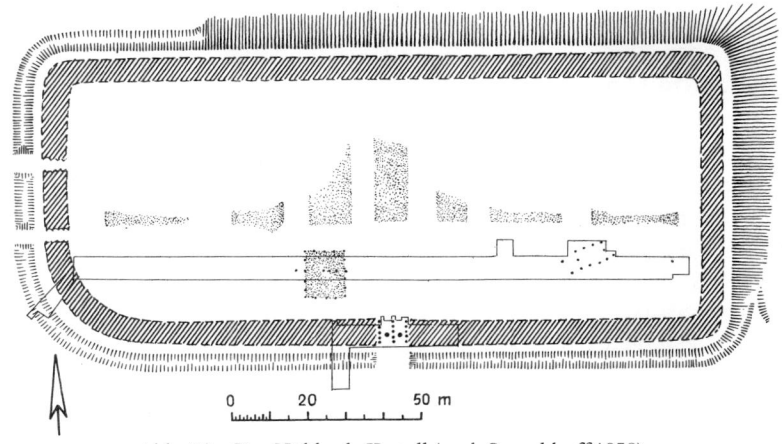

Abb. 83   Das Höhbeck-Kastell (nach Sprockhoff 1958).

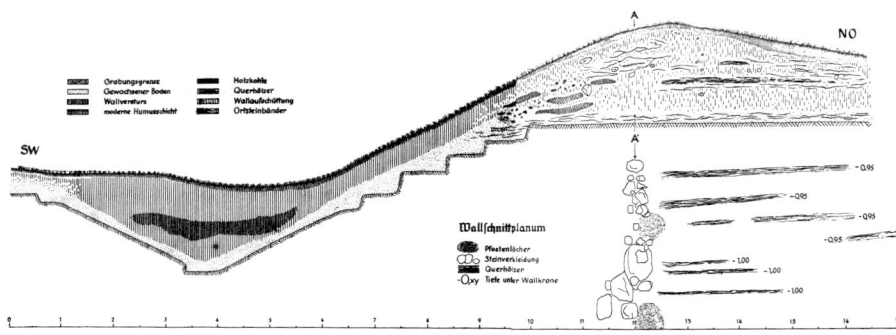

Abb. 84 Höhbeck, Grabung 1956. Wall und Graben an der Südwestecke.

nach erschließt sich folgender Aufbau der Anlage. Im Westen und
Süden war dem Wall ein 2,80 m tiefer und 8–9 m breiter Spitzgraben vorgelagert. Kräftige Pfosten bildeten die Außenfront des an
der Basis 6 m breiten und ehedem 5–6 m hohen Holzerdewalles, der
mit bis zu 5 m langen Rundhölzern aufgebaut war (Abb. 84). In der
Mitte des Südwalles befand sich eine 6 × 6 m große Toranlage,
vermutlich ein Torturm.
Zur Geschichte der Schanze sagen die Grabungen weniger aus.
Über einer Siedlungsschicht der älteren Kaiserzeit ohne typisch
römische Funde fand E. Sprockhoff (1958) eine als karolingerzeit-
lich anzusprechende Schicht. In ihr lagen Gefäßscherben, die auf
eine sächsische Besatzung (Abb. 85) und auf Westimport hinweisen
können.
Die langjährigen Ausgrabungen ergaben jedoch keine ausgeprägte
frühgeschichtliche Siedlungsschicht. Es konnten einige slawische
Scherben geborgen werden, die um 800 zu datieren sind, außerdem
in einer Abfallgrube spätslawische Gurtfurchenkeramik und deutsche Ware des 12. Jahrhunderts, die auf spätere geringfügige Siedlungstätigkeit hinweist, vielleicht auch nur auf Ackerbau, der bis in
die Neuzeit innerhalb der Wallfläche betrieben wurde.
Nach einer mächtigen Brandkatastrophe wurde die Anlage gar
nicht oder nur notdürftig wieder aufgebaut. C^{14}-Untersuchungen
der Holzkohle aus der Brandschicht ergaben ein Alter von 885 +/–

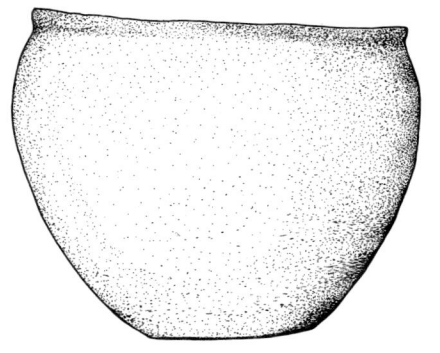 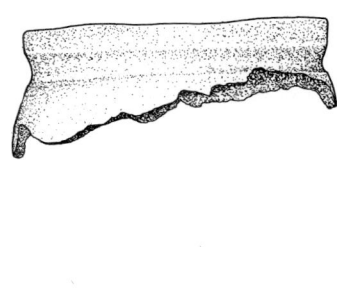

Abb. 85 Höhbeck-Kastell. Keramik aus der Grabung, links spätsächsisch, rechts Westimport.

80 n. Chr. ein Ergebnis, das die Deutung als fränkisches Kastell Hohbuoki unterstützen kann. Nach den fränkischen Annalen ließ Karl der Große im Jahre 808 zur Abwehr der Slawen an der Elbe das »castellum vocabulo hohbuoki« errichten. 810 wird das Kastell von den Wilzen erobert und durch Brand zerstört. Dabei wird der fränkische Befehlshaber, der Ostsachse Odo, erschlagen. 811 wird der Auftrag zum Wiederaufbau erteilt.

Literatur:
E. Sprockhoff, Kastell Höhbeck. Neue Ausgrabungen in Deutschland. Berlin 1958

Berndt Wachter

15. Die Schwedenschanze bei Brünkendorf

Zufahrt: Von Gartow kommend in Brünkendorf am Südrand des Höhbecks rechts abbiegen, an der Funkstelle vorbei nach 2 km am Ende des Weges Aussichtsturm und Parkplatz zum Kaffeegarten Schwedenschanze inmitten der Wallanlage.

Nur 800 m östlich der Vietzer Viereckschanze liegt auf einem Geländevorsprung ein Halbkreiswall. Für diesen Platz hat sich nach Bezeichnungen wie z. B. »Blocksberg«, »Hexenplatz« der unzutreffende Name »Schwedenschanze« durchgesetzt. Der Wall umschließt in weitem Bogen ein von 65 bis 30 m NN abfallendes Gelände von 1,75 ha, das im Norden durch einen Steilhang zur rd. 12 m tiefer liegenden Elbaue und nach Osten von einem 10–20 m tief eingeschnittenen Trockental geschützt ist. Die Anlage läßt sich in Haupt- und Vorburg gliedern, die von einer knapp oberhalb der 60 m Höhenlinie verlaufenden Böschung getrennt werden. Das Hochplateau der Hauptburg umfaßt 2250 m^2 und wird nach Süden von dem hier noch 3,50 m hohen Wall und Graben gesichert.

Grabungen auf dem weiten Gelände haben bisher nur in bescheidenem Umfang stattgefunden: C. Schuchhardt 1920, W. D. Asmus 1957 und E. Sprockhoff 1965. Danach können im südlichen Holz-Erde-Wall zwei Bauphasen unterschieden werden. Der Wallinnenfuß des älteren Walles wird durch einen Holzsockel markiert. Der westliche Abschnitt des Walles ist flacher, an der Basis heute 12 m

Abb. 86   Die Schwedenschanze bei Brünkendorf. Westwall von Norden.

breit und davor führt ein 2 m tiefer Spitzgraben entlang (Abb. 86).
Die Bauweise und die bisher nur spärlich zutage getretenen Funde
sprechen für eine slawische Anlage des 9. Jahrhunderts. Auch eine
kleinflächige Untersuchung im Innenraum der Hauptburg von
1985, verursacht durch ein Bauvorhaben, erbrachte keine weiteren
Aufschlüsse, so daß ähnlich wie bei dem Höhbeck-Kastell mit einer
nur kurzfristigen Benutzungszeit gerechnet werden muß.

Literatur:
A. Pudelko, Zur slawischen Besiedlung des westlichen Elbufers zwischen Schnakkenburg und Langendorf, Kr. Lüchow-Dannenberg. Nachrichten aus Niedersachsens Urgeschichte, 41, 1972, 117–118

Berndt Wachter

16. *Der Ringwall im Elbholz bei Gartow*

Zufahrt: 3,5 km südlich von Gartow, nur über einen für Kfz gesperrten Weg, der
vom Quarnstedter Parkplatz abzweigt, zu erreichen.

Der Ringwall liegt etwa 200 m vom Deich entfernt am Nordrand
des heute häufig nassen Auewaldes, dem Elbholz. Sein Durchmesser beträgt 42–45 m, die Innenfläche somit etwa 1200 m². Der Wall
besitzt noch eine Höhe von 2 m und ist 10–15 m an der Basis breit
(Abb. 87). Ein Graben, der als natürliche Rinne oder als Entnahme-
graben gedeutet werden kann, läßt sich nur an der Südseite erkennen, da ein Weg an der West- und Nordseite entlangführt. Die
Ostseite ist infolge Wallabtragung und Hausbau gestört.
Probegrabungen führte C. Schuchhardt 1915 und A. Pudelko 1958
durch, die eine Holzerdekonstruktion des Walles zeigten und slawische Keramik des 8./9.–10. Jahrhunderts erbrachte. Der Wall fiel
einem Brand zum Opfer. Auf einer Karte von 1699 schließt westlich der Burg das »Wentfelt« an. Auch wenn uns der Ort heute als
»heimlicher Platz« erscheinen mag, führte im frühen Mittelalter
nur 2–3 km entfernt der Weg von Gartow nach Lenzen jenseits der
Elbe vorbei.

Abb. 87   Der slawische Ringwall im Elbholz bei Gartow.

Literatur:
A. Pudelko, Zur slawischen Besiedlung des westlichen Elbufers zwischen Schnakkenburg und Langendorf, Kr. Lüchow-Dannenberg. Nachrichten aus Niedersachsens Urgeschichte, 41, 1972, 117–118

Berndt Wachter

17. Die Turmhügelburg von Restorf

Lage: 2,5 km nordwestlich von Gartow, am Ostrand des Ortes.

Von der Deichstraße Gartow/Quarnstedt zum Höhbeck läßt sich
kurz vor Restorf rechts die Kirche und davor das Pfarrhaus auf
einem Hügel erkennen, der über 2 m aus den Wiesen am Restorfer
See aufsteigt. Probegrabungen konnten Einblicke in den 20 × 15 m
großen Turmhügel gewähren. Über urgeschichtlichen Funden der
jüngeren Steinzeit und Eisenzeit lag eine Brandschicht mit Keramik
des 12./13. Jahrhunderts, die von Tonschichten aus Elbüber-

schwemmungen überdeckt wurde. Die Herren von Restorf werden seit 1226 östlich der Elbe genannt, der Ort erst 1350.

Literatur:

A. Pudelko, Ein mehrperiodiger Siedlungsplatz mit mittelalterlichem Gutshof, Turmhügelburg und Kirche in Restorf, Gem. Höhbeck, Kr. Lüchow-Dannenberg. Nachrichten aus Niedersachsens Urgeschichte 46, 1977, 315–326

Berndt Wachter

18. Schnackenburg

Im äußersten östlichen Winkel des Landkreises Lüchow-Dannenberg und damit Niedersachsens liegt die kleine Stadt Schnackenburg an der Mündung des Alands in die Elbe. Die frühe Geschichte der Burg läßt sich nur in Ansätzen erschließen, obwohl schon 1218 ein »Johannes de Snakenburch« erwähnt wird, doch im Gefolge des Heinrich von Mecklenburg. Die Schnackenburg wird nach einer Karte von 1699 etwa 300 m außerhalb der Stadt, flußaufwärts auf einer Halbinsel am Aland zu suchen sein. Die kleine Höhe wurde ab 1728 abgefahren, so daß Reste der Burg nicht mehr vorhanden sind. Der weiter südlicher am Aland liegende Platz mit dem Flurnamen »Burgwall« in der Gemarkung Gummern dürfte nicht in Frage kommen.

Vor 1300 werden Kaufleute aus »Snackenburg« im Hamburger Schuldbuch genannt und 1304 erstmals der landesherrliche Elbzoll, der die frühe Bedeutung des Ortes ausmacht, welcher aber erst 1373 als Stadt bezeichnet wird. 1351 wird zwischen Burg und Zollhof, der mit dem Amtshof an der Alandmündung identisch sein dürfte, unterschieden (Sudendorf II, 397). Hochwasser- und Brandkatastrophen behinderten neben der abseitigen Grenzlage die Entwicklung der Stadt. Nach dem großen Brand von 1728, der die gesamte Stadt bis auf die Kirche einäscherte, wurde sie bescheiden einheitlich wieder aufgebaut (Abb. 88). Die während der Straßenbauarbeiten 1980 angestellten Untersuchungen ließen Brandschichten und Aufhöhungen (von der Schnackenburg?) erkennen.

Abb. 88 Schnackenburg, Anfang des 19. Jahrhunderts.

Die Stadtkirche, ein spätromanischer Backsteinbau des 13. Jahrhunderts, ist dem Schutzpatron der Schiffer, St. Nikolaus, geweiht. Sie war als dreischiffige Basilika geplant, davon zeugen je fünf vermauerte Rundbogen auf der Nord- und Südseite, die wie versunken wirken, da der Kirchenboden ursprünglich 1 m tiefer lag. Infolge Überschwemmungen wuchsen Fußboden und der die Kirche umgebende Friedhof höher. Im Inneren der Kirche finden sich Altar und Kanzel einheimischer Arbeiten ebenso wie der »verwunderliche« Taufengel. »Diese schwebenden Engel, die von der Decke heruntergelassen die Taufschale halten, waren eine aus dem Barock stammende sinnfällige Mode... Bei uns haben sich drei erhalten (aus Meuchefitz im Lüchower Museum und in Zeetze), weitere sind verloren; allein der Schnackenburger fungiert noch bei der Taufe. In unserer Zeit hat Ernst Barlach mit seinem Güstrower Dom-Engel (1927), der in der Nazizeit zerstört wurde, dem alten Motiv die ernsteste Wendung gegeben...« (Kelletat, 1981, 37 f.).

Zum Kirchspiel Schnackenburg gehört Holtorf mit einer eindrucksvollen spätgotischen Backsteinkirche mit Wehrturm und Strebepfeilern, die im Innern einen Kanzelaltar birg.

Literatur:
A. Pudelko, Frühe Burgen im Seegetal. 1. Jahresheft des HALD, 1969, 56 ff. – A. Pudelko u. B. Wachter, Stadtkernuntersuchungen in Schnackenburg. Juli 1980. Hannoversches Wendland 8, 1980 (81, 19–21) – A. Kelletat, Kirchen und Kapellen im Wendland, 1981, 36 ff.

Berndt Wachter

19. Gartow

Das Zusammentreffen der Bundesstraße von Lüchow und der Landesstraße von Dannenberg in Gartow am Übergang über die Seege (früher Garte) läßt die frühe Bedeutung des Flußpasses Gartow ahnen. Nach dem Übergang Gartow-Quarnstedt führt eine Straße zum Elbübergang unterhalb des seit der jüngeren Steinzeit besiedelten Höhbecks nach Lenzen und die andere über Schnackenburg in die altmärkische Wische. Beim Bau der heutigen Straßenbrücke fanden sich beim Aushub einer Fundamentgrube neben einer Dammschüttung, die auf eine alte Flußüberquerung hinweist, mittelalterliche Waffen.

Die Gartower Burg liegt etwa 250 m südöstlich der Seegebrücke und nach den frühgeschichtlichen Waffenfunden an der Seegefurt zu urteilen (S. 140 ff.), läßt sich hier eine ältere Wallanlage vermuten, die sich die 1225 erstmals erwähnten Herrn von Gartow sicherlich nutzbar machten. Die Bedeutung von Burg und Flußübergang wuchs, als nach 1300 wegen des fortschreitenden Deichbaus die untere Seegefurt bei Meetschow ihre Bestimmung verlor und die Meetschower Burg aufgegeben werden mußte (Abb. 89).

Von 1360 bis 1437 war die Burg im Besitz des Johanniterordens, der sie mit Graben, Planken und Mauern befestigen durfte (1371) und zur Wasserburg ausbaute. Bis 1694 hatten die Herren von Bülow,

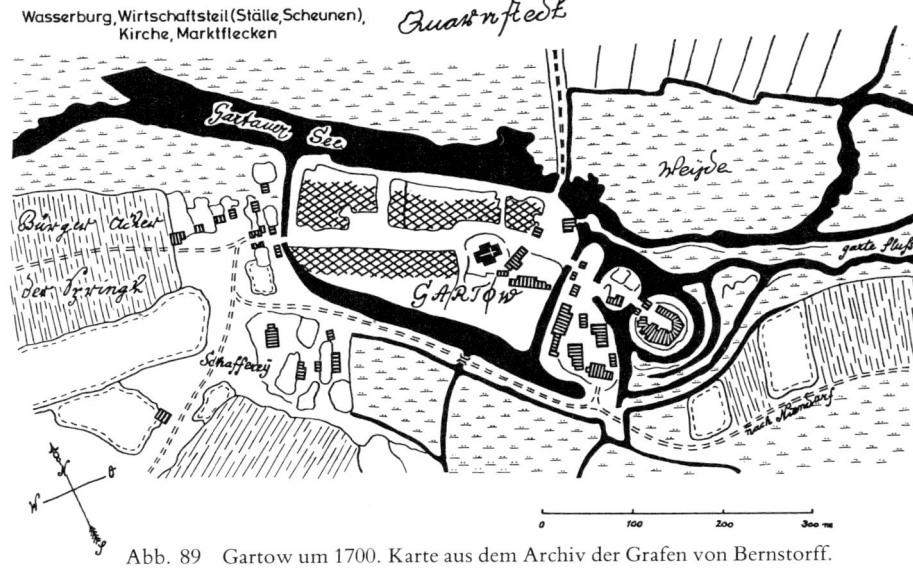

Wasserburg, Wirtschaftsteil (Ställe, Scheunen), Kirche, Marktflecken

Quarnfledt

Gartow See

Weyde

Bürger Acker

der Irvingk

garte Fluß

GARTOW

Schaffery

nach Warßow

Abb. 89   Gartow um 1700. Karte aus dem Archiv der Grafen von Bernstorff.

eine ritterliche Familie aus Dannenberg, die Burg inne und bauten
sie zur Ganerbenburg aus. 1694 erwarb Graf Andreas Gottlieb
v. Bernstorff, Celle-Hannoverscher Minister, den vernachlässig-
ten »adelichen Sitz Gartow« und ließ nach 1709 ein sehenswertes
Schloß erbauen, noch heute Wohnsitz der Familie.
Mit der zweiflügligen Schloßanlage, die einen geräumigen Ehren-
hof umschließt und mit der nach dem großen Brand von 1721 neu
errichteten Kirche als Beispiel einer barocken Hofkirche mit
großem Mansardendach und »dem Dreiklang der bekrönenden
plastischen Ziergiebel« an der Ostwand drang ein »Schimmer höfi-
schen Barockglanzes ... in diesen entfernten Landeswinkel«.
Mit dem Aufbau einer durchorganisierten Gutswirtschaft, dem
Bau von Wirtschafts – (sehenswert die Quarnstedter Zehntscheu-
ne) und Verwaltungsgebäuden, mit der Umwandlung des Berns-
torffschen Besitzes in ein Adliges Gericht und der Übernahme des
Amtssitzes von der Stadt Schnackenburg vergrößerte sich zwar die
Bedeutung des kleinen Marktortes, doch wurde Gartow nie Stadt.

210

Nur die in der Achse Schloß – Kirche liegende und nach Abtragung der Wallanlage verbreiterte Hauptstraße kann den Eindruck einer Kleinstadt und ihrer Betriebsamkeit vermitteln.

Literatur:
A. Pudelko, Gartow um 1700. Hannoversches Wendland 6, 1976, 121–132

Berndt Wachter

20. Die vierzehn Gräben bei Schletau

Zufahrt: Auf der Straße von Schletau nach Lomitz nach 1,5 km nach Osten abbiegen und am Südende des Waldgebietes Planken entlangfahren. Die Landwehr beginnt in 2,5 km östlich der Abzweigung.

Abb. 90   Der Mittelteil der »Vierzehn Gräben«. Vergrößerung einer Randzeichnung von 1737 von G.D. Michaelsen. Niedersächsisches Hauptstaatsarchiv in Hannover (30/20 m).

Die Planken, ein großes, stets der Landesherrschaft gehörendes Waldgebiet, birgt im Ostteil, unmittelbar an der alten Landesgrenze, heute Grenze zur DDR, eine merkwürdige Anlage, die als »Vierzehn Gräben« bezeichnet wird. Ein alter Fahrweg von Lüchow – Schletau – Arendsee bis zur Elbe, der auf der trockenen in Ost-West-Richtung verlaufenden Dünenkette entlangführt, wird hier durch eine Kette von Wällen und Gräben auf einer Länge von 500 m nachhaltig gesperrt. Die Länge der einzelnen Wall- und Grabenzüge liegt zwischen 150 und 300 m. Sie reichen in Nord-Süd-Richtung über die Düne bis jeweils an die 22 m-Höhenlinie hinunter oder darüber hinaus. Die Landwehr gehört deshalb zu den auffälligsten und größten Anlagen dieser Art im östlichen Niedersachsen (Abb. 90).

Es nimmt deshalb nicht wunder, daß einige Sagen an sie geknüpft wurden. Die Anlage wird 1328 zum erstenmal im Zusammenhang mit der Überlassung der Grafschaft Lüchow an Herzog Otto von Braunschweig-Lüneburg durch den Markgrafen von Brandenburg genannt. Im Lüchower Schloß und Amtsregister (1448–1574) heißt es: »Ein Holzvoigt Wechter ... ist schuldig mit Herren Briefen nach Berlin ... zu gehen oder zu tum Lüneburg und Brandenburg auf die bevorzugten Wege zwischen Lüchow und Salzwedel zu lenken.

Literatur:
A. Pudelko, Frühe Burgen und Landwehren der Herzöge von Braunschweig-Lüneburg im Südostteil des Kreises Lüchow-Dannenberg. Kunde 15, 1964, 147–163

Berndt Wachter

21. Die slawisch-deutsche Oerenburg, Gem. Klein Breese

Lage: Die B 493 führt bei der ehemaligen Försterei Oerenburg über den Burgwall, 500 m vor dem westlichen Ortseingang von Klein Breese.

Die Straße Lüchow – Gartow überquert die feuchte und früher unwegsame Niederung der Lucie auf einem Damm. Dort sperrten und sicherten im Mittelalter Burg- und Landwehr die wichtige

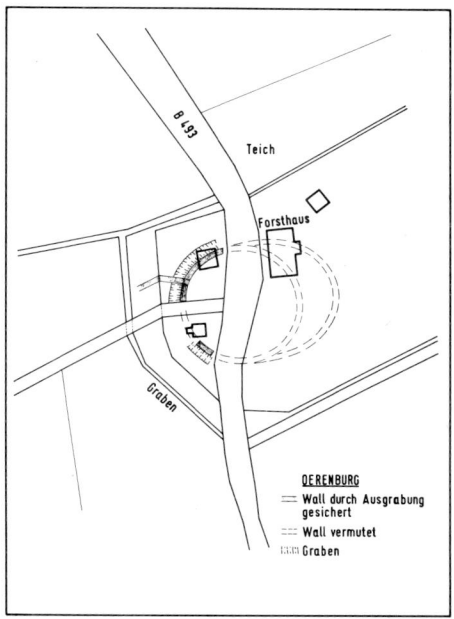

Abb. 91 Burgwall Oerenburg, Grabungsplan und Rekonstruktion.

West-Ost-Verbindung vom östlichen Niedersachsen in die Prignitz, dem nordwestlichen Teil der Mark Brandenburg. Die durch
eine Straßenbegradigung im Zuge der Bundesstraße 493 notwendig gewordene Grabung auf der alten Burgstelle wirft ein völlig
neues Licht auf die Geschichte der Burg.
Bisher war nur bekannt, daß das ehemalige Forsthaus auf einer
alten Burgstelle lag, wie auch das Lüchower Schloß- und Amtsregister aus dem 16. Jahrhundert bestätigt. Vor dem Straßenbau war
das Burgplateau noch gut zu erkennen, da Gräben und Vertiefungen es vom Nordosten bis zur Westseite umzogen. Die topographische Situation läßt sich heute nur erahnen. Die Aufgaben der »öh-
ringborch« bestanden seit dem 14. Jahrhundert in der Forstaufsicht, der Unterhaltung des Burgdamms und der Bewirtschaftung
eines Krugs. Wie andere Burgen, die auf einem zu schützenden
Damm in der Niederung lagen und den Übergang durch sumpfiges

Gelände sicherten, schwang sich auch die Oerenburg nicht zu einer Adelsburg auf, sondern blieb stets in Abhängigkeit zu einer größeren Burg und diente später der Forstaufsicht. Nichts sprach vor Beginn der Untersuchung dafür, daß nach den Grabungen von August 1982–Oktober 1983 ein völlig neues Bild der Burgenentwicklung entworfen werden mußte, das sich aus den nun zutage tretenden Befunden und Funden zwingend ergab (Abb. 91).

Die 1982 im Bereich der neuen Straßentrasse gezogenen Schnitte über die Burgstelle wurden 1983·flächenhaft erweitert und miteinander verbunden, so daß insgesamt über 1000 m², etwa ein Viertel der Innenfläche, untersucht sind. Die bisher bekannten Benutzungszeiten des Burgplatzes spiegelten sich auch in den Funden wider. Jedoch erscheint die Zeit seit dem 18. Jahrhundert überrepräsentiert. In diese Zeit gehören ein Fachwerkhaus, ein unbenutz-

Abb. 92   Burgwall Oerenburg. Freilegung von Hölzern im nordwestlichen Burggraben.

tes Backhaus sowie ein bisher nicht bekannter Brunnen. Erstaunen riefen zwei ältere Funde des 16. Jahrhunderts aus dem Grabenbereich hervor, ein einfacher Lederbeutel und ein weiterer mit rechtwinkeligem Metallverschluß und Hakenöse. Die Beutel waren mit Bleikugeln, Kaliber 13 mm, Zubehör für Radschloßpistolen, Kugelzange, Schere, Schlagsteine, davon zwei aus Achat, Klappmesser, Zweizeilenkamm, Spielwürfel und Münzen gefüllt.

Die Überraschung der Ausgrabung bestand jedoch in der Entdeckung ausgedehnter slawischer Burg- und Siedlungsanlagen vom 8.–12. Jahrhundert (Abb. 92).

Literatur:
J. von Dein, Grabungsbericht Burgstelle »Oerenburg« vom 8. 2. 1984 (maschinenschriftliches Manuskript Institut für Denkmalpflege, Außenstelle für den Regierungsbezirk Lüneburg, Lüneburg) – B. Wachter, Die Oerenburg – eine unbekannte Burg der Slawen im Hannoverschen Wendland. Ausgrabungen in Niedersachsen – Archäologische Denkmalpflege 1979–1985. Stuttgart 1985, 258–261

Berndt Wachter

22. *Woltersdorf – Burg und Kirche*

Woltersdorf liegt 4 km östlich von Lüchow an der B 493. Die Herren von Wustrow besaßen hier einen »adelich freien, landtagsfähigen Hof«, den sie 1400/1491 an die Herren v. d. Knesebeck verkauften. Ein zweiter adliger Hof mit einer Windmühle vor dem Dorfe gehörte bis 1733 den Herren von Bodendorf. Zu diesen Nachrichten läßt sich vorerst keine Verbindung zu einer Burganlage am Westrand des Ortes herstellen, etwa 350 m westlich der Kapelle. 35 m südlich der Straße erhebt sich ein Erdhügel von 35 × 45 m, umgeben von noch erkennbaren, breiten Gräben. Ein kleiner Graben führte Wasser aus einem nahen Quellgebiet heran. Der Burghügel kann als Turmhügelburg gedeutet werden.

Die Kirche des Ortes liegt auf freiem Felde etwa 1 km südöstlich an der Straße nach Lichtenberg. Der kleine Feldsteinbau mit einem mächtigen Westturm soll eine Gründung des Klosters Diesdorf in der Altmark sein. Links vom Eingang wurde an der Außenwand

Abb. 93 »Dämonenstein« an der nördlichen Außenwand der Woltersdorfer
Kirche.

ein dreieckiger Feldstein eingefügt, in den ein menschliches Antlitz
eingehauen ist, der rätselhafte Dämonenstein. Er könnte ein Relikt
aus heidnischer Zeit sein (Abb. 93).

Literatur:
A. Pudelko, Frühe deutsche Burgen... Hannoversches Wendland 8, 1980/81, 12 –
A. Kelletat, Kirchen und Kapellen im Wendland. 1981, 44 f.

Berndt Wachter

23. Lüchow

Bei einer ähnlichen topographischen Lage wie die Nachbarstädte
an der Jeetzel war Lüchow stets die nach Einwohnerzahl größte.
Ihre Bedeutung ergibt sich nicht nur aus dem Nord-Süd-Verkehr

Abb. 94 Ausschnitt aus der Ansicht von Lüchow 1771 von G. F. Huth. E das von Dannenbergsche Haus, F Glockenturm, G Amt und Schloß, H Schloßwall, T Bleichwiesen, V ein Kanal, W Jeetzel.

auf und an der Jeetzel entlang, sondern auch aus einem günstigen Übergang für den Ost-West-Verkehr von der niederen Geest zur Kolborner Höhe und weiter über den Öring nach Gartow.

Die Lüchower Burg liegt 1500 m nördlich, also jeetzelabwärts von der Stelle, die für das karolingische Schezla in Anspruch genommen wird. Im Zusammenhang mit der Freilegung eines unterirdischen Versorgungstunnels des Lüchower Schlosses aus dem 15. Jahrhundert mit einem Stichkanal zur Jeetzel wurden umfangreiche Untersuchungen vorgenommen (Abb. 94). Dabei wurde ein Profil der slawisch-deutschen Burg angeschnitten, das ein Alter des Burgwalles bis ins 8. Jahrhundert erwarten läßt. Bisher wurde eine Holzkastenkonstruktion des inneren Wallaufbaus aus der spätslawischen Epoche freigelegt. Da bei Beobachtungen in Baugruben im ältesten Stadtkern bislang slawische und frühdeutsche Siedlungsschichten nicht erfaßt werden konnten, blieb die Frage nach

Abb. 95 Lüchow. Ausgrabung der Abfallschichten des 18. Jahrhunderts am schloßseitigen Tunnelende (1985).

dem Ansatzpunkt für die Übersiedlung der Grafen von Warpke (seit spätestens 1124) nach Lüchow (seit 1144) im Dunkeln. Die Entdeckung einer stark befestigten slawischen Burg in Lüchow kann darauf eine Antwort geben (Abb. 95).

Über die Funktion eines älteren slawischen Burgwalls läßt sich auch weiterhin wenig aussagen. Die nächsten slawischen Siedlungsfunde sind erst 350 m nordwestlich der Burg zu verzeichnen. Bei der Annahme einer Vorburg in unmittelbarem Anschluß an den Burgwall (wie in Dannenberg) müßte es sich um eine sehr kleinräumige Anlage handeln. Als Innenfläche für die Burg standen 2400 m² zur Verfügung, für die Vorburg innerhalb des noch um 1700 vorhandenen Grabens 1100 m². Dafür beginnt jedoch die bürgerliche Ansiedlung mit größerem Abstand von der Burg als in Dannenberg, wo der Markt nur 50 m vom Burggraben entfernt beginnt, also unmittelbar an die Vorburg anschließt, während in Lüchow ein Abstand von etwa 100 m besteht. Die unregelmäßige Straßen- und Platzgestaltung der nordwestlich am Burggraben beginnenden »Amtsfreiheit« läßt an eine frühe, der Burg zugeordnete Besiedlung denken.

Die eigentliche Stadt entwickelt sich entlang der Ost-West-Straße zwischen dem Drawehner und dem Salzwedeler Tor, die 300 m voneinander entfernt lagen. 1284 wird Lüchow »civitas«, 1298 »oppidum« und 1314 »stat« genannt. Der Markt, eine Aussparung im Zuge der Hauptstraße ist zwar erst sehr spät bezeugt (1662), dürfte aber erheblich älter sein, wenn nicht gleichzeitig mit der Stadtanlage eingeplant. Trotz fehlender archivalischer und archäologischer Belege müßte die Bürgerstadt in den ersten Jahren der Grafschaft im 12. Jahrhundert entstanden sein. Denn die St.-Johannis-Kirche liegt »extra muros« und weist auf eine erste Stadterweiterung östlich der Burgmühlen-Jeetzel. Bis zu diesem großen Kirchenbau mögen die in unmittelbarer Nachbarschaft liegende und an die spätere Stadtmauer gedrängte Kapelle zum Heiligen Kreuz und die Burgkapelle Beatae Mariae den kirchlichen Ansprüchen genügt haben.

Obwohl die Bedeutung des Ost-West-Verkehrs schon vor 1300 zurückging (vgl. Geschichte der Oerenburg und der Restorfer Burg) und Lüchow wie das übrige Hannoversche Wendland abseits großer Fernhandelsstraßen lag, ist eine zwar sehr langsame, doch stetige Entwicklung zu bemerken. Sie resultiert einerseits aus der Beziehung zum bäuerlichen Umland und aus dem Handel im Nord-Süd-Verkehr. 1320 fällt die Grafschaft Lüchow an die Herzöge von Braunschweig-Lüneburg, und der einheimische Adel versucht, aus dem Nachlaß wirtschaftlichen Nutzen zu ziehen. In Nachbarschaft zur Altstadt entstehen der v. Dannenberger und v. d. Knesebecker Hof (später Amtshof) im Osten und der v. Platoscher Hof im Westen. In Anlehnung an die landwirtschaftlichen Großbetriebe entwickelt sich zögernd die Salzwedeler Vorstadt im Osten und die Drawehner Vorstadt im Westen, Koreitz (= Hühnerdorf) genannt. Trotz der räumlichen Ausdehnung bleibt die Stadt bis um 1700 locker bebaut mit vielen Gartengrundstücken dazwischen, und nur in der Langen Straße (Hauptstraße) und der Kirchstraße konnte die dichte Aufreihung von Bürgerhäusern den Eindruck einer Stadt vermitteln.

Literatur:
E. Köhring (Hrsg.), Chronik der Stadt Lüchow. 1984[2] – K. Kowalewski, Lüchow.
Vom Mittelalter bis zur Gegenwart. Stadt 1980 – W. Schulz, Anmerkungen zu
einem Plan der Stadt Lüchow aus dem beginnenden 18. Jahrhundert. Hannover-
sches Wendland 3, 1971/72, 51–60 – B. Wachter, Lüchow und die Oerenburg,
Hannoversches Wendland 9, 1982/83, 55 ff.

Berndt Wachter

24./25. Plate und Grabow – Burgen und Kirche

Die Familie v. Plato zählt zu den ältesten Geschlechtern des Hannoverschen Wendlands. Ab 1264 sind sie als Lüchowsche Vasallen
urkundlich nachweisbar. Ihr Name leitet sich von dem Dorf Plate,
2 km nordwestlich von Lüchow her (nicht von Altenplatow –
Plotho bei Genthin im Magdeburgischen, eher noch von Plathe,
halbwegs zwischen Salzwedel und Osterburg). Der Ortsname Plate ist von altslw. plotu, der Zaun, abzuleiten. Das weist auf eine alte
Befestigungsanlage hin, für die in der Ortslage nur der Kirchplatz
in Frage kommt. Ein »Ringwall« als leichte Erhöhung um die
Kirche läßt sich noch ausmachen.
1349 und 1354 ist Paridam v. Plato zusammen mit den Brüdern
v. d. Knesebeck Pfandinhaber des Schlosses Lüchow, in dessen
Nähe die Platos bis 1811 ein Burglehen besaßen. 1372 zu Beginn
des Lüneburger Erbfolgekrieges (1371–1388) lassen die fünf Brüder
v. Plato die Marienkirche auf jenem burgverdächtigen Platz erbau-
en. Der Sage nach errettete die Erscheinung der Maria einen Plato
aus dem Lüchower Sumpf, der deshalb den Bau einer Kirche
gelobte. Andererseits wäre die Übernahme des Patroziniums von
einer möglichen Vorgängerkirche (-kapelle) vielleicht der ursprünglichen Burgkapelle denkbar. Die Plater Kirche ist für eine
Dorfkirche von beträchtlicher Größe und von kunstvoller Bauart,
»ein dreischiffiger Backsteinbau mit polygonalem Chor«. Sie war
bis um 1800 Begräbnisort nicht nur für die Patronatsfamilie, sondern auch von Pfarrern, Lehrern, Organisten, Verwaltern usw.
Der Platosche Burgenbau läßt sich erst sehr spät fassen, mit dem
Bau der »Neuenburg« im Jammerbroke an der Jeetzel bei Grabow

220

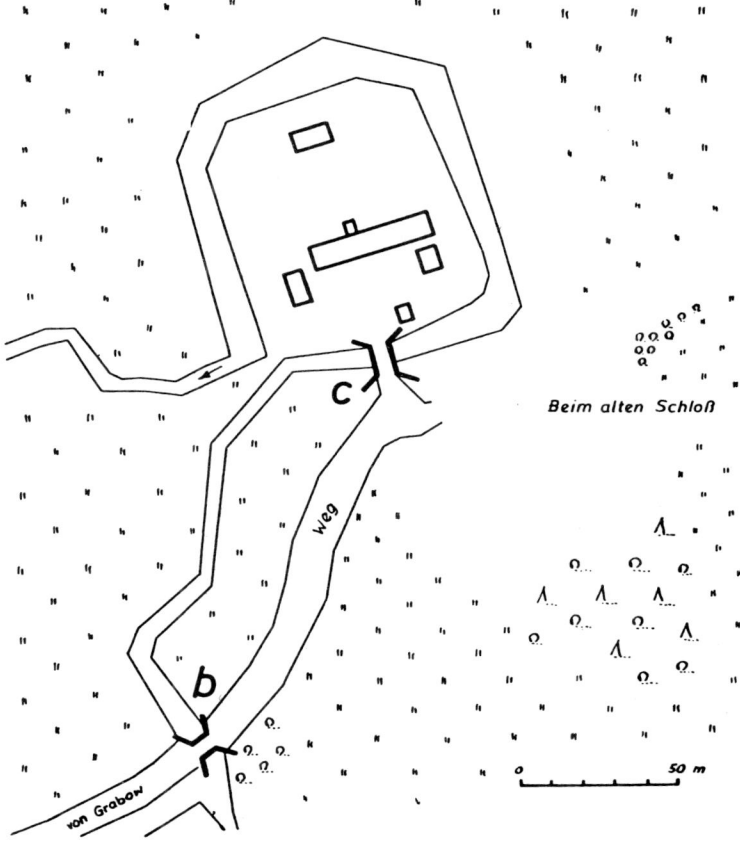

Abb. 96   Plan der Burg Grabow (1466).

von 1466 (Abb. 96). Die Wasserburg von 70 × 80 m, im Stil einer
kleinen Festung angelegt, liegt 500 m nordöstlich des Obergutes
Grabow. Vorgängerburgen könnten in den Platoschen Vorwerken
»Ober- und Untergut Grabow« gesucht werden, weniger in dem
vor einiger Zeit völlig abgetragenen Ringwall auf dem Gorackenberg östlich der Grabower Mühle, auch nicht in der Müggenburg,
nördlich von Plate, die den Herren von Dannenberg zugeschrieben
wird.

Ab 1360 läßt sich ein geschlossener Platoscher Besitz nordwestlich von Lüchow erkennen, der ab 1450 Platenwerder genannt wird und 8 Dörfer umfaßt. Der Gerichtsplatz für den Platoschen Besitz »auf dem Heydberge« wurde 1629 erneuert. Es ist eine kleine quadratische Wallanlage von 13 m, die sich heute in einer dichten Kiefernschonung versteckt, 1 km südlich des Ortsausgangs Grabow, westlich der B 248.

Literatur:
A.-D. v. Plato, Burg Grabow, Hannoversches Wendland 4, 1973, 95–100 – A. Kelletat, Kirchen und Kapellen... 1981 – M. Reinbold, Ministerialen und Ritter in der Grafschaft Lüchow, Hannoversches Wendland 10, 1984/85, 9–22

Berndt Wachter

26. Die germanisch-slawische Siedlung bei Lübbow-Rebenstorf

An keiner Stelle des Hannoverschen Wendlands findet sich ein derart enges räumliches Neben- und Ineinander von germanischen und slawischen Siedlungen, von Urnenfriedhof und Körpergräbern wie in den Gemarkungen Lübbow und Rebenstorf. Das bekannte kaiserzeitlich bis völkerwanderungszeitliche Gräberfeld auf dem Schwarzen Berg liegt rund 700 m südlich von Rebenstorf. Etwa 200 m westlich des Urnenfriedhofs fanden sich Körpergräber, die mit einigem Vorbehalt als slawisch anzusprechen sind. 500 m südlich der Gräber, etwas nach Westen abgesetzt, wurde in einer Probegrabung eine mittelslawische Siedlung aufgedeckt, die aus locker gestreuten Häusern bzw. Hausgruppen bestand. Wenige ältere und jüngere Scherben lassen an ein längeres Bestehen der Siedlung denken. Eine weitere größere Siedlung fand sich auf dem Kleinen Feldberg, über den die Gemarkungsgrenze Lübbow-Rebenstorf verläuft, 400–700 m östlich von Lübbow, nördlich des Weges nach Volzendorf. Leider wurden erst in den letzten Jahren die beim Kiesabbau zutage getretenen Funde geborgen und Befunde gesichert. Zeitlich reicht die Siedlung von der älteren römischen Kaiserzeit bis ins 9. Jahrhundert mit slawischen Funden (s.

222

S. 128 f.). Wieweit die einfache Keramik der Völkerwanderungszeit noch in das 7. und 8. Jahrhundert zu datieren ist, um die
zeitliche Lücke zwischen germanischer und slawischer Siedlungstätigkeit schließen zu können, muß offen bleiben.
Aus den Kiesgruben (Schumacher) am Nordostende von Lübbow
wurde die Masse der paläolithischen Funde unseres Raumes geborgen (vgl. Beitrag Veil). An die Bedeutung der Funde erinnert ein
Gedenkstein in der Ortsmitte von Lübbow. Hinzuweisen wäre
noch auf die Feldsteinkapelle St. Jacobi von 8 × 6 m mit rundbogi-
gem Eingang, darüber einer kleinen Nische. Am Südende von
Lübbow lag die erstmals 1373 erwähnte Grenzburg. Wall und
Graben sind heute sehr verschliffen.

Literatur:
T. Capelle, H. Jankuhn u. G. Voelkel, Probegrabung auf einer slawischen Siedlung
bei Rebenstorf, Kreis Lüchow-Dannenberg. Nachrichten aus Niedersachsens Urgeschichte 31, 1962, 58–108 – B. Wachter, Lüchow und die Oerenburg. Schwerpunkte im Bericht des Bodendenkmalpflegers für 1982/83. Hannoversches Wendland 9, 1983/84, 49 f. – A. Kelletat, Kirchen und Kapellen..., 1981

Berndt Wachter

27. Wustrow

Wustrow, altslw. ostrovu, die Insel, entstand an der Mündung der
Dumme in die Jeetzel. Dummearme (-gräben) umschließen die drei
mittelalterlichen Ortsteile, die Kirche und die Burg. Der älteste Teil
der Ansiedlung scheint das Gebiet zwischen Jeetzel, Dumme und
der Wallstraße zu sein. Erst später dürften der topographischen
Situation zufolge die Kirche und die Burg nördlich der Dumme-
mündung erbaut worden sein (Abb. 97). Name und Lage sprechen
für ein hohes Alter des Ortes, doch fehlen frühe archäologische wie
archivalische Belege. Die Herren v. Wustrow sind die wichtigsten
Ministerialen der Grafen v. Lüchow und testieren 1217 erstmals für
sie. Ihr Besitz bildet »nach dem Anfall der Grafschaft Lüchow an
das Fürstentum Lüneburg ein eigenes Gericht«, das nach Ausster-

Abb. 98   Bau der freitragenden Lehmkuppel des Töpferofens von Kukate.

Die langfristig konzipierte Versuchsreihe experimenteller Archäologie zu Fragen der Interpretation und Analyse archäologischer
(und ethnographischer) Befunde sowie damit verbundener Doku-
mentationsmethoden wurde im August 1978 auf dem Gelände des
Werkhofs Kukate mit der Rekonstruktion eines prähistorischen
Töpferofens eingeleitet (Abb. 98). An den Bau des Töpferofens
schlossen sich 1979 und 1980 im Rahmen der Kursprogramme
»Vor- und frühgeschichtliches Töpferhandwerk« und »Töpfern
wie unsere Vorfahren« jeweils Brennversuche an.
Der Töpferofen – es handelte sich um einen sog. zweikammerigen
Grubenofen vom Typ Hasseris – wurde auf der Grundlage neuerer
archäologischer Befundinterpretationen und in Anlehnung an ähn-
liche Rekonstruktionen dieses Ofentyps in Dänemark entworfen.
Während der Rekonstruktion des Töpferofens wurde besonderer

Wert auf eine umfassende Dokumentation aller Bauphasen gelegt. Diese könnte es in einigen Jahren zusammen mit der noch andauernden Beobachtung und Dokumentation des Ofenzerfalls und Ausgrabungsbefunden entsprechender Töpferöfen erlauben, einen Interpretationsvergleich auf erweiterter Basis anzustellen. Die zu einem späteren Zeitpunkt beabsichtigte methodische Ausgrabung der Töpferofenreste wird dann möglicherweise weiteres Grundlagenmaterial für einen Vergleich liefern.

In dem zweikammerigen Grubenofen haben insgesamt drei Brennversuche stattgefunden, bei denen Brenntemperaturen bis zu 900° C erreicht werden konnten. Bei der Ware, mit der der Töpferofen für beide Brennversuche beschickt wurde, handelte es sich ausschließlich um Gefäße, die von den Teilnehmern des Kurses vorher in »prähistorischer« Treib-, Aufbau- und Scheibentechnik angefertigt wurden. Der zur Herstellung der Gefäße benötigte Ton war an zwei Lagerstätten des Landkreises (Güstritz, Kröte) durch die Teilnehmer selbst gewonnen und anschließend aufbereitet worden.

Bisher aus Norddeutschland und Jütland bekannt gewordene Ausgrabungsbefunde zweikammeriger Grubenöfen werden übereinstimmend als eisenzeitlich bzw. kaiserzeitlich interpretiert. Dieser Zeitansatz konnte durch die Brennversuche in Kukate im wesentlichen bestätigt werden. So gehörte zu den unmittelbaren feuerungstechnisch-keramologischen Ergebnissen der Experimente u. a. auch die Erkenntnis, daß eine Produktion bronzezeitlicher bzw. ältereisenzeitlicher Töpferware in derartigen zweikammerigen Grubenöfen unwahrscheinlich ist. Vielmehr wird man davon ausgehen müssen, daß ein Großteil der Tonware dieser Zeitabschnitte in unseren Gebieten entweder im offenen Feldbrand, im Meilerbrand oder im einfachen Grubenbrandofen hergestellt wurde. Erst seit der jüngeren vorrömischen Eisenzeit dürften sich auch bei uns komplexere Töpferofentypen – wie der in Kukate rekonstruierte – durchgesetzt haben.

Angeregt durch die Ausgrabungsbefunde einer in den Jahren 1979–80 von der Bodendenkmalpflege des Landkreises bei Breselenz untersuchten frühgeschichtlichen Eisenverhüttungsstelle wurde im Sommer 1981 ein weiteres Kursprogramm experimenteller Archäologie durchgeführt. Unter dem Thema »Vorgeschichtliche Eisengewinnung« wurde versucht, zehn Tage lang experimentell nachzuvollziehen, wie Menschen seit der Eisenzeit mit den ihnen damals zur Verfügung stehenden technischen Mitteln den Werkstoff Eisen gewonnen und verarbeitet haben.

Praktische Voraussetzung für dieses Experiment war die Erschließung, Förderung und Aufbereitung geeigneter Eisenerzvorkommen der Region, die Produktion der für den Eisenschmelzprozeß notwendigen Holzkohle sowie der Bau eines sogenannten Rennofens. Nachdem nur etwa 500 m von der oben erwähnten Eisenverhüttungsstelle bei Breselenz ein ausreichendes Raseneisensteinvorkommen gefunden worden war sowie – ebenfalls experimentell – in einem eigens dafür erbauten eingetieften Holzkohlemeiler ausreichende Mengen Holzkohle hergestellt werden konnten, wurde der Bau des Rennofens von den Teilnehmern in Angriff genommen. Es handelte sich hierbei um die etwa 70 cm hohe, breitkonische Rekonstruktion eines sogenannten Schachtofens mit eingetiefter Herdgrube aus Lehmbausteinen (Abb. 99). Archäologische Befunde derartiger Rennöfen einfacher Bauart sind zahlreich aus Niedersachsen und Schleswig-Holstein bekannt und haben schon mehrmals als Grundlage für entsprechende Rekonstruktionen und damit verbundene Eisenschmelzversuche gedient.

Bei dem in Kukate durchgeführten Eisenschmelzversuch konnte mit Hilfe zweier ebenfalls auf dem Werkhof gefertigter einfacher Blasebälge nach etwa 5 Stunden im Reduktionsbereich des Rennofens mit insgesamt 19 Raseneisenerz-Holzkohlefüllungen eine Temperatur von annähernd 1200°C erreicht werden. Nach Umbrechen und Abkühlen des Ofenmantels wurden aus dem entstandenen Schlackenklotz die mit Eisenkörnern angereicherten schwammartigen Luppenstücke herausgeschlagen.

Der vergebliche Versuch, dieses Roheisen in einem Feuer schweißwarm zu machen und zu verdichten, zeigte, daß die damaligen Schmiede über uns heute verlorengegangene Kenntnisse und Erfahrungen verfügt haben müssen, die nur durch weitere Versuche wiedergewonnen werden können.

Abb. 99   Anheizen des Rennofens von Kukate mit Blasebälgen.

Einen weiteren Schritt zur Aktualisierung der Vor- und Frühgeschichte im Landkreis Lüchow-Dannenberg im Sinne »Lebendiger
Archäologie« bedeuteten der im Sommer 1982 bei Lübbow in
enger Zusammenarbeit mit der archäologischen Denkmalpflege
des Landkreises ebenfalls mit Laien durchgeführte Kurs »Vorberei-
tung, Durchführung und Aufarbeitung einer archäologischen Ausgrabung«, die im Juni 1986 mit Studenten des Archäologischen
Instituts der Universität Hamburg im Rahmen eines Seminars auf
dem Werkhof Kukate durchgeführten praktischen »Übungen zur
experimentellen Archäologie« sowie die im Juli 1986 von der archäologischen Denkmalpflege des Landkreises in Zusammenarbeit
mit der Abteilung Jugendpflege des Landkreises im Rahmen des

Deutsch-Französischen Jugendwerks mit deutschen und französischen Jugendlichen durchgeführte Ausgrabung einer wüsten Hofstelle in einem typischen Rundling des Hannoverschen Wendlands. Schülern, Studenten, Pädagogen sowie interessierten Laien wird mit Hilfe derartiger Kursprogramme experimenteller bzw. lebendiger Archäologie die Möglichkeit gegeben, sowohl prähistorische Produktions- und Arbeitstechniken als auch Fragestellungen und Methoden der archäologischen Forschung in der Praxis kennenzulernen, um so durch konkretes Tun und Erleben kulturgeschichtliche Inhalte und Verhaltensweisen im wahrsten Sinne des Wortes besser »begreifen« zu können. In der Absicht, die Attraktivität der Heimatmuseen des Landkreises zu erhöhen, ein breiteres Interesse für die Probleme der Bodendenkmalpflege zu wecken und die Entwicklung des Museumsverbundes Lüchow-Dannenberg e. V. zu fördern, waren in die jeweiligen Kursprogramme auch Besuche einzelner Heimatmuseen sowie Exkursionen zu verschiedenen archäologischen Fundstätten des Landkreises integriert.

Literatur:
K. Bielenin, Schmelzversuche in halbeingetieften Rennöfen in Polen. Die Versuchsschmelzen und ihre Bedeutung für die Metallurgie des Eisens und dessen Geschichte. 1973, 62–70 – A. Bjørn, Rekonstruktion einfacher Töpferöfen und Brennversuche. Acta praehistorica et archaeologica 9/10, 1978/9, 7–11. – J. Coles, Erlebte Steinzeit. Experimentelle Archäologie. 1976, 9 ff. – H. Hingst, Töpferöfen aus vorgeschichtlichen Siedlungen in Schleswig-Holstein. Offa 31, 1974, 68–107 – Ders., Vor- und frühgeschichtliche Eisenverhüttung in Schleswig-Holstein. Eisen und Archäologie. Veröffentlichungen aus dem Deutschen Bergbau-Museum Bochum, Nr. 14, 1978, 63–71 – A. Lucke, Bericht über die Inventarisierung der vor- und frühgeschichtlichen Bestände der Heimatmuseen des Museumsverbundes im Landkreis Lüchow-Dannenberg und andere Aktivitäten. Hannoversches Wendland 8, 1980/81, 59–66 – Ders., Rekonstruktion eines prähistorischen Töpferofens und Brennversuche in Kukate, Kr. Lüchow-Dannenberg. Acta praehistorica et archaeologica 13/14 (1982), 269–275 – J. Lüning u. J. Meurers-Balke, Archäologie im Experiment. Archäologie in Deutschland 1/1986, 4–7 – A. v. Müller u. L. u. A. Orgel-Köhne, Museumsdorf Düppel, Berlin 1980, 19 ff. – O. Voss, Jernudvinding i Danmark i Forhistorisk Tid. KUML 1962, 7–32 – W. Wegewitz, Ein Rennfeuerofen aus einer Siedlung der älteren Römerzeit in Scharmbeck (Kreis Harburg). NNU 26, 1957, 3–25

Arne Lucke

230

29. Wittfeitzen

Lage: Zwei Kilometer nordwestlich der Dorfmitte des Ortsteils Groß-Wittfeitzen und 1,2 km nördlich von Gohlau liegt im Bauernwalde in der Flur Darsekau ein im Meßtischblatt angegebenes und bezeichnetes Steingrab.

Steinkammer in Richtung Nordost-Südwest. In situ stehen der südwestliche Abschlußstein und drei anschließende Träger der südöstlichen Langseite. Das übrige in der Längsrichtung der Kammer liegende halbe Dutzend großer Steine, z. T. in der Erde steckend, ist gestürzt. Es deutet lediglich daraufhin, daß die Kammer vielleicht 5 m lang gewesen ist.

Literatur:

E. Sprockhoff, Atlas der Megalithgräber Deutschlands, 51 Teil 3: Niedersachsen – Westfalen 1975

Bernd-Rüdiger Goetze

30/31. Gohlau

Lage: In der Gemarkung des Dorfes Gohlau und des eingemeindeten Wohnplatzes Hohenvolkfien finden sich drei Steingräber, die im Meßtischblatt eingetragen und bezeichnet sind. Grab I liegt nordwestlich von Gohlau im Jagen 72 des Staatsforstes Dannenberg in der Mitte der Schneise zu Jagen 73. Grab II liegt nahe Hohenvolkfien in einem kleinen Gehölz, 200 m nordnordöstlich des nördlichen Ortsausganges. Grab III liegt nördlich der Landstraße von Uelzen nach Dannenberg in dem östlichen Zwickel des beim Kilometerstein 21 nach Norden abzweigenden Feldweges.

Grab I – Gohlau Rest eines Hünenbettes. Verschleppte Umfassungssteine, gesprengte und umherliegende Kammersteine und ein flacher mit einer Einsenkung umgebener Hügel machen es ohne Untersuchung schwer, das Grab wiederzuerkennen.

Grab II – Hohenvolkfien Rest eines Hünenbettes in Richtung Nordwest-Südost, und zwar das Südostende mit der Kammer. Von der Umfassung steht kein Stein mehr an alter Stelle, sie sind zumeist nach außen gefallen. Dagegen ist die Kammer noch verhältnismäßig gut erhalten. In situ stehen der südöstliche Abschlußstein, sechs Träger der südwestlichen Langseite und vier Träger der nordöstli-

231

chen Langseite. Ein Deckstein liegt zerbrochen in der Kammer. Zwei in der Erde steckende Steine zwischen Kammer und Umfassung scheinen, zumal sie auf eine Lücke in der südwestlichen Langseite der Kammer weisen, die in situ befindlichen Wandsteine des Ganges zu sein. Die lichte Weite der Kammer mag 7 m zu 1,5 m betragen haben.

Grab III Arg zerstörter Rest einer Steinkammer in Richtung Nordwest-Südost in einem ovalen flachen Hügel von 16 m Länge und 10 m Breite. Ein Trägerstein der nördlichen Langseite steht in situ. Ein Dutzend weiterer Steine liegt wahllos umher.

Literatur:
E. Sprockhoff, Atlas der Megalithgräber Deutschlands, Teil 3: Niedersachsen – Westfalen, 1975, 52

Bernd-Rüdiger Goetze

32. Reddereitz

Südlich von Reddereitz, gut 500 m von der Ortsmitte entfernt, liegen am Klosterberg zwei im Meßtischblatt nicht verzeichnete Steingräber. Grab I befindet sich unmittelbar westlich der Wegeeinmündung des Weges von Korvin nach Kloster auf den von Kloster nach Lefitz führenden Weg, Grab II 200 m ostsüdöstlich von Grab I unmittelbar nördlich des Weges Kloster-Korvin. Ein Landhügel, möglicherweise ein zerstörtes Hünenbett (Grab III), lag östlich dieser Gräber in der zu Korvin gehörenden Wüste Prezier.

Grab I Zerstörte Steinkammer in rundem Hügel von 15 m Durchmesser. In einer tiefen Eingrabung in der Mitte liegt ein großer Stein, vielleicht Deckstein. Außerdem Bruchstücke eines weiteren großen Steines, wohl von einem anderen Deckstein stammend.

Grab II Rest eines im Jahre 1912 zerstörten Hünenbettes in Richtung Nordwest-Südost. Ein bis zu 1 m hoher Erddamm ist noch bis auf 20 m Länge zu erkennen. Auf seiner langen Nordostseite steht ein Umfassungsstein in situ, drei weitere sind nach außen gefallen.

232

Im Jahre 1939 fand eine Ausgrabung und Wiederherrichtung des Grabes durch Kofahl statt, wobei das Südende der Kammer rekonstruiert wurde.

Grab III Rest eines Hünenbettes oder einer Steinkammer im Erdhügel. Erhalten war ein flacher, 29 m langer und 13 m breiter Erddamm, der bis zu 1 m hoch war und in der Mitte einen Sattel aufwies. Auf den beiden Kuppen lagen drei große Steine, von denen der im Südosten ein Deckstein gewesen sein kann. Allgemeine Richtung des Hügels Nordwest-Südost.

Literatur:
E. Sprockhoff, Atlas der Megalithgräber Deutschlands, Teil 3: Niedersachsen – Westfalen, 1975, 53

Bernd-Rüdiger Goetze

33. Clenze

Clenze liegt unmittelbar an der Grenze zwischen Niederer und Hoher Geest, die nach Osten steiler als zum Uelzener Becken abdacht. Der Ortskern wird von einer weiten Niederung umgeben, durch die ein kleiner Mühlenbach fließt. Inmitten der Niederung ragt eine kleine kiesige Sandkuppe mit 6–7 m Höhe heraus, der Burg- und Kirchberg. Urkundlich ist Clenze früh genannt, 956 als Klinizua in der »marca Lipani« und 1004 als »Claniki in Drevani«. Aus sprachwissenschaftlichen Gründen kann nur eine Nennung zutreffen.

Der Ort ist in seiner Bedeutung nie über einen Marktflecken hinausgekommen. Dabei scheint die Feststellung ausschlaggebend zu sein, daß auf dem alten Burghügel schon sehr früh die Kirche aufgebaut wurde. Die ovale Innenfläche der Burg mißt 30 × 36 m. Eine kleine Probegrabung legte einen slawischen Holzerdewall frei (Abb. 100), der nach außen von einer Doppelpalisade geschützt war und dessen Innenfuß von einer senkrecht aufsteigenden Spaltbohlenwand gebildet wurde. Zum Innenraum schloß sich ein eingetieftes Haus mit Herdstelle an. Wall und untere Siedlungsschicht

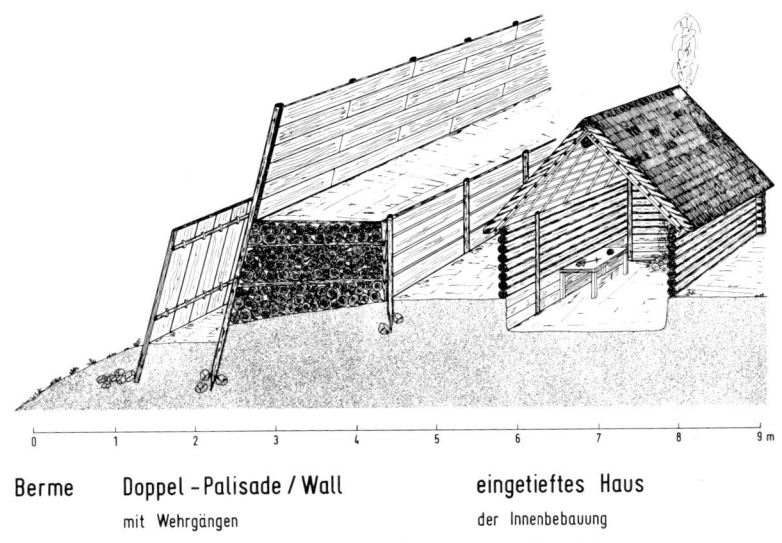

Berme   Doppel - Palisade / Wall   eingetieftes Haus
            mit Wehrgängen   der Innenbebauung

Abb. 100   Clenze-Kirchberg. Rekonstruktion von Wall und Innenbebauung um 800 n. Chr.

datieren in das 8./9. Jahrhundert. Da in den oberen Siedlungsschichten einige slawische gurtfurchenverzierte Randscherben lagen, spricht einiges mehr für die spätere Nennung Clenzes, wie die unstrittige Lagebezeichnung »im Drawehn«.

Die Bedeutung und Wirtschaftskraft des Marktfleckens im Spätmittelalter erschließt sich aus dem Wüstwerden zweier Dörfer in der Gemarkung Clenze, Prilop am Südrand und Schwendel im Nordwesten, die sich aus Flurnamen, Verkoppelungskarten und Bodenfunden belegen lassen.

Literatur:
B. Wachter, Die Probegrabung auf dem Kirchberg in Clenze, Kr. Lüchow-Dannenberg, im Jahre 1976. Nachrichten aus Niedersachsens Urgeschichte 46, 1977, 291–302 – U. Schröder, Clenze – Streifzüge in die Vergangenheit, Uelzen 1981

Berndt Wachter

34. Spithal

Zufahrt: 300 m westlich des Dorfes Spithal zweigt von der Bundesstraße 71 eine Straße nach Norden ab, die nach 150 m zum Friedhof führt, in dem die Kapellenruine Spithal liegt.

Die Spithaler Kapelle gilt als der älteste Kirchenbau im Hannoverschen Wendland. Nicht nur ihre abseitige Lage, sondern die Verwendung von quadratisch behauenen Feldsteinen (23 × 23 cm) und die Rundbogenfenster, drei in der Ostwand und zwei in der Südwand, sprechen für eine Bauzeit im ausgehenden 12. Jahrhundert. Der Bau mißt in der Grundfläche rund 8 × 16 m und besitzt einen eingezogenen Chorraum (Abb. 101). Nach Ausgrabungen wurden in diesen Verfärbungen festgestellt, die von dem umgestürzten Altar stammen könnten, außerdem zwei Pfostenlöcher, die als Reste von Altarschranken zu deuten sind. Aus dem Chorraum

Abb. 101   Feldsteinkapelle von Spithal.

235

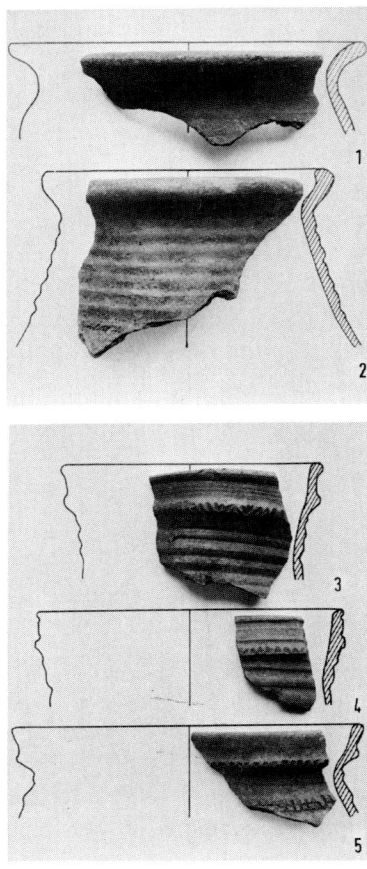

Abb. 102   Mittelalterliche Keramik aus der Kirchengrabung Spithal.

führte eine Tür in einen Anbau von 4 × 6 m, dessen Diagonale die Verlängerung der Diagonale des Kapellensaales darstellt. Die bei den Grabungen und Freilegungen rings um die Kapelle zutage getretenen Funde, graue Irdenware, Kammbruchstücke u. a., gehören zeitlich vom ausgehenden 12. (Abb. 102.1,2) bis ins 14. Jahrhundert (Abb. 102.3–5).
Rätselhaft bleibt die Vermauerung eines Schälchensteins als Türabschluß, wie die Nähe zu einer Siedlung, die 200 m nordwestlich am

Rande einer quellreichen schmalen Niederung liegt und deren
Fundmaterial in die späte Römische Kaiserzeit und Völkerwanderungszeit gehört, auf der aber auch mittel- bis spätslawische Keramik zu finden ist. Weitere slawische Siedlungen liegen in 1 und
2 km Entfernung zur Kapelle. Die Kapelle selbst wie ihr Umfeld
sprechen für eine frühe, wahrscheinlich die älteste Missionsstation
in unserem Gebiet. Es folgen die Feldsteinkapellen in Schäpingen
mit alten Fresken, in Nienbergen und andere.

Literatur:
A. Kelletat, Kirchen und Kapellen im Wendland. Breese i. Bruche 1981, 40–41

Berndt Wachter

35. Die Burg Warpke

Warpke liegt an der »Drawehn-Straße« 3,7 km südwestlich von
Schnega. Auf dem alten, völlig eingeebneten Burggelände steht
heute das isoliert liegende Gutshaus. Ein schwach ausgeprägter
Geländeabfall im Osten und Süden davon könnte den Grabenver-
lauf markieren. Nach Zeichnungen vom Ende des 18. Jahrhunderts
besaß der Burghügel (Abb. 103) einen Innendurchmesser von
45 m, die Gesamtanlage einen Durchmesser von 90 m. Der Name
des Ortes wird gedeutet als »Warte an einem Bach«. Die ersten
Nennungen der Grafschaft und Burg Warpke datieren von 1111
und 1124, doch schon seit 1144/1162 nennen sich die Grafen nach
ihrem neuen Burgsitz in Lüchow. Aus der Ablösung des Her-
kunftsnamens der Grafen läßt sich für die Burg Warpke auf einen
Funktionsverlust schließen, da nach 1162 nur noch von der Grafschaft Lüchow gesprochen wird. Die Burg Warpke steht im 14.
und 15. Jahrhundert unter verschiedenen Pfandinhabern: 1387 Lu-
deloff von Estorf, 1428 Ludolf und Werner von Bodendiek, 1448
die Herren von Wustrow.
Um 1885 wurde der Burghügel für eine Wiesenaufhöhung abgetragen. Die wohl bei der Einebnung zutage getretenen Funde, ein

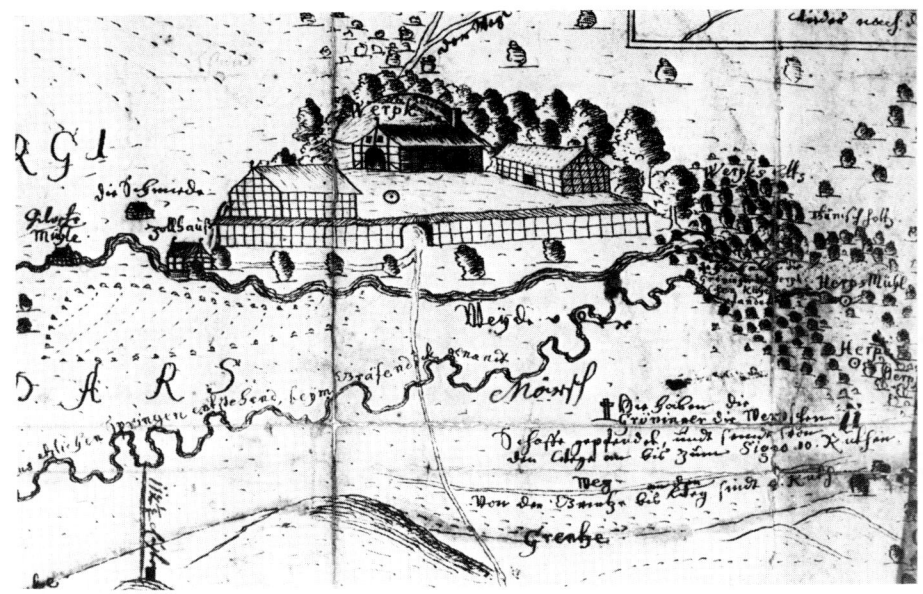

Abb. 103   Burg Warpke, Ende des 18. Jahrhunderts (Ausschnitt). Niedersächsisches Hauptstaatsarchiv in Hannover (31i/1pm).

Brettspielstein, ein Degenknopf, ein Bücherverschluß und eine unkenntliche Münze, gelangten in das Landesmuseum Hannover. Aus neuerer Zeit sind mittelalterliche Funde von brauner bis grauer Irdenware des 12. bis 15. Jahrhunderts bekannt.

Literatur:
Michael Reinhold, Ministerialen und Ritter in der Grafschaft Lüchow. Hannoversches Wendland 10, 1984/85, 12

Berndt Wachter

Ortsregister

Abbildungsnachweis

Abbildungen ohne Quellenangabe und hier nicht aufgeführte gehen auf Vorlagen des jeweiligen Autors zurück.

C. S. Fuchs, IfD Hannover: Seite 53, 57, 58, 61
v. Dein, IfD Lüneburg: Seite 52, 92
Museum Hildesheim: Seite 60
Museum Vietze, Seite 86, 87
K. L. Voss, LM Hannover: Seite 18
W. Voß, Landkreis Lüchow-Dannenberg: Seite 32, 45, 46, 48, 59, 70, 79, 93, 101, 102

Archäologie in Deutschland

Die Zeitschrift für den historisch und archäologisch interessierten Leser

● *Archäologie in Deutschland* wird jeder lesen wollen, der an der Geschichte sowie an den Themen und Aufgaben der Archäologie interessiert ist.

● *Archäologie in Deutschland* ist von Fachleuten für interessierte Bürger geschrieben.

● *Archäologie in Deutschland* informiert über die Ergebnisse der Forschung mit grundlegenden spannenden Berichten zur Archäologie und Kulturgeschichte der Menschheit.

● *Archäologie in Deutschland* bringt aktuelle Berichte über neue Funde in unserer Heimat, über Denkmäler in Gefahr und gerettete Denkmäler, mit Tips für Museen, für archäologische Wanderungen und Ausstellungen.

● *Archäologie in Deutschland* lesen heißt:
– mehr wissen über unsere Herkunft und die Ursprünge unserer Kultur
– die Heimat und ihre Geschichte noch besser kennenlernen
– an den Entdeckungen der Archäologie in unserer Heimat teilhaben

● *Archäologie in Deutschland* erscheint vierteljährlich. Format 21 × 28 cm. Mit zahlreichen, teils farbigen Abbildungen.

Herausgeber: Professor Dr. Hugo Borger, Generaldirektor der Museen der Stadt Köln / Dr. Renate Eichholz, Westdeutscher Rundfunk Köln / Dr. Dieter Planck, Leiter der Archäologischen Denkmalpflege, Landesdenkmalamt Baden-Württemberg, Stuttgart / Dr. Joachim Reichstein, Leiter des Landesamtes für Vor und Frühgeschichte von Schleswig-Holstein, Schleswig / Dr. Willi Kramer, Landesamt für Vor- und Frühgeschichte von Schleswig-Holstein in Verbindung mit dem Verband der Landesarchäologen in der Bundesrepublik Deutschland.

Konrad Theiss Verlag Stuttgart

Kunst und Handwerk im frühen Mittelalter

Archäologische Zeugnisse von Childerich I. bis zu Karl dem Großen. Von Helmut Roth. 320 Seiten mit 112 Kunstdrucktafeln, davon 60 in Farbe, und 100 Abbildungen im Text. Leinen.

Die erste zusammenfassende Darstellung von Kunst und Handwerk im frühen Mittelalter unter archäologischen Aspekten: Anhand einer repräsentativen Auswahl archäologischer Funde hat ein Archäologe das Spannungsfeld zwischen Kunst und Handwerk der Zeit vom Niedergang der Römerherrschaft (5. Jh.) bis zur Zeit Karls des Großen (9. Jh.) für einen großen Leserkreis anschaulich aufgearbeitet. Die Kernlande des alten Europa stehen im Mittelpunkt der Darstellung, die sämtliche Gruppen des archäologischen Spektrums in Hauptwerken erfaßt.

Vieles, auch der Fachwelt nur wenig Bekanntes wird erstmals in Text und Bild vorgeführt. Gold- und Silberschmiede, Bronzegießer und Elfenbeinschnitzer, Glasmacher und Kunsttöpfer als tätige Menschen des frühen Mittelalters mit zum Teil erstaunlichen technischen und künstlerischen Fähigkeiten werden erst durch die Archäologie aus ihrer meist namenlosen Vergessenheit geholt.

Die sehr seltenen Schriftquellen zu einigen dieser Künstler und Handwerker werden zusätzlich beleuchtend herangezogen und ausgewertet, nicht zuletzt um zu klären, was die Erzeugnisse von Kunst und Handwerk in ihrer Zeit selbst bedeutet haben. Die Frage also, wie das frühe Mittelalter die »Kunst« seiner Zeit selbst gesehen hat, die Frage nach der Kunst *im* frühen Mittelalter, aber auch Fragen nach der sozialen Stellung der Künstler und Handwerker in der Gesellschaft ihrer Zeit sind ein zentrales Thema des Buches, mit dem keine neue illustrierte Kunstgeschichte, sondern ein Werk vorgelegt wird, das die Einbindung von Kunst und Handwerk in Leben und Alltag des frühen Mittelalters als kulturgeschichtliches Phänomen behandelt.

Konrad Theiss Verlag Stuttgart